学生のための
機械工学シリーズ　2

制御工学

古典から現代まで――

奥山佳史
川辺尚志
吉田和信
西村行雄
竹森史暁
則次俊郎
著

朝倉書店

執筆者

奥 山 佳 史	前鳥取大学工学部
川 辺 尚 志	広島工業大学工学部
吉 田 和 信	島根大学総合理工学部
西 村 行 雄	島根大学総合理工学部
竹 森 史 暁	鳥取大学工学部
則 次 俊 郎	岡山大学工学部

（執筆順）

はじめに

「自動制御の数学」という形でラプラス変換の扱いが，また「自動制御」として伝達関数を中心とした制御理論が，大学の機械系のカリキュラムに本格的に登場したのは1950年代後半頃からであろうか．その後1970年代に誕生したマイクロプロセッサはアナログ制御技術から，より高精度なディジタル制御技術へと発展の道を拓き，「現代制御理論」の実システムへの応用化を促進した．最適レギュレータ理論からはじまる現代制御は，非線形ロバスト制御理論，さらに学習制御理論へと発展・充実の一途をたどっている．いまや「制御工学」は技術発展の必然の過程として，機械系，電子・電気系，情報系学科のコア科目として定着しているが，標準的カリキュラムとして学ぶべき内容は，学部レベルでも古典制御から現代制御へと実に広範なものとなっている．

一方，カリキュラムの多様化に伴う授業科目数の増加と単位数の縮小傾向や，学生の数理解析力不足の傾向等で，抽象化の進んだ「制御理論」は難しいという学生諸君の苦情もしばし耳にする．そこで本書は，制御理論の基礎から応用までをその本質を失うことなく記述は簡潔に，しかもできるかぎりわかりやすくする形にして高専や大学理工系学部の制御工学テキスト(2〜4単位用)として以下の点に注意して企画出版することにした．

(1) 従来のテキストでは，数学的論理との整合性を重視したため，定理や証明をベースとした制御数学の形式で構成される色彩が強く，したがって制御工学の本来的思想や応用展開への理解や興味にいたらずに履修する学生も多い．そこで本書ではあまり数学的解説で乱されないように，ラプラス変換をはじめとする数理公式はできるだけ5章に掲載し，必要に応じて利用する形をとった．

(2) 1章では，制御系の基本思想や構成をわかりやすく図説するとともに，古典制御理論と現代制御理論の発展の過程をモデルベースと非モデルベースとの対比の構造で特徴的に示した(奥山担当)．

(3)　2章の古典制御(川辺，吉田担当)，および3章の現代制御(西村担当)では，制御対象の記述(モデリング)とその制御則との扱いをはっきり区別し，制御系設計思想をよりわかりやすくした．

(4)　本書の特徴でもある4章は，1章～3章での標準的内容には飽き足らず，さらに制御工学を応用する立場からとくに設けた．4.1節では，設計した制御系がサンプリング周期を持つ実機でうまく作動するために必要なディジタル制御技術について(竹森担当)，さらに4.2節では，設計した制御系がより高機能に，高精度で作動するために必要なロバスト制御理論や外乱オブザーバ，学習理論による応用制御について講述した(則次担当)．

(5)　5章では，主に2,3章での説明を補完する形で関連する数理公式を例解した(奥山担当)．

(6)　各章に例題や演習問題を適宜設け，内容理解の促進をはかった．

終わりに，本書の執筆に際して参考にさせていただいた多くの書物や文献の著者に深甚の謝意を表します．また，本書の刊行に際し，いろいろとご配慮とご尽力をいただいた朝倉書店の編集部の方々に心から謝意を表します．

2001年2月

著 者 一 同

目　　次

1　制御工学を学ぶに際して

1.1　制御の基本概念 ― フィードバック思想 ―

「制御」とは広辞苑(岩波書店)によれば，① 相手が自由勝手にするのをおさえて自分の思うように支配すること，② 機械や設備が目的通り作動するように調節すること，とある．前者は，今日のリベラルな社会ではとても受け入れられそうもない表現なので，やはり後者，技術用語の意味として用いられるのが普通であろう．それは，そもそも'automatic control'を「自動制御」と日本の技術者が訳したところから出発しているのかもしれない．

残念ながらそのような技術は，ほとんどが欧米から輸入されたものなので，「制御」とはいかなる'はたらき'かを知るためには，むしろこのcontrolという英語の単語の意味をたどってみる必要があろう．ただ，日本語というのは勝手なものである．カタカナでコントロールと書くと，もう少し軽い意味で日常的に使われる．野球を知るものにとって，ピッチャーのコントロール(制球)の意味を知らない人はいないであろうし，さらに，コントロールルーム(管理室)，コントロールタワー(管制塔)などいくらでもある．

図 1.1　コントロールとは？

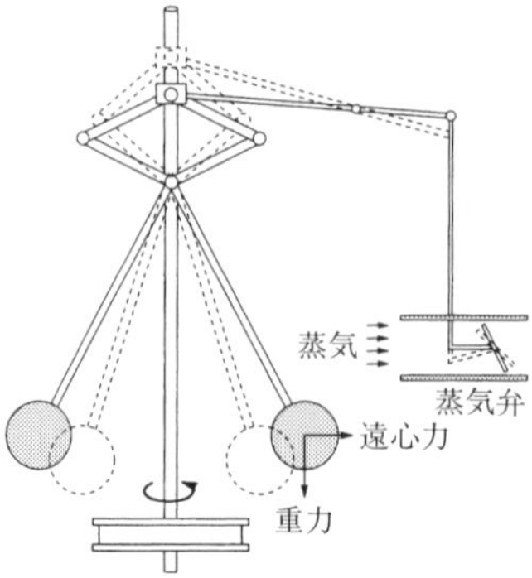

図 1.2　ガバナ

それでは，control の語源は？と調べてみると，それは counter＋roll からきているとされる (Oxford English Dictionary)．ここで，counter- は「対抗する」，「逆らう」の意味の接頭語である．一方，roll は rota wheel であり，route にも通ずる，同じことの繰り返し (回転) の意味である．

自動制御の原点はワットの蒸気機関であるとされる．ピストンの往復運動 (間欠的な駆動力) を滑らかな回転に変えるためには，慣性モーメントの大きなフライホイール (はずみ車)，まさに rota wheel をつける必要があった．さらに，負荷の変動に対しても回転数を一定に保つために，ワットは一つの工夫をこらした．図 1.2 に示すようなガバナ (governor) すなわち振子調速機である．回転が速くなれば遠心力で腕が開きその力で弁を閉める．逆に，回転が遅くなれば腕が閉じ弁が開き，蒸気流量を増やすことになる．今日的にいえば，センサとアクチュエータを兼ね備えた一種の仕掛け (からくり) である．その機能はまさに counter-roll？といえなくもないではないか．

似たようなからくりは，われわれの身のまわりにもある．自動制御の例としてよく取り上げられる，水洗トイレのタンクの水位調節である．ボール状の‘浮き’の浮力を利用して所定の水位となるよう，徐々に弁を閉めていくメカニズムである．これらに共通しているのは，外からエネルギーを加えることがないということである．そこには，電源もなければ，ましてやコンピュータなどあろうはずがない．というよりも，現在のようなエレクトロニクス技術を利用することのできなかった時代に芽生えた技術者の知恵なのである．

もっとも，そのメカニズム，そして制御系 (control system) には，今日においても不変であるフィードバック(feedback)の思想が巧みに取り入れられていることを忘れてはならない．フィードバックとは，出力側の信号(結果)を入力側(原因)に戻す‘はたらき’(機能)をいう．このような修正の機能は，生命体であるわれわれの身体すべてに備わっているものである．たとえば，体温の維持，血流・体液の成分の維持，脈拍・呼吸数の調整，瞳孔の調節などである．

1.2 制御系の分類

最初にワットのガバナを取り上げたが，一般的にいえば，速度制御系である．同じような制御対象としては電動機(モータ)，エンジン，タービンなどがある．これらにおいて制御すべき変数，被制御量(controlled variable)は速度(角速度)である．一般的に，このようなある物理量を一定値に保つような制御系を自動調整系などという．

被制御量が位置(角度)である場合には，位置(決め)制御などと呼ばれる．位置制御の場合は，目標とする被制御量の変化(目標値)に追従させることを目的とすることが多い．そこで，定値制御である自動調整系に対し，これを追従制御という．とくに機械的位置(角度)の追従制御系をサーボ機構(servomechanism)と呼ぶ．servoとは，サービス(service)などと同じ語源，ラテン語のservus(奴隷)からきた言葉で，‘従って動く’の意味である．ロボット(robot)の腕の位置制御系などがこれに相当する．実は，robotもチェコ語のrobota，奴隷を意味する言葉に由来する．

化学，繊維，紙パルプ，鉄鋼などの装置・素材産業においては，そのような物質を生産する過程(process)において，さまざまな自動制御系が必要とされる．たとえば，温度，圧力，流量，液位，pHなどを一定値に保つ制御である．そこで，それらの要求を満たす制御をまとめてプロセス制御(process control)と呼ぶ．

一方，最近の家電製品をながめてみると，そこにも多くの制御技術が活かされていることがわかる．たとえば，全自動洗濯機を考えてみよう．全自動洗濯機でまず最初に行われるのは，洗濯物の量(かさを測るのは難しいので重さ)の検知である．そして，それに基づいて洗濯する水の量を決めることになる．スタートボタンを押すことでコック(弁)を開け，所定の水位となるようフィードバック制御がまず行われる．全自動洗濯機では，さらに所定の水位となったら即座に攪拌を開始し，洗浄，排水，流入，攪拌，排水そして脱水まで，前もって定められたプログラムに従って動作するという，ある種の操作(operation)の繰り返しが行われる．

実は，工場の生産工程のオートメーション(automation＝automatic operation)もこれと同じような有限な操作の繰り返しが行われることが多い．そのような自動化システムは製造業の現場，そしてわれわれの身のまわりに多く存在し，離散事象システム(discrete event system)あるいは有限状態システム(finite state system)などと呼ばれる．通常は「制御工学」として学ぶべき対象から除かれるが，忘れてはならない自動化技術である．

1.3　制御系の基本構成

制御技術の目的は，対象の物理的な動特性(微分方程式・差分方程式による数式モデル)を元に操作入力すなわち制御則を定めることである．プロセス制御の言葉でいえば，プラントのモデリング(数式モデル化，modeling)と制御則(control rule)の決定である．

図1.3に示す物理系である制御対象を考えてみよう．対象に所要の動きをさせることを仮に「制御」の目的とするならば，そのような制御信号(操作量)を対象の数学モデルから逆算して求めればよいことになる．あるいはそれが手動でうまく操作されていたものであれば，それをまねて操作量を‘適当に’定める(ファジィ制御)，あるいは‘適当な’回路で学習して操作量を修正していく(ニューラルネットワーク)などという手法もとられる(図1.5参照)．しかし，実際の物理系の制御はそう簡単ではない．その環境によって外生信号(外乱)が入り込む．また，それが対象の動特性の変化となる場合も多いのである．どんな名投手？(図1.1)でも，突風でも吹いたらそれこそコントロールは乱れるのである．

そこで，1.1節に記したように，それらを修正するためにフィードバックを施

図1.3　制御の概念

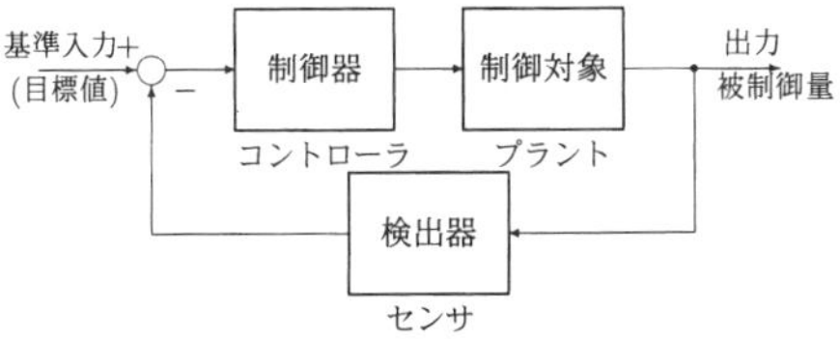

図 1.4 フィードバック制御

す必要がある．図 1.4 はフィードバック制御系の基本構造である．通常，コントローラの部分はコンピュータと操作端の駆動部であるアクチュエータ (actuator) からなる．コンピュータでは，基本的には偏差の比例伝達 (P 動作)，予測 (D 動作)，さらに過去のデータの蓄積に基づく柔軟な追従操作 (I 動作) の演算が行われる．このような制御動作によって，外乱そして対象の特性変動にも強い，ロバスト (robust) な制御系を実現することが基本的には可能である．

1.4 制御理論発展の歴史

ワットのガバナに始まった負のフィードバックの技術は，さらに 19 世紀になって，タービンの速度制御，大型船の舵の制御など多方面に活かされた．もっとも，このようなフィードバック制御には当時としては弱点があった．目標とする速度や位置に合わせようと負のフィードバックをかけたつもりが，ある周波数 (振動数) の振動に関しては，正のフィードバックと同じはたらきとなる不安定 (発振) 現象である．そこで，微分方程式より定まる特性方程式の根の実部の正負を調べることが必要となった．ラウス (E. J. Routh) やフルビッツ (A. Hurwitz) の業績である．それらは特性根の実数部がすべて負となるための必要十分条件に関するものである．

20 世紀になると，同じようなフィードバックのはたらきが電気通信技術に活かされるようになった．そこで，ナイキスト (H. Nyquist) やボード (H. W. Bode) の名前が出てくる．周波数領域でのフィルタ設計，そしてフィードバック増幅器の安定性解析である．本書で学ぶ，ベクトル軌跡，ナイキスト安定判別法そしてボード線図である．さらに，現在も，有効に使われるというニコルス (N. B. Nichols) によるニコルス線図と PID パラメータの調整法である．

1950 年代になると，軍事的な要求もあったのかもしれないが，航空宇宙への制御技術の利用が急速に進歩した．人工衛星の打ち上げ競争の時代である．宇宙空間という無重力そして空気抵抗もない世界が，数学者が理論的に問題を解決するための格好な材料だったのであろう．状態空間法という時間領域のままでの操作入力の決定，制御則の開発が最適（ある評価規準に関して最も望ましい）制御という制御技術に関する新しい展開をもたらすことになった．状態の概念（連立一次微分方程式）に基づく時間領域での解析は，線形に限らない一般的な制御系（非線形制御系）に関しても‘最適な’制御則を求めることを可能にした．ベルマン (R. Bellman) やポントリヤーギン (L. S. Pontryagin) の成果である．

ここらあたりから制御理論の夢が広がってきた．とくにカルマン (R. E. Kalman) は，線形系について可制御・可観測の概念とともに，状態の観測（推定）と制御の考え方をもとに，究極ともいえるフィードバック制御系の構造を‘作り上げ’てしまったのである．これが 1960 年代の後半あたりから叫ばれてきた，現代制御理論と呼ばれるものである．しかし，このような理論には落とし穴があった．もともと，フィードバックというのは，わからないものがあるから行うのである．先に記したように，たとえば負荷の変動などの外乱はその大きさが未知（不確か）であるだけでなく，外から加わる力（外生信号）なのか，回転慣性をもつ物体がつながったことによって慣性モーメントが変化したのか，必ずしも明確ではない．現実の制御対象においては，このような意味での外乱は常に考えなくてはならないのである．

フィードバックの都合のよいところは，このどちらの意味での不確かさに対しても有効であることなのだが，カルマンらはそのような現実的な意味でのフィードバック効果を無視していた．一定値への減衰のみを考慮した最適レギュレータによる状態フィードバックでは，ゆっくり変動する目標値入力に対するフィードバック効果は得られるものの，対象の特性変化に対しても強い制御系を実現することがきわめて難しいのである．

そのような現代制御理論の反省の意味を含めて，1980 年代頃からロバスト制御 (robust control) が叫ばれるようになった．ロバストとは，先にも記したように頑丈な（パラメータ変動に対して強い）という意味なのだが，よく設計されたフィードバック制御系はそもそもロバストなのであり，頑丈でない制御系があること自体おかしかったのである．

図 1.5 は制御理論の変遷，歴史を図解したものである．ただし，このような単

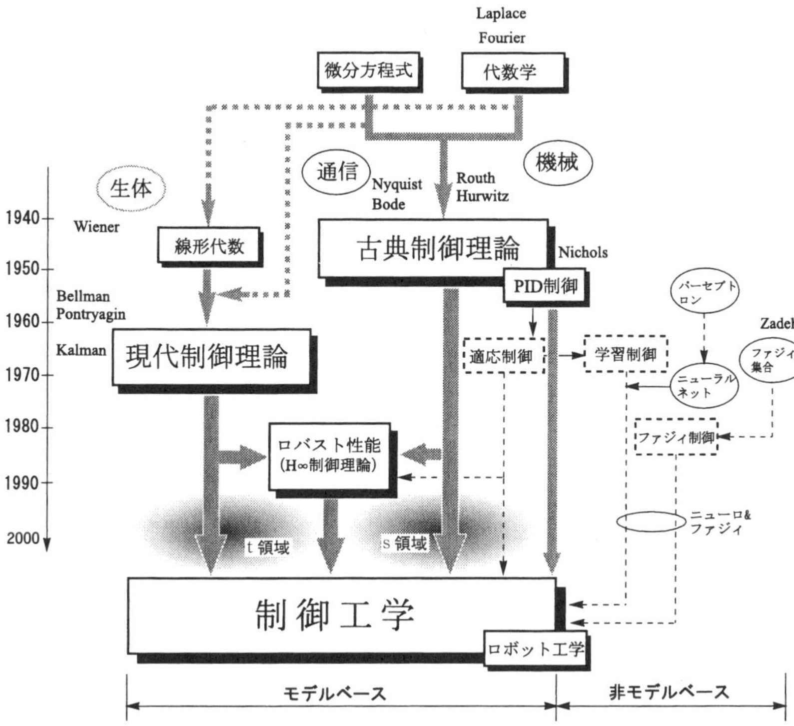

図 1.5　制御理論の歴史

純な線図で制御理論，システム理論の流れを示すことには無理があり，それほど厳密なものではない．読者の便宜のために記したまでである．たとえば，生体における‘制御’，‘通信’，‘機械’そこに共通のメカニズムがあることを明らかにし，サイバネティックス (cybernetics) を提唱したウィナー (N. Wiener) の名前を左上に記してある．ウィナーは今日のニューラルネットワーク (神経回路) の考え方の基礎を提示したが，一方，カルマンフィルタ (Kalman filter) の理論的根拠となった，ウィナーフィルタ (Wiener filter) の提唱者でもある．

参 考 文 献

1)　高橋利衛：自動制御の数学，オーム社，1961.
2)　伊藤正美：自動制御概論 上，昭晃堂，1983.
3)　示村悦二郎：自動制御とは何か，コロナ社，1990.

2　伝達関数に基づくモデリングと制御

2.1　伝達関数によるモデリング

2.1.1　モデリングとは

1章でも述べたとおりフィードバック制御系の特徴は，図2.1(a)に示すように，制御対象とそれを制御すべき制御器とで閉ループ信号伝達系を構成することにある．たとえば(b)に示すように車の速度制御を考える．フィードバック制御

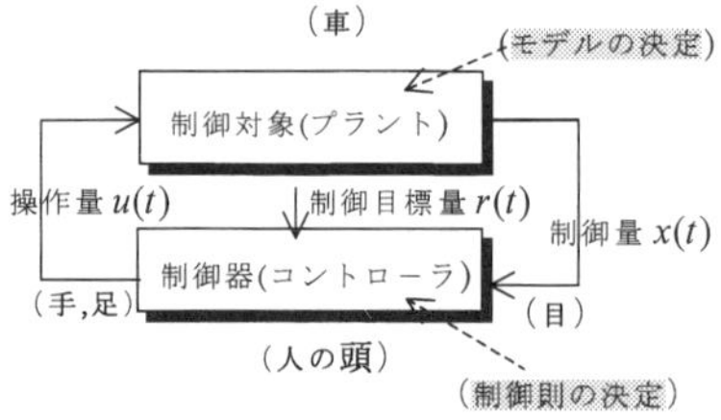

(a)

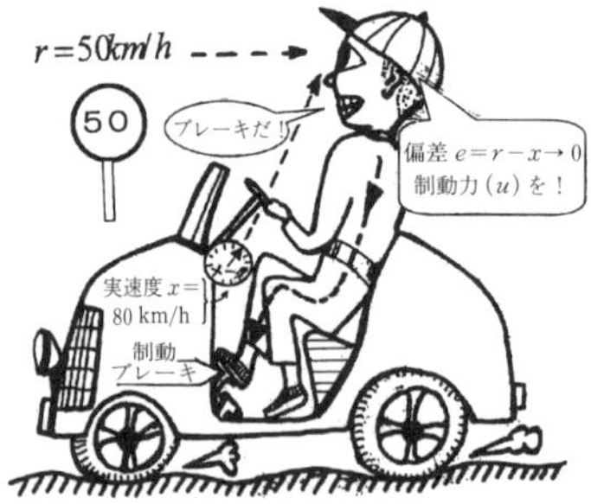

(b)

図2.1　車速のフィードバック制御系

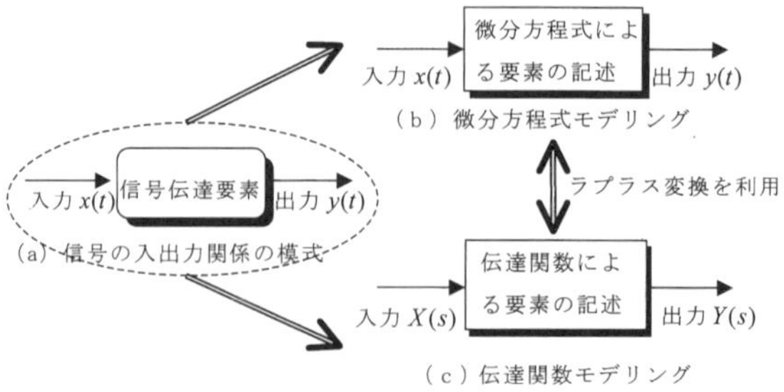

図2.2　信号伝達要素の数学的モデル

量としての車速 $x(t)$，運転者の頭に入っている制限速度としての設定値 $r(t)$，制御偏差 $e(t)=r-x$ に応じて判断された手や足を使った操作量(制御力ともいう) $u(t)$ の関係から，私たちは無意識のうちに閉ループ信号伝達系で車を速度，方向，位置を含めてそれらを目標どおりに(これを制御系の安定化，stabilization という)運転している．

制御対象は時間的変動特性を持つ動的システム(dynamic system)であり，機械関連分野の力学系，熱流体系，化学系，電気回路系，さらには生物系，社会構造系(政治・社会・経済系)など実に広範囲なものである．こうした制御対象(の制御量)を目標どおりに動かすための制御系を設計するためには，まず制御対象の特性を解析に乗せるためのモデル化(モデリング，modelling)が必要である．それに基づいて安定化に必要な制御則(control law)の決定が(2.2 節で後述するように)設計上のもう一つの大きな問題となる．

制御系を構成する信号伝達要素の入出力関係を図 2.2 (a) に示す．これらの関係をモデル化する代表的手法として，(b) に示す微分方程式モデリング(differential equation modelling)と (c) に示すラプラス変換(Laplace transformation)を利用した伝達関数モデリング(transfer function modelling)がある．

2.1.2 線形微分方程式と伝達関数

a. 微分方程式モデル

信号伝達要素の入出力関係を考えるモデルとして，図 2.3 に示す 1 自由度減衰振動系を例にとる．質量 m [kg] には，バネ k [N/m] の復元力とダンパー c [Nm/s] からの粘性減衰力，および外力 u [N] が作用しており，質量変位を x [m] とするとき

$$m\ddot{x}+c\dot{x}+kx=u \text{ [N]} \tag{2.1}$$

の運動方程式を得る．いま出力を質量の変位 x と速度 $\dot{x}$ の和

$$y=x+\dot{x} \tag{2.2}$$

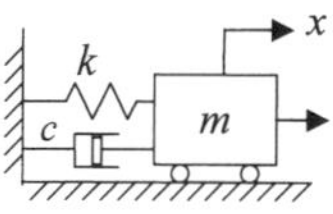

図 2.3　1 自由度振動系

とするとき，入力 u と出力 y に関する微分方程式はどうなるかを考えてみる．式 (2.2) より

$$\dot{y}=\dot{x}+\ddot{x}, \quad \ddot{y}=\ddot{x}+\dddot{x} \tag{2.3}$$

また式 (2.1) より

$$m\dddot{x}+c\ddot{x}+k\dot{x}=\dot{u} \tag{2.4}$$

を得る．式 (2.1)，(2.4) の両辺をたして，式 (2.2)，(2.3) を使うと

$$m\ddot{y}+c\dot{y}+ky=\dot{u}+u \tag{2.5}$$

すなわち

$$\ddot{y}+\frac{c}{m}\dot{y}+\frac{k}{m}y=\frac{1}{m}(\dot{u}+u) \tag{2.6}$$

となる．通常は，式 (2.1) の形だけを考えがちであるが，このように出力の選び方によっては入力の時間微分 $\dot{u}$ が微分方程式に現れることに注意しよう．

微分方程式モデルのまとめ

一般に信号伝達要素の数学モデルが線形微分方程式で表されるとき

$$\frac{d^n y}{dt^n}+a_{n-1}\frac{d^{n-1}y}{dt^{n-1}}+\cdots+a_1\frac{dy}{dt}+a_0 y$$
$$=b_m\frac{d^m u}{dt^m}+b_{m-1}\frac{d^{m-1}u}{dt^{m-1}}+\cdots+b_1\frac{du}{dt}+b_0 u \tag{2.7}$$

の形をとる．ここに $a_{n-1}, a_{n-2}, \cdots, a_0, b_m, b_{m-1}, \cdots, b_0$ は定数であり，また次数は通常 $n \geq m$ である．

次に，図 2.4 に示すように，微分方程式で要素を結合するとどうなるかを考えてみる．実際の制御系を解析・設計する際にはたくさんの伝達要素の結合系が必要であるからである．

要素 1，要素 2 の入出力関係はそれぞれ

$$\dot{y}+a_0 y=b_0 u, \quad \dot{z}+c_0 z=d_0 y \tag{2.8}$$

で与えられたとする．すると

$$\ddot{z}+c_0\dot{z}=d_0\dot{y} \tag{2.9}$$

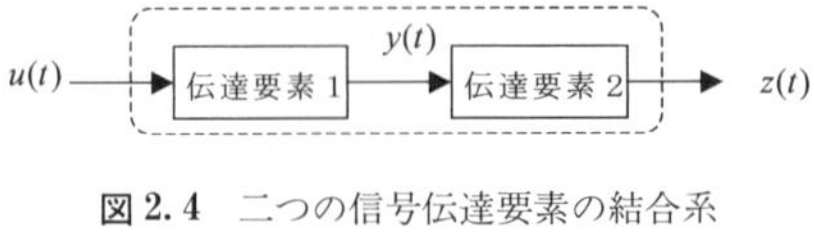

図 2.4 二つの信号伝達要素の結合系

の関係から，$\dot{y}$ を消去すれば

$$\ddot{z}+c_0\dot{z}=d_0(b_0u-a_0y)=b_0d_0u-a_0d_0y$$
$$=b_0d_0u-a_0(\dot{z}+c_0z) \tag{2.10}$$

すなわち入力 u から最終出力 z への関係は

$$\ddot{z}+(a_0+c_0)\dot{z}+a_0c_0z=b_0d_0u \tag{2.11}$$

となる．三つ以上の要素の結合系でも同様に入出力関係を求めることができる．しかしこのモデリング法では，要素の結合数の増加とともに計算は煩雑となることは容易に想像される．このため，実際の制御系設計・解析には，結合系の取り扱いが容易な伝達関数モデリングがよく用いられる．このモデリング法は次に述べるラプラス変換 (Laplace transformation)* に基づいている．

＊ラプラス変換について

$[0, \infty]$ で定義された関数 $f(t)$ に対し，そのラプラス変換を

$$F(s)=\mathcal{L}[f(t)]=\int_0^\infty f(t)e^{-st}dt \tag{2.12}$$

で定義する．$f(t)$ は，右辺の無限積分が収束するように s が選べる関数とする．以後の展開上必要なラプラス変換例を表 2.1 に示す．数学で学習したところであるが，いま一度計算して確認してみよう．

表 2.1　基本信号のラプラス変換例 (詳細は 5 章参照)

$f(t)$	$F(s)$
デルタ関数 $\delta(t)$	1
ステップ関数 $\mathbb{1}(t)=1$	$1/s$
ランプ関数 $r(t)=t$	$1/s^2$
$t^k/k!$	$1/s^{k+1}$: $k=0, 1, 2, \cdots$
e^{-at}	$1/(s+a)$
$\dfrac{t^k}{k!}e^{at}$	$\dfrac{1}{(s-a)^{k+1}}$: $k=0, 1, 2, \cdots$
$\cos \omega t$	$s/(s^2+\omega^2)$
$\sin \omega t$	$\omega/(s^2+\omega^2)$
$e^{-at}\cos \omega t$	$(s+a)/[(s+a)^2+\omega^2]$
$e^{-at}\sin \omega t$	$\omega/[(s+a)^2+\omega^2]$

b.　伝達関数モデル

式 (2.7) の両辺を微分に関するラプラス変換公式*を適用し，かつすべての初期値を 0 とすると

$$(s^n + a_{n-1}s^{n-1} + \cdots + a_1 s + a_0)Y(s) = (b_m s^m + b_{m-1}s^{m-1} + \cdots + b_1 s + b_0)U(s) \tag{2.13}$$

の関係を得る．いま出力信号 $y(t)$ のラプラス変換量 $Y(s)$ に対する入力信号 $u(t)$ のラプラス変換量 $U(s)$ との比をとって，これを $G(s)$ とするとき

＊ここで必要な微分に関する変換公式

$$\mathcal{L}\left[\frac{d^k f(t)}{dt^k}\right] = s^k F(s) - s^{k-1}f(0) - s^{k-2}f^{(1)}(0) - \cdots - f^{(k-1)}(0) \tag{2.14}$$

ただし $f^{(i)}(0) = d^i f(t)/dt^i|_{t=0}$

$$\frac{Y(s)}{U(s)} = G(s) = \frac{b_m s^m + b_{m-1}s^{m-1} + \cdots + b_1 s + b_0}{s^n + a_{n-1}s^{n-1} + \cdots + a_1 s + a_0} \tag{2.15}$$

となる．このようにすべての初期値を 0 とした出力信号と入力信号のラプラス変換の比 $G(s)$ を伝達関数 (transfer function) という．これらの信号伝達関係を表したものが以下で示すブロック線図 (block diagram) である．$n \geq m$ のとき $G(s)$ をプロパーな伝達関数という．

伝達関数モデリングのまとめ

$$\text{伝達関数 } G(s) = \left.\frac{\text{出力信号のラプラス変換}}{\text{入力信号のラプラス変換}}\right|_{\text{すべての初期値}=0} \tag{2.16}$$

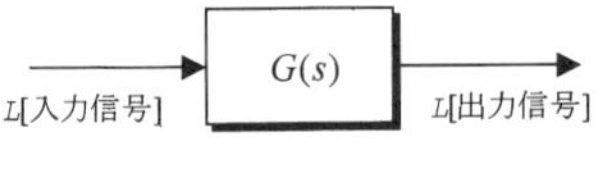

図 2.5　ブロック線図による伝達関数の表示

c.　基本的な伝達関数モデル例

1)　比例要素　　図 2.6 (a) に示すように，ばね (定数 k [N/m]) を $u(t)$ [m] 伸ばしたときの反力を $y(t)$ [N] とするとき

$$y(t) = ku(t) \tag{2.17}$$

の比例関係がある．これより伝達関数を求めると比例係数

$$G(s) = \frac{Y(s)}{U(s)} = k \tag{2.18}$$

となる．したがってこの種の伝達関数を比例要素といい，そのブロック線図を同図 (b) に示す．

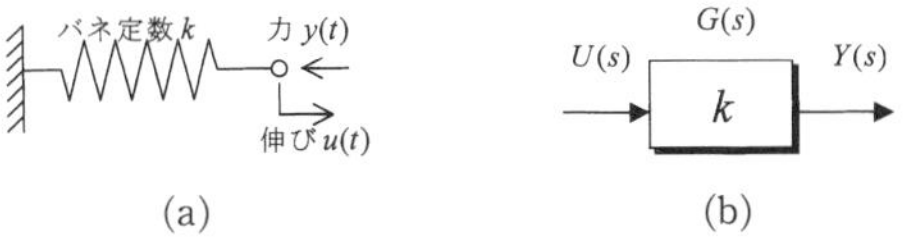

図 2.6 フック (Hooke) のバネ弾性モデル (a) と比例要素の伝達関数 (b)

2) 積分要素 図 2.7 (a) は，コンデンサー (容量 C [F]) に入力信号として電流 $i(t)$ [A] を流したときのコンデンサー出力電圧 $v(t)$ [V] を示す．このとき

$$v(t)=\frac{q(t)}{C}=\frac{1}{C}\int_0^t i(\tau)d\tau \tag{2.19}$$

の関係がある．ただし，$q(t)$ [C] はコンデンサーに充電される電荷を示す．式 (2.19) の両辺を積分に関する変換公式* を使ってラプラス変換をすると

$$V(s)=\frac{1}{Cs}I(s) \tag{2.20}$$

の関係を得る．したがってこの場合の伝達関数は

$$G(s)=\frac{V(s)}{I(s)}=\frac{1}{Cs} \tag{2.21}$$

となる．上式において C は係数であり，$1/s$ が時間領域上での積分機能 $\left(\int_0^t (\quad)dt\right)$ を示す．したがってこの種の伝達関数を積分要素といい，そのブロック線図を図 2.7 (b) に示す．

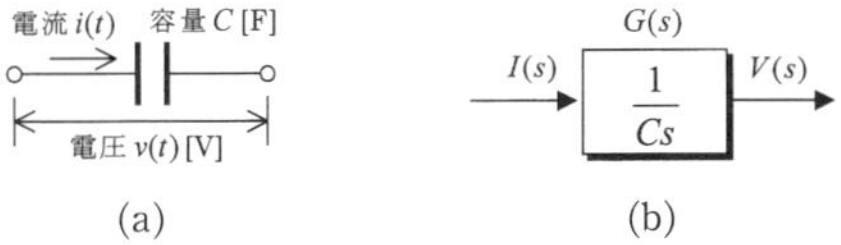

図 2.7 コンデンサー回路 (a) と積分要素の伝達関数 (b)

> ＊積分に関するラプラス変換公式
>
> $$\mathcal{L}\left[\int_0^t f(\tau)d\tau\right]=\frac{1}{s}F(s) \tag{2.22}$$

3) 微分要素 図 2.7 (a) においてコンデンサーに加わる電圧 $v(t)$ を入力とし，電流 $i(t)$ を出力とするときの関係は，式 (2.19) より

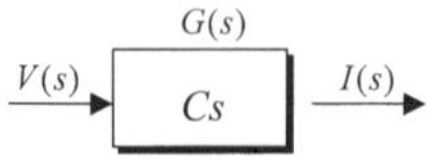

図 2.8　微分要素の伝達関数

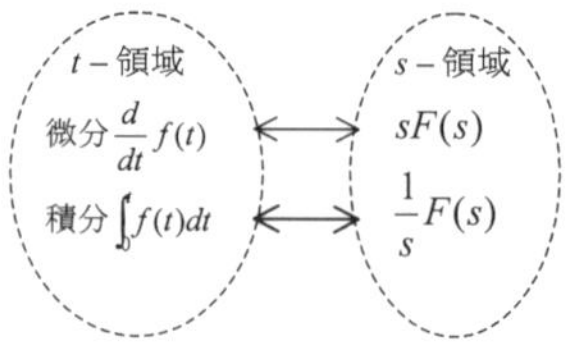

図 2.9　演算子の相対関係

$$i(t)=\frac{dq(t)}{dt}=C\frac{dv(t)}{dt} \tag{2.23}$$

両辺をラプラス変換することにより

$$I(s)=CsV(s) \tag{2.24}$$

したがって，この場合の伝達関数は

$$G(s)=\frac{I(s)}{V(s)}=Cs \tag{2.25}$$

となる．この演算子 s が時間領域上での微分 (d/dt) を表すので，この種の伝達関数を微分要素という．そのブロック線図を図 2.8 に示す．

図 2.9 は，微分と積分がどのように対応しているかをまとめたものである．一般に s^n は時間領域上では n 回微分を，また $(1/s)^n$ は時間領域上では n 重積分を表す．

4)　1 次遅れ要素　　自然界や工学分野にたくさんある要素である．図 2.10 に示す液面系の例で考えてみよう．

タンク内の体積変動量は，流入と流出の関係より

$$A\frac{dh}{dt}=q_i(t)-q_o(t)\ [\mathrm{m^3/s}] \tag{2.26}$$

また平衡状態付近 $(q_1(t)\approx q_2(t))$ では，出口抵抗 R を一定としてほぼ次の線形関係

$$q_o(t)\approx\frac{1}{R}h(t) \tag{2.27}$$

が成り立つ（なお流体力学的には $q_2(t)\propto\sqrt{2gh_a(t)}$ の関係がある）．したがって

$$AR\dot{h}(t)+h(t)=Rq_i(t) \tag{2.28}$$

両辺のラプラス変換をとり，流入量 $q_i(t)$ を入力とし，液位 $h(t)$ を出力とする伝達関数を求めると

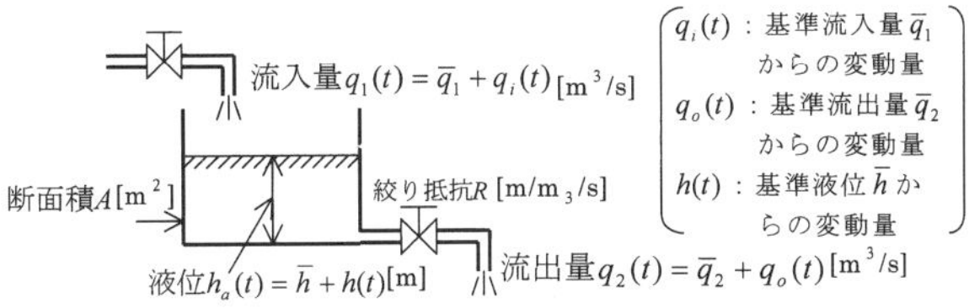

図 2.10　液面系

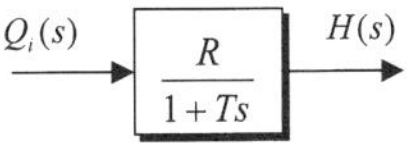

図 2.11　液面系（1 次遅れ要素）の伝達関数

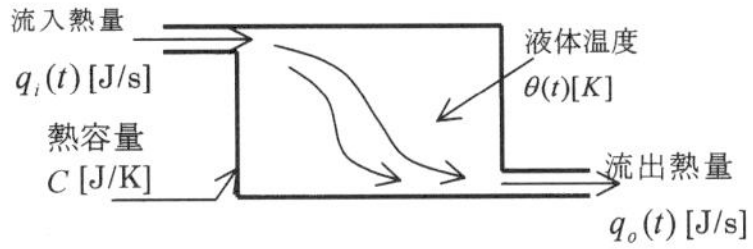

図 2.12　熱容量系

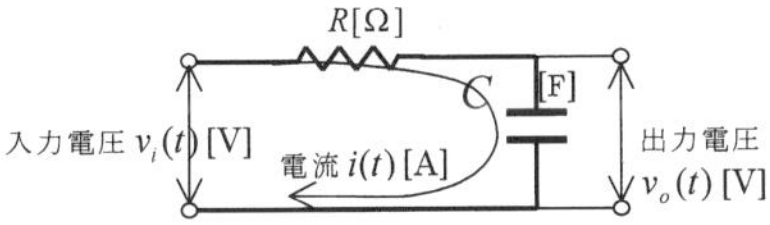

図 2.13　電気回路系

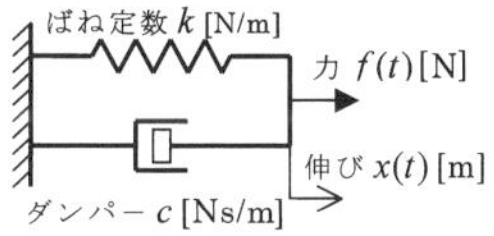

図 2.14　力学（機械）系

$$G(s)=\frac{H(s)}{Q_i(s)}=\frac{1}{1+Ts}R \tag{2.29}$$

となる．この分母が 1 次である要素 $(1/(1+Ts))$ を 1 次遅れ要素という．特に $T=AR$[s] は時定数 (time constant) といわれるものでこの要素の時間特性を特徴づける重要な係数である（詳細は 2.1.4 項で述べる）．なお，$H(s)=\mathcal{L}[h(t)]$, $Q_i(s)=\mathcal{L}[q_i(t)]$ である．

また図 2.12 に示す熱容量系の流入熱量 $q_i(t)$ に対する温度変動 $\theta(t)$ も 1 次遅れ要素で表される．

容器の周囲は完全に断熱されているとき，容器内への流入熱量 $q_i(t)$ と容器外への流出熱量 $q_o(t)$ との関係から，容器内の流体温度 $\theta(t)$ に関して

$$C\dot{\theta}(t)=q_i(t)-q_o(t), \quad q_o(t)\approx\frac{\theta(t)}{R} \tag{2.30}$$

が成り立つ．ここに R [Ks/J] は流出抵抗である．したがって

$$CR\dot{\theta}(t)+\theta(t)=Rq_i(t) \tag{2.31}$$

となり，液面系と同様に，伝達関数は

$$G(s)=\frac{\Theta(s)}{Q_i(s)}=\frac{R}{1+Ts} \tag{2.32}$$

となる．ここに時定数 $T=CR$ [s] であり，$\Theta(s)=\mathcal{L}[\theta(t)]$，$Q_i(s)=\mathcal{L}[q_i(t)]$ である．

図 2.13 に示すコンデンサーの充･放電回路も 1 次遅れ要素である．回路内では

$$v_i(t)=Ri(t)+v_o(t),\quad v_o(t)=\frac{1}{C}\int_0^t i(t)dt \tag{2.33}$$

の関係があるので，伝達関数を求めると

$$G(s)=\frac{V_o(s)}{V_i(s)}=\frac{1}{1+Ts} \tag{2.34}$$

となる．ここに時定数 $T=CR$ [s]，$V_o(s)=L[v_o(s)]$，$V_i(s)=L[v_o(s)]$ である．

また，図 2.14 に示す力学系も 1 次遅れ要素である．力 $f(t)$ を入力とし，自由端の伸びを $x(t)$ とするとき

$$c\dot{x}(t)+kx(t)=f(t) \tag{2.35}$$

が成り立つ．両辺をラプラス変換して伝達関数を求めると

$$G(s)=\frac{X(s)}{F(s)}=\frac{1/k}{1+Ts} \tag{2.36}$$

となる．ここに時定数 $T=c/k$ [s] である．

5)　2 次要素　　この 2 次要素 (振動性 2 次要素や 2 次遅れ要素を含む) も自然界や工学分野に多い．代表例として図 2.15 に示す機械振動系の伝達関数を考えてみよう．運動方程式は，よく知られているように

$$m\ddot{x}(t)+c\dot{x}(t)+kx(t)=f(t) \tag{2.37}$$

両辺のラプラス変換をとり，力入力 $F(s)=L[f(t)]$ に対する変位出力 $X(s)=$

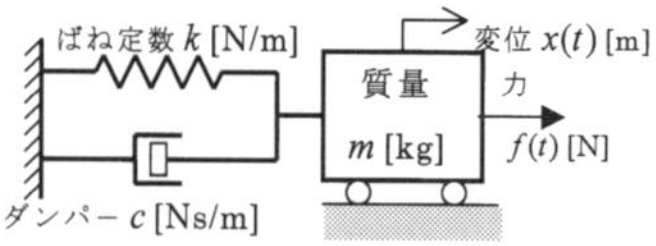

図 2. 15　機械的振動系

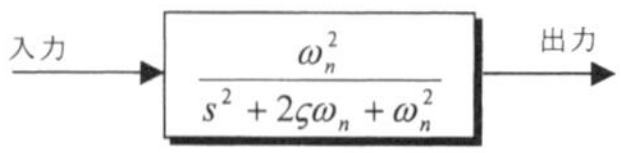

図 2. 16　2 次要素の無次元化伝達関数

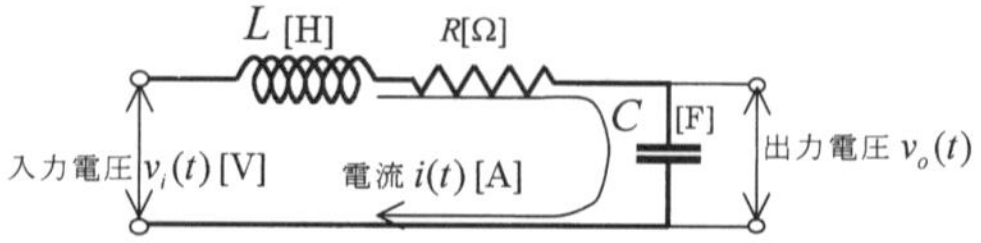

図 2. 17　L-R-C 直列共振回路

$L[x(t)]$ の伝達関数を求めると

$$G(s)=\frac{X(s)}{F(s)}=\frac{1}{ms^2+cs+k}=\frac{(1/k)(k/m)}{s^2+(c/m)s+(k/m)}$$
$$=\frac{\omega_n{}^2}{s^2+2\zeta\omega_n+\omega_n{}^2}\times\frac{1}{k} \tag{2.38}$$

このような伝達関数を，2 次要素という．なお，機械力学的な係数間の関係として，$c/m=2\zeta\omega_n$，減衰係数比 $\zeta=c/2\sqrt{mk}$，$\sqrt{k/m}=\omega_n$ (角固有角振動数) がある．一般に図 2.16 の無次元化した形が用いられる．

また図 2.17 に示す L (コイルのインダクタンス) $-R$ (電気抵抗) $-C$ (コンデンサー容量) の電気回路系も 2 次要素になる．回路平衡方程式は

$$L\frac{di(t)}{dt}+Ri(t)+v_o(t)=v_i(t),\quad v_o(t)=\frac{1}{C}\int_0^t i(t)dt \tag{2.39}$$

であるので，結局

$$LC\frac{d^2v_o(t)}{dt^2}+CR\frac{dv_o(t)}{dt}+v_o(t)=v_i(t) \tag{2.40}$$

の関係が得られる．したがって伝達関数は

$$G(s)=\frac{V_o(s)}{V_i(s)}=\frac{1/C}{Ls^2+Rs+(1/C)} \tag{2.41}$$

式 (2.37) の機械系と比べると，$L\rightarrow m$，$R\rightarrow c$，$1/C\rightarrow k$ の対応関係 (アナロジー，analogy) があることがわかる．

6)　むだ時間要素　　入力 $x(t)$ と出力 $y(t)$ 間に N [s] の遅延があるとき

$$y(t)=x(t-N) \tag{2.42}$$

と表される．この式に推移の定理* を適用すると

$$Y(s)=X(s)e^{-Ns} \tag{2.43}$$

したがって遅延を表す伝達関数は図 2.18 に示すとおりとなる．

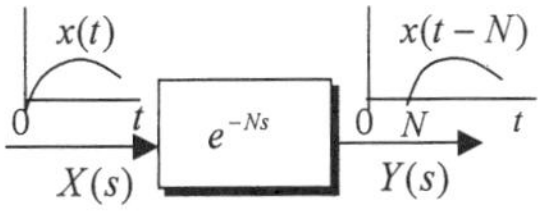

図 2.18　むだ時間要素

表 2.2　基本伝達関数

要素名	伝達関数
比例要素	K
微分要素	s
積分要素	$1/s$
1 次遅れ要素	$1/(1+Ts)$
2 次要素	$\omega_n{}^2/(s^2+2\zeta\omega_n s+\omega_n{}^2)$
むだ時間要素	e^{-Ls}

> ＊ここで必要な推移の定理
> $$\mathcal{L}[x(t-N)]=X(s)e^{-Ns} \tag{2.44}$$

以上，基本的伝達関数をまとめたのが表 2.2 である．

2.1.3　ブロック線図と等価変換

すでに，信号伝達要素の数理的モデル化として視覚的にブロック線図を説明したが，さらに制御系を設計・解析する上で便利な結合関係を説明する．

ブロック線図の基本構成要素を図 2.19 に示す．信号は，(a) に示すように矢印方向に伝達する．伝達関数 $G(s)$ は，(b) に示すように矩形枠内に記入し，入出力信号はその左右に（基本的に左から右に）つける．信号相互の加減算は，(c) に示すように加え合わせ点（○印）を用いて表す．また信号の分岐は，(d) に示すように引き出し点を用いて表し，エネルギー的分流はない．このブロック線図を用いた等価変換形の代表例を以下に述べる．

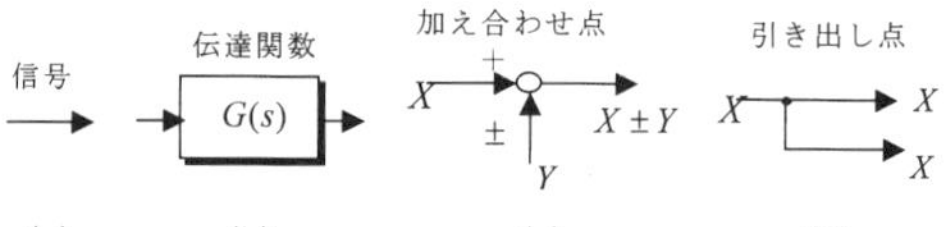

図 2.19　ブロック線図の構成要素

①　直列結合

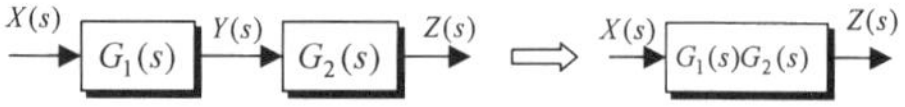

図 2.20　直列結合 (a) の等価変換 (b)

$$Z(s)=G_2(s)\,Y(s)=G_2(s)G_1(s)X(s) \tag{2.45}$$

②　並列結合

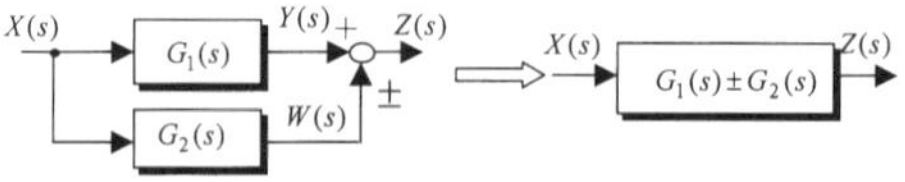

図 2.21　並列結合 (a) の等価変換 (b)

$$Z(s)=Y(s)\pm W(s)=[G_1(s)\pm G_2(s)]X(s) \tag{2.46}$$

③　フィードバック結合

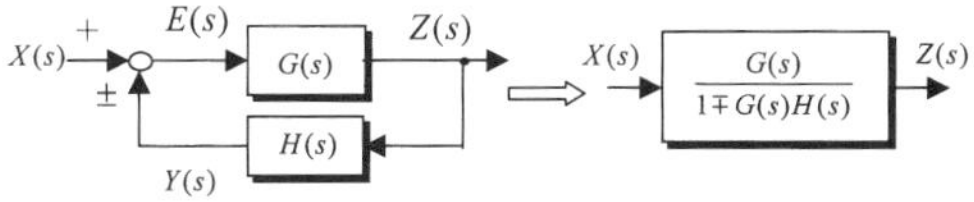

(a)　　(b)

図 2.22　フィードバック結合 (a) の等価変換 (b)

$$Z(s)=G(s)E(s)=G(s)[X(s)\pm Y(s)]=G(s)[X(s)\pm H(s)Z(s)] \tag{2.47}$$

④　加え合わせ点の移動

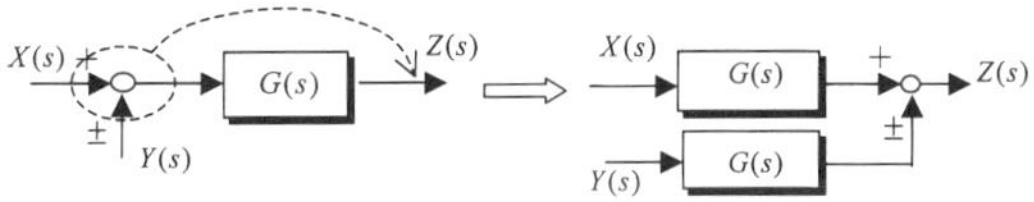

(a)　　(b)

図 2.23　ブロックの前 (a) から後 (b) への変換

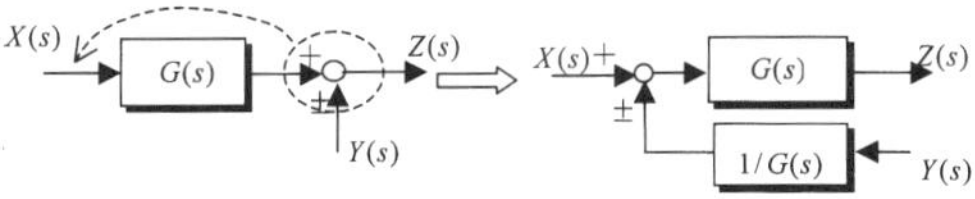

(a)　　(b)

図 2.24　ブロックの後 (a) から前 (b) への変換

⑤　引き出し点の移動

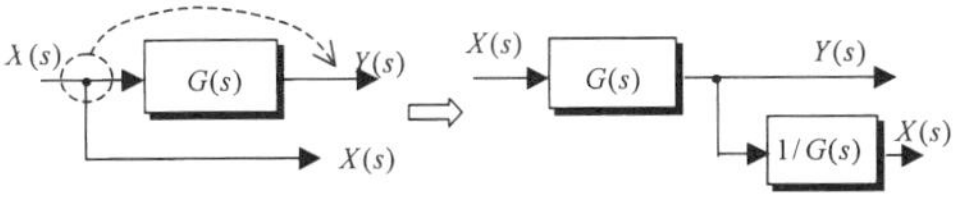

(a)　　(b)

図 2.25　ブロックの前 (a) から後 (b) への変換

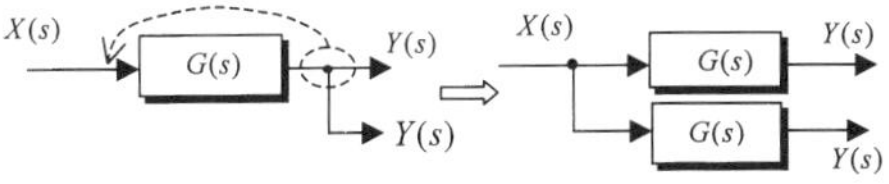

(a)　　(b)

図 2.26　ブロックの後 (a) から前 (b) への変換

【例題 2.1】 図 2.27 に示すブロック線図において，入力 $X(s)$ に対する出力 $Y(s)$ の伝達関数を求めよ．

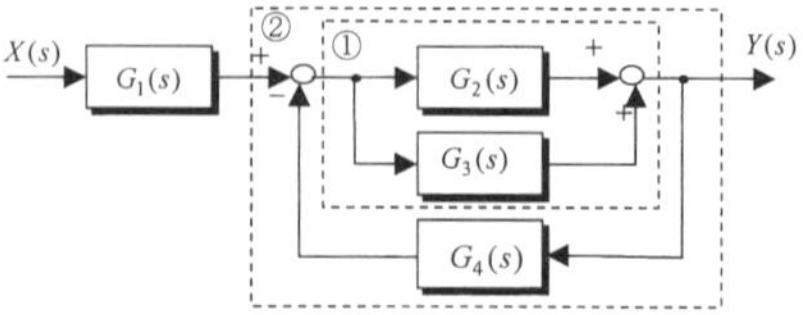

図 2.27

［解］ ブロックの内側からの等価変換を考える．まず ① の部分を等価変換すると

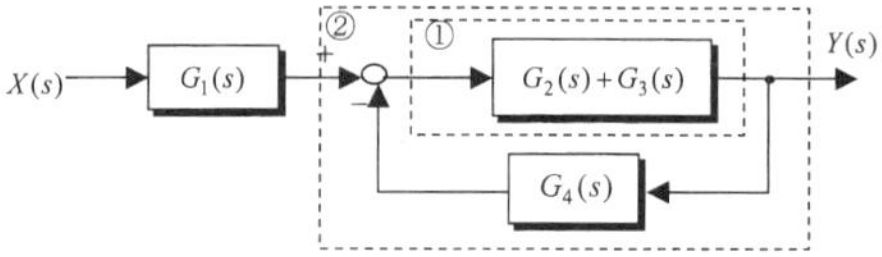

図 2.28

次に ② の部分を等価変換すると　　　⇩

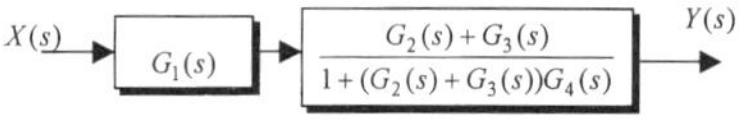

図 2.29

最終的に　　　⇩

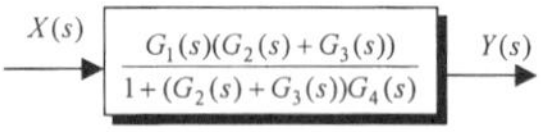

図 2.30

【例題 2.2】 図 2.31 に示すブロック線図において，入力 $X(s)$ に対する出力 $Y(s)$ の伝達関数を求めよ．

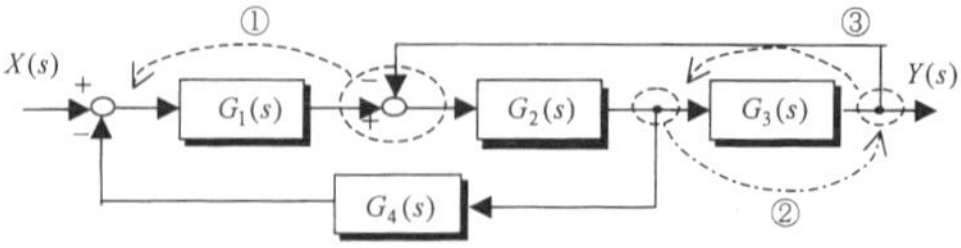

図 2.31

[解] このままでは変換しにくいので，① 加え合わせ点を要素 $G_1(s)$ の前に移すか，② 引き出し点を要素 $G_3(s)$ の後に移すか，または ③ 引き出し点を要素 $G_3(s)$ の前に移すかの工夫をする．ここでは ① の場合について考えてみよう．

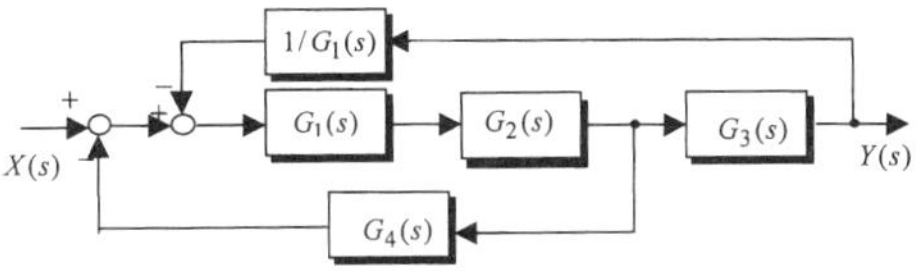

図 2. 32

⇩

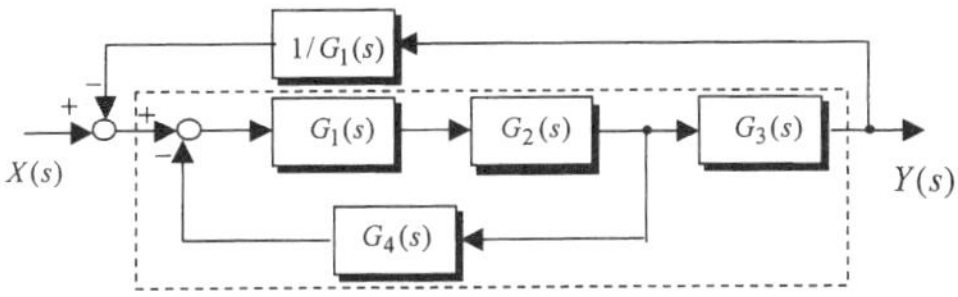

図 2. 33

⇩

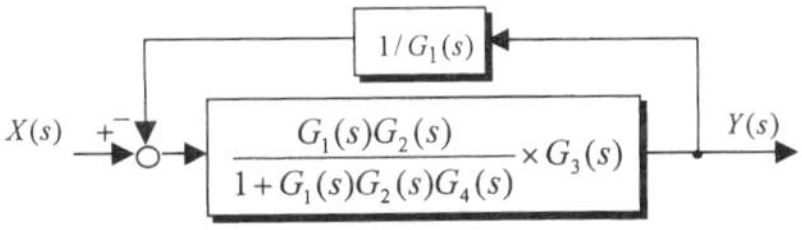

図 2. 34

⇩

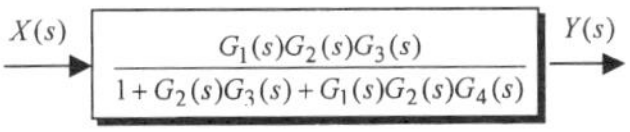

図 2. 35 ■

2.1.4 過 渡 応 答

要素や要素どうしが結合したシステムに入力信号を与えたときの出力信号を応答 (response) という．応答には，初期的状態から十分時間が経過した後に観測される出力特性としての定常応答 (steady response) (次節の正弦波入力による周波数応答など) と定常応答に到達するまでの出力特性としての過渡応答 (transient response) とがある．

図 2.36 は，過渡応答を調べる代表的テスト信号である (a) インパルス入力 (impulsive input)，(b) ステップ入力 (step input)，(c) ランプ入力 (ramp input)

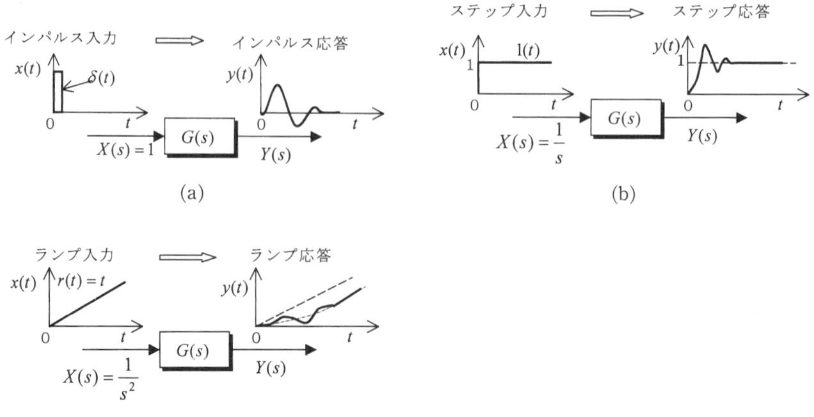

図 2.36　基本入力信号と応答の関係

と出力応答特性との関係を示す．

a.　出力応答の求め方

出力応答は，ブロック線図を用いた伝達関数の関係

$$Y(s)=G(s)X(s) \tag{2.48}$$

より，ラプラス逆変換を利用して

$$y(t)=\mathcal{L}^{-1}[Y(s)]=\mathcal{L}^{-1}[G(s)X(s)] \tag{2.49}$$

として求める．また次の重み関数を用いたたたみこみ積分

$$y(t)=\int_0^t g(t-\tau)x(\tau)d\tau \tag{2.50}$$

からも求めることができる．$g(t)$ は重み関数（インパルス応答）で

$$g(t)=\mathcal{L}^{-1}[G(s)] \tag{2.51}$$

で与えられる．

b.　基本要素のインパルス応答

インパルス応答は，図 2.37 (a) に示すディラック (Dirac) のデルタ関数* $\delta(t)$ を入力信号にした出力応答で，式 (2.51) で示した重み関数 $g(t)$ である．

＊デルタ関数について

$\mathcal{L}[\delta(t)]=1$ であることは，図 2.37 (b), (c) を用いて以下のとおり計算される．

$$\mathcal{L}[\delta(t)]=L[\lim_{\lambda\to 0}\varDelta(t)]=L[\lim_{\lambda\to 0}\varDelta(t)]=\lim_{\lambda\to 0}\int_0^\infty \frac{1}{\lambda}\{\mathbb{1}(t)-\mathbb{1}(t-\lambda)\}e^{-st}dt$$

$$=\lim_{\lambda\to 0}\frac{1}{\lambda}\left(\frac{1}{s}-\frac{1}{s}e^{-\lambda s}\right)\cong\lim_{\lambda\to 0}\frac{1}{\lambda s}(\lambda s-\cdots)=1 \tag{2.52}$$

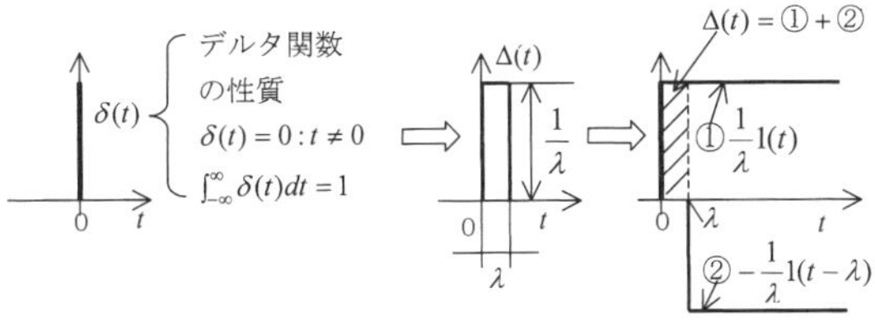

(a)　(b)　(c)

図 2.37　デルタ関数 (a) とその近似計算 (b, c)

1)　積分要素　　ラプラス変換表を用いて

$$y(t)=\mathscr{L}^{-1}[Y(s)]=\mathscr{L}^{-1}[G(s)X(s)]=\mathscr{L}^{-1}\left[\frac{1}{s}\times 1\right]=\mathbb{1}(t) \tag{2.53}$$

したがって，図 2.38 に示すとおり，ステップ関数となる．

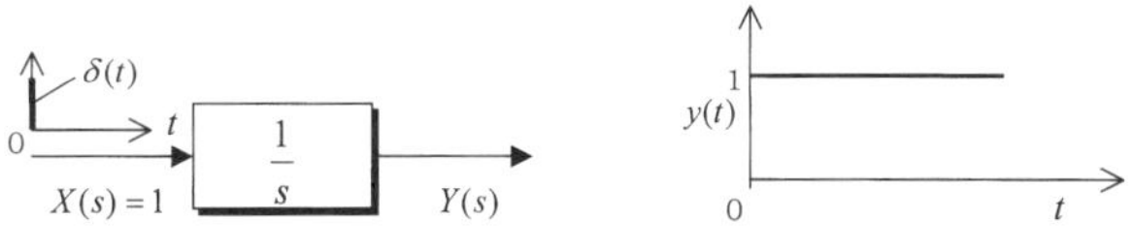

(a)　(b)

図 2.38　積分要素 (a) のインパルス応答 (b)

2)　1 次遅れ要素

$$y(t)=\mathscr{L}^{-1}[Y(s)]=\mathscr{L}^{-1}[G(s)X(s)]=\mathscr{L}^{-1}\left[\frac{1}{1+Ts}\times 1\right]=\frac{1}{T}\mathscr{L}^{-1}\left[\frac{1}{s+(1/T)}\right]$$

$$=\frac{1}{T}e^{-\frac{1}{T}t} \tag{2.54}$$

図 2.39 に示すように，指数関数的減衰曲線となる．

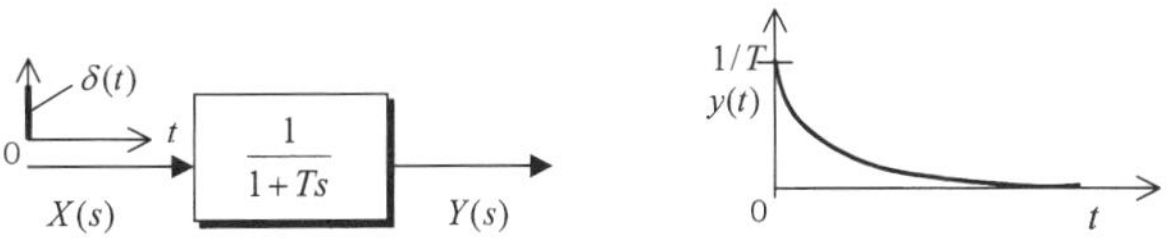

(a)　(b)

図 2.39　1 次遅れ要素 (a) のインパルス応答 (b)

3)　2 次要素　　ヘビサイド (Heaviside) の展開定理* を使って部分分数に展開する．

①　$0<\zeta<1$ (不足制動 (under-damping) 系) の場合

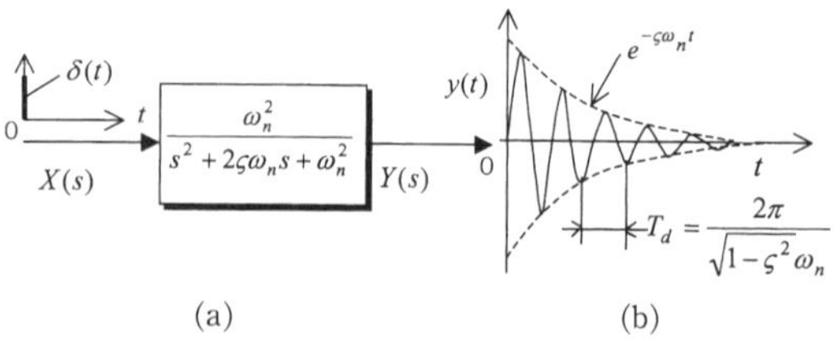

図 2.40　2 次要素 (a) のインパルス応答 (b) (0<ζ<1 の場合)

$$y(t)=\mathscr{L}^{-1}[Y(s)]=\mathscr{L}^{-1}[G(s)X(s)]=\mathscr{L}^{-1}\left[\frac{\omega_n{}^2}{s^2+2\zeta\omega_n s+\omega_n{}^2}\times 1\right]$$
$$=\mathscr{L}^{-1}\left[\frac{\omega_n}{2j\sqrt{1-\zeta^2}}\frac{1}{(s-p_1)}-\frac{\omega_n}{2j\sqrt{1-\zeta^2}}\frac{1}{(s-p_2)}\right]$$
$$=\frac{\omega_n}{2j\sqrt{1-\zeta^2}}\left(e^{-\zeta\omega_n t+j\omega_n\sqrt{1-\zeta^2}t}-e^{-\zeta\omega_n t-j\omega_n\sqrt{1-\zeta^2}t}\right)$$
$$=\frac{\omega_n}{\sqrt{1-\zeta^2}}e^{-\zeta\omega_n t}\left(\frac{1}{2j}e^{j\omega_n\sqrt{1-\zeta^2}t}-\frac{1}{2j}e^{-j\omega_n\sqrt{1-\zeta^2}t}\right)$$
$$=\frac{\omega_n}{\sqrt{1-\zeta^2}}e^{-\zeta\omega_n t}\sin\omega_n\sqrt{1-\zeta^2}\,t \tag{2.55}$$

ただし p_1, p_2 は 2 次系の極 ($s^2+2\zeta\omega_n s+\omega_n{}^2=0$ の根) で，この場合

$$p_{1,2}=-\zeta\omega_n\pm j\sqrt{1-\zeta^2}\,\omega_n \tag{2.56}$$

である．応答は図 2.40 に示すような周期 T_d の時間軸に対称な減衰振動曲線となる．

②　$\zeta=1$ (臨界制動 (critical damping) 系) の場合

$$y(t)=\mathscr{L}^{-1}\left[\frac{\omega_n{}^2}{s^2+2\omega_n s+\omega_n{}^2}\times 1\right]=\mathscr{L}^{-1}\left[\frac{\omega_n{}^2}{(s+\omega_n)^2}\right]=\omega_n{}^2te^{-\omega_n t} \tag{2.57}$$

③　$\zeta>1$ (過制動 (over-damping) 系) の場合

$$y(t)=\mathscr{L}^{-1}\left[\frac{\omega_n{}^2}{s^2+2\zeta\omega_n s+\omega_n{}^2}\times 1\right]=\mathscr{L}^{-1}\left[\frac{\omega_n{}^2}{(p_1-p_2)}\left(\frac{1}{s-p_1}-\frac{1}{s-p_2}\right)\right]$$
$$=\frac{\omega_n}{2\sqrt{\zeta^2-1}}(e^{p_1 t}-e^{p_2 t})=e^{-\zeta\omega_n t}\sinh\sqrt{\zeta^2-1}\,\omega_n t \tag{2.58}$$

ここで極 p_1, p_2 は

$$p_{1,2}=-\zeta\omega_n\pm\omega_n\sqrt{\zeta^2-1} \tag{2.59}$$

である．減衰係数比 (damping ratio) ζ は振動の減衰性を示すパラメータで，インパルス応答特性は，$\zeta>1$ では過制動の非振動状態を，また $0<\zeta<1$ では減衰振動状態を，$\zeta=0$ では無減衰振動状態を表す．

＊ラプラス逆変換のためのヘビサイドの展開定理についての復習

ラプラス逆変換は次式で定義される．

$$\mathcal{L}^{-1}[F(s)]=f(t)=\frac{1}{2\pi j}\int_{c-j\infty}^{c+j\infty}F(s)e^{ts}ds \tag{2.60}$$

しかしこの複素積分は煩雑な場合が多いので，まず $F(s)$ をヘビサイドの展開定理により部分分数に展開し，次に表 2.1 のラプラス変換表を利用して逆変換をするのが一般的である．有理関数 $F(s)$ が式 (2.60) に示すように，$(n-r)$ 個の単極 ($X(s)=0$ が相異なる根) と $s=\lambda_q$ の r 重極を持つとき

$$\begin{aligned}F(s)&=\frac{Y(s)}{X(s)}=\frac{Y(s)}{(s-\lambda_n)(s-\lambda_{n-1})\cdots(s-\lambda_{r+1})(s-\lambda_q)^r}\\&=\frac{A_n}{(s-\lambda_n)}+\frac{A_{n-1}}{(s-\lambda_{n-1})}+\cdots+\frac{A_{r+1}}{(s-\lambda_{r+1})}\\&\quad+\frac{B_r}{(s-\lambda_q)^r}+\frac{B_{r-1}}{(s-\lambda_q)^{r-1}}\cdots\frac{B_1}{(s-\lambda_q)}\end{aligned} \tag{2.61}$$

と展開される．このとき展開係数はそれぞれ

$$A_i=\lim_{s\to\lambda_i}(s-\lambda_i)F(s)\ :\ i=(r+1),\cdots,(n-1),n \tag{2.62}$$

$$B_i=\frac{1}{(r-i)!}\lim_{s\to\lambda_i}\left[\frac{d^{r-i}}{ds^{r-i}}\{(s-\lambda_q)^rF(s)\}\right]\ :\ i=1,2,\cdots,r \tag{2.63}$$

で与えられる．演習問題 2.11 (1) でここの扱いを確認してみよう．

c.　基本要素のステップ応答

1)　1 次遅れ要素　ステップ信号は $X(s)=1/s$ であるので，図 2.41 より

$$y(t)=\mathcal{L}^{-1}[Y(s)]=\mathcal{L}^{-1}\left[\frac{1}{1+Ts}\times\frac{1}{s}\right]=\frac{1}{T}\mathcal{L}^{-1}\left[\frac{T}{s}-\frac{T}{s+(1/T)}\right]=1-e^{\frac{1}{T}t} \tag{2.64}$$

したがって出力応答は，$t=T[s]$ (時定数*) の経過時間のとき

$$y(t)|_{t=T}=1-e^{-1}\cong 0.632 \tag{2.65}$$

最終出力の 63.2% に達する指数関数的関数となる．

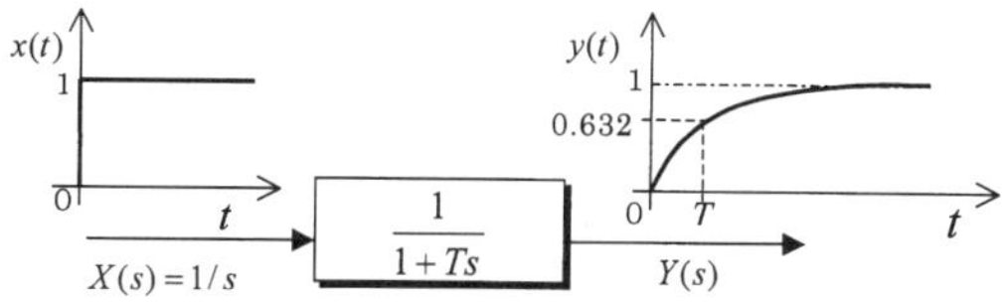

図 2.41　1 次遅れ要素のステップ応答

＊時定数 T について

応答の立ち上がり特性は，式(2.67)より

$$\left.\frac{dy}{dt}\right|_{t=0}=\frac{1}{T} \tag{2.66}$$

これは，図2.42に示すように，時間原点における接線の勾配である．したがって T が大きいほど応答曲線は右にシフトし(遅い応答)，逆に T が小さいほど応答は速くなる．T は応答性(responsibility)の目安となる．

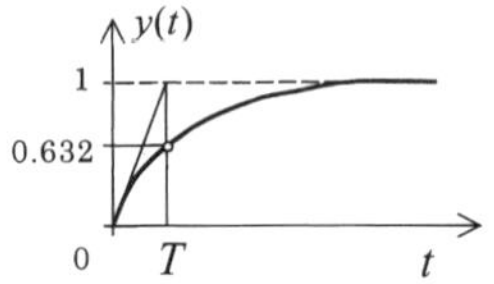

図 2.42　T 特性の持つ意味

2)　2次要素

①　$0\leq\zeta<1$ (不足制動系)の場合

$$y(t)=\mathscr{L}^{-1}[Y(s)]=\mathscr{L}^{-1}[G(s)X(s)]=\mathscr{L}^{-1}\left[\frac{\omega_n{}^2}{s^2+2\zeta\omega_n s+\omega_n{}^2}\times\frac{1}{s}\right]$$

$$=\mathscr{L}^{-1}\left[\frac{1}{s}-\frac{s+\zeta\omega_n}{(s+\zeta\omega_n)^2+\omega_n{}^2(1-\zeta^2)}-\frac{\zeta}{\sqrt{1-\zeta^2}}\frac{\omega_n\sqrt{1-\zeta^2}}{(s+\zeta\omega_n)^2+\omega_n{}^2(1-\zeta^2)}\right]$$

(ラプラス変換表2.1より)

$$=1-e^{-\zeta\omega_n t}\left(\cos\omega_d t+\frac{\zeta}{\sqrt{1-\zeta^2}}\sin\omega_d t\right)$$

$$=1-\frac{e^{-\zeta\omega_n t}}{\sqrt{1-\zeta^2}}(\sqrt{1-\zeta^2}\cos\omega_d t+\zeta\sin\omega_d t)$$

$$=1-\frac{e^{-\zeta\omega_n t}}{\sqrt{1-\zeta^2}}(\sin\phi\cos\omega_d t+\cos\phi\sin\omega_d t)$$

$$=1-\frac{e^{-\zeta\omega_n t}}{\sqrt{1-\zeta^2}}\sin(\omega_d t+\phi) \tag{2.67}$$

ここで

$$\phi=\tan^{-1}\frac{\sqrt{1-\zeta^2}}{\zeta} \tag{2.68}$$

$$\omega_d=\omega_n\sqrt{1-\zeta^2} \tag{2.69}$$

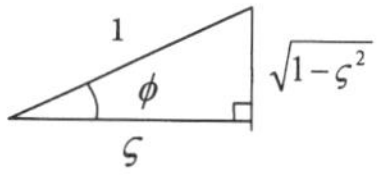

図 2.43　ϕ の定義

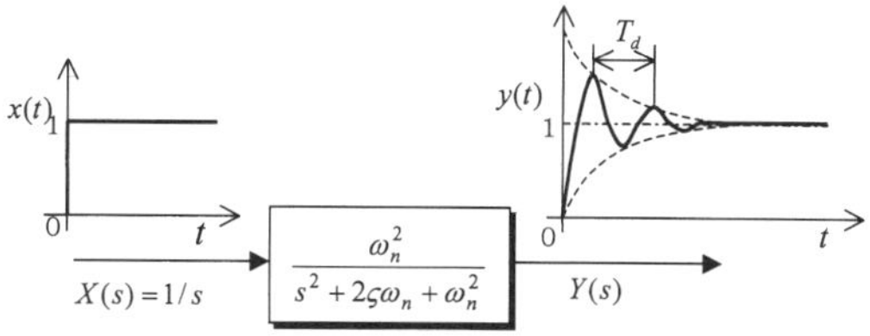

図 2.44　2 次要素のステップ応答

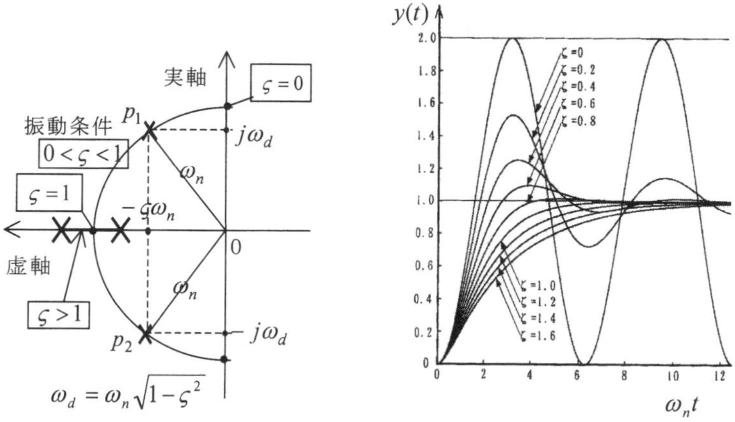

(a)　(b)

図 2.45　極配置状況 (a) と対応する応答性 (b)

の関係がある．したがってステップ応答は，図 2.44 に示すように入力値 1 を中心とした減衰振動曲線となる．

② $\zeta=1$ (臨界制動系) の場合

$$y(t)=\mathcal{L}^{-1}\left[\frac{\omega_n{}^2}{s^2+2\omega_n s+\omega_n{}^2}\times\frac{1}{s}\right]=\mathcal{L}^{-1}\left[\frac{\omega_n{}^2}{s(s+\omega_n)^2}\right]$$

$$=\mathcal{L}^{-1}\left[\frac{1}{s}-\frac{\omega_n}{(s+\omega_n)^2}-\frac{1}{s+\omega_n}\right]=1-e^{-\omega_n t}(\omega_n t+1) \qquad (2.70)$$

③ $\zeta>1$ (過制動系) の場合

$$y(t)=\mathcal{L}^{-1}\left[\frac{\omega_n{}^2}{s^2+2\zeta\omega_n s+\omega_n{}^2}\times\frac{1}{s}\right]$$

$$=1-\frac{\zeta+\sqrt{\zeta^2-1}}{2\sqrt{\zeta^2-1}}e^{p1t}+\frac{\zeta-\sqrt{\zeta^2-1}}{2\sqrt{\zeta^2-1}}e^{p2t}$$

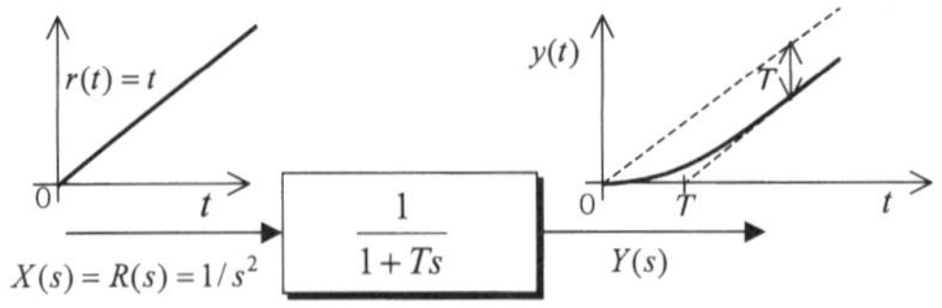

図 2.46　1 次遅れ要素のランプ応答

$$=1-e^{-\zeta\omega_n t}\left(\cosh\sqrt{\zeta^2-1}\,\omega_n t+\frac{\zeta}{\sqrt{\zeta^2-1}}\sinh\sqrt{\zeta^2-1}\,\omega_n t\right) \qquad (2.71)$$

ただし p_1, p_2 は式 (2.59) で示した極である．応答特性は複雑そうにみえるが，目標値 1 に漸近する非振動曲線となる．

減衰係数比 ζ と極配置と応答性との関係を図 2.45 に示す．

d.　1 次遅れ要素のランプ応答

ランプ入力 (定速度入力) に対する出力応答は

$$y(t)=\mathcal{L}^{-1}\left[\frac{1}{1+Ts}\times\frac{1}{s^2}\right]=\mathcal{L}^{-1}\left[\frac{1}{s^2}-\frac{T}{s}+\frac{T}{s+(1/T)}\right]$$

$$=t-T(1-e^{\frac{1}{T}t}) \qquad (2.72)$$

応答は図 2.46 に示すように，時定数 T だけずれた特徴的特性を示す．

2.1.5　周波数応答

過渡応答ではステップ入力等を要素に与え，その出力応答から特性を把握することができた．一方，要素が線形ならば，図 2.47 に示すように正弦波入力を投入すると振幅 (amplitude) や位相 (phase) の変化が生じるが，同じ角周波数 ω [rad/s] の定常的正弦波が出力される．この振幅や位相特性は ω の関数であるので，ω をいろいろ変えた入力信号を与えて要素の特性 (すなわち周波数伝達関数, frequency transfer function) を把握できる．

a.　周波数伝達関数

要素 $G(s)$ を安定な n 個の単極 (p_i) からなるプロパーな有理関数とするとき，正弦波入力 $X(s)=\mathcal{L}[A\sin\omega t]=A\omega/(s^2+\omega^2)$ に対する出力応答は

$$Y(s)=G(s)\times A\frac{\omega}{s^2+\omega^2}$$

$$=\frac{c_1}{s-p_1}+\cdots+\frac{c_i}{s-p_i}+\cdots+\frac{c_n}{s-p_n}+\frac{k_1}{s-j\omega}+\frac{k_2}{s+j\omega} \qquad (2.73)$$

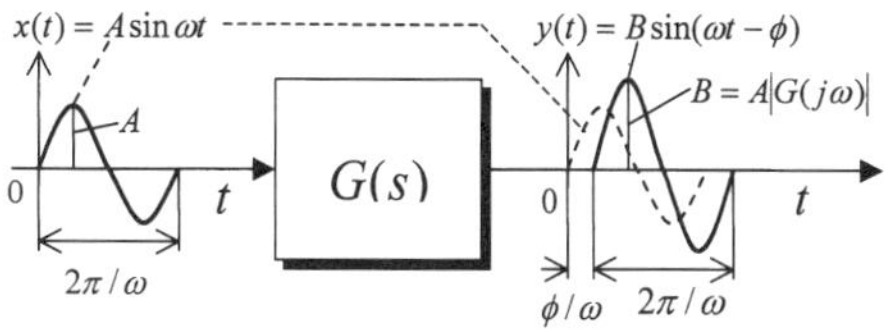

図 2.47 周波数入力応答

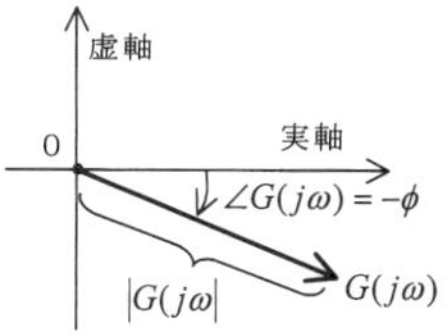

図 2.48 複素数 $G(j\omega)$ 特性

と展開される．ここに

$$\left.\begin{aligned} k_1 &= G(s)A\frac{\omega}{s+j\omega}\bigg|_{s=j\omega} = \frac{G(j\omega)A}{2j} \\ k_2 &= G(s)A\frac{\omega}{s-j\omega}\bigg|_{s=-j\omega} = \frac{G(-j\omega)}{-2j}A \end{aligned}\right\} \tag{2.74}$$

したがって応答特性は，

$$y(t) = \mathcal{L}^{-1}[Y(s)] = \sum_{i=1}^{n} c_i e^{p_i t} + k_1 e^{j\omega t} + k_2 e^{-j\omega t} \tag{2.75}$$

p_i は安定（実部は負）であるので，$t \to \infty$ のとき $e^{p_i t} \to 0$ となり，定常的には

$$y(t) = k_1 e^{j\omega t} + k_2 e^{-j\omega t} \tag{2.76}$$

となる．また複素数 $G(j\omega)$ を絶対値と偏角（位相 $-\phi(\phi>0)$）で表示すると

$$\left.\begin{aligned} G(j\omega) &= |G(j\omega)| \angle G(j\omega) \\ &= |G(j\omega)| e^{-j\phi} \\ G(-j\omega) &= |G(-j\omega)| \angle G(-j\omega) \\ &= |G(j\omega)| \angle G(-j\omega) \\ &= |G(j\omega)| e^{j\phi} \end{aligned}\right\} \tag{2.77}$$

これらを式 (2.74) に代入すると，式 (2.76) は

$$\begin{aligned} y(t) &= |G(j\omega)|A\left[\frac{e^{j(\omega t-\phi)}}{2j} - \frac{e^{-j(\omega t-\phi)}}{2j}\right] \\ &= |G(j\omega)|A\sin(\omega t-\phi) \quad (\text{オイラー表示を適用}) \\ &\Rightarrow |G(j\omega)|Ae^{j(\omega t-\phi)} = |G(j\omega)|Ae^{-j\phi}e^{j\omega t} = |G(j\omega)|e^{-j\phi} \times Ae^{j\omega t} \\ &\Rightarrow G(j\omega)x(t) \end{aligned} \tag{2.78}$$

したがって，正弦波（角周波数 ω）入力に対する出力応答の伝達関数，すなわち周波数伝達関数は

$$G(j\omega) = |G(j\omega)|e^{-j\phi} = G(s)|_{s=j\omega} = \frac{Y(j\omega)}{X(j\omega)} \tag{2.79}$$

となり，単に伝達関数 $G(s)$ に $s=j\omega$ を代入すればよいことがわかる．このとき

出力信号の振幅 B は，$B=|G(j\omega)|A$ であり

$$|G(j\omega)|=\frac{B}{A} \tag{2.80}$$

となる．この入出力信号の振幅比をゲイン (gain) といい，また

$$\angle G(j\omega)=-\phi \tag{2.81}$$

を位相 (phase) という．ゲインと位相は角周波数 ω の関数であり，これらの特性表示法 (ベクトル軌跡，vector locus，ボード線図，bode chart) について次に述べる．

b.　ベクトル軌跡 (ナイキスト線図)

周波数伝達関数 $G(j\omega)$ のゲイン $|G(j\omega)|$ と偏角 $\angle G(j\omega)$ を ω をパラメータにして複素平面上にプロットした軌跡図である．

【例題 2.3】　1 次遅れ要素のベクトル軌跡を求めよ．

［解］　周波数伝達関数は

$$G(j\omega)=\left.\frac{1}{1+Ts}\right|_{s=j\omega}=\frac{1}{1+j\omega T} \tag{2.82}$$

したがって

$$\begin{aligned}|G(j\omega)|&=\frac{1}{|1+j\omega T|}=\frac{1}{\sqrt{1+(\omega T)^2}}\\ \angle G(j\omega)&=\angle 1-\angle(1+j\omega T)\\ &=0-\tan^{-1}\omega T\end{aligned} \tag{2.83}$$

表2.3に示すような計算表を作成して，軌跡の概形を描くと，図2.49に示す

表 2.3　代表値での特性計算

ωT	0	1	∞
$\lvert G(j\omega)\rvert=\frac{1}{\sqrt{1+(\omega T)^2}}$	1	$\frac{1}{\sqrt{2}}$	0
$\angle G(j\omega)=-\tan^{-1}\omega T$	0	$-\pi/4$	$-\pi/2$

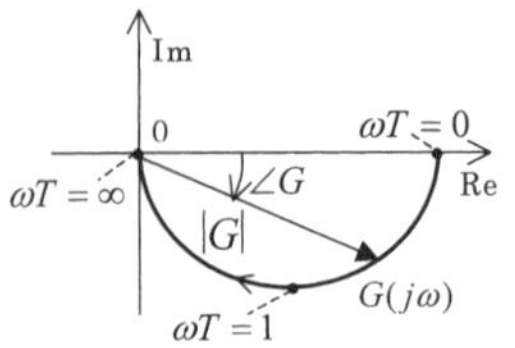

図 2.49　1 次遅れ要素のベクトル軌跡

下半円となる．これは，$x=\mathrm{Re}\{G(j\omega)\}$，$y=\mathrm{Im}\{G(j\omega)\}$ とおくと，$G(j\omega)=x+jy$ の関係から

$$\left(x-\frac{1}{2}\right)^2+y^2=\left(\frac{1}{2}\right)^2 : y<0 \tag{2.84}$$

となることからもわかる．■

ここで必要な複素関数の性質

$G(j\omega)=G_1(j\omega)\times G_2(j\omega)$ においては

$$|G(j\omega)|=|G_1(j\omega)|\times|G_2(j\omega)|,\quad \angle G(j\omega)=\angle G_1(j\omega)+\angle G_2(j\omega) \tag{2.85}$$

$G(j\omega)=\dfrac{G_1(j\omega)}{G_2(j\omega)}$ においては

$$|G(j\omega)|=\frac{|G_1(j\omega)|}{|G_2(j\omega)|},\quad \angle G(j\omega)=\angle G_1(j\omega)-\angle G_2(j\omega) \tag{2.86}$$

表 2.4 に基本要素のベクトル軌跡をまとめておく．各自計算してみよう．

ベクトル軌跡図の役割

次のボード線図と同様，単に周波数特性の表示にとどまらず，2.2 節で述べる制御系の安定化設計，解析で重要な役割をする．

c. ボード線図

ボード (Bode) が考案した特性解析法で，片対数方眼紙上で縦軸に式 (2.87) で

表 2.4　基本要素のベクトル軌跡

	比例要素	微分要素	積分要素	2 次要素	むだ時間要素
$G(s)$	K	$T_D s$	$\dfrac{1}{T_I s}$	$\dfrac{\omega_n^2}{s^2+2\zeta\omega_n s+\omega_n^2}$	e^{-Ls}
$\|G(j\omega)\|$	K	$T_D\omega$	$\dfrac{1}{T_I\omega}$	$\dfrac{1}{\sqrt{(1-u^2)^2+(2\zeta u)^2}}$ $u=\omega/\omega_n$	1
$\angle G(j\omega)$	0°	$\dfrac{\pi}{2}$	$\dfrac{\pi}{2}$	$-\tan\dfrac{2\zeta u}{1-u^2}$	$-L\omega$
ベクトル軌跡	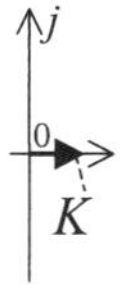	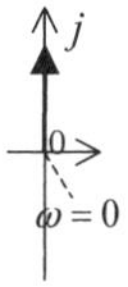	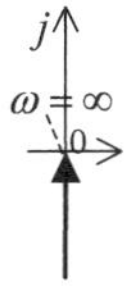	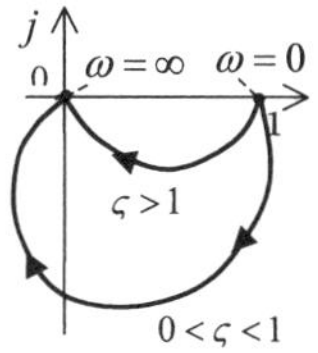	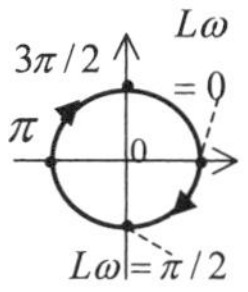

定義されるゲイン特性（デシベル[dB]表示）と位相特性を1組として線図化したものである．

$$\left.\begin{aligned} g[\omega]&=20\log_{10}|G(j\omega)|[\mathrm{dB}]\\ \varphi[\omega]&=\angle G(j\omega)(=-\phi)\end{aligned}\right\} \tag{2.87}$$

【例題 2.4】　1次遅れ要素のボード線図を描いてみよう．

［解］

$$\left.\begin{aligned} g[\omega]&=20\log_{10}|G(j\omega)|=20\log_{10}\frac{1}{\sqrt{1+(\omega T)^2}}\\ &=-20\log_{10}\sqrt{1+(\omega T)^2}\\ \varphi[\omega]&=\angle G(j\omega)=-\tan^{-1}(\omega T)\end{aligned}\right\} \tag{2.88}$$

表2.5のように特性の概形を調べるとボード線図は図2.50のようになる．■

図中のdec（decade）とは，周波数幅を示す単位で，$1\,\mathrm{dec}=\omega_2/\omega_1=10$ である．また折点周波数（break frequency）とは，ゲイン曲線において低 ω 域で支配的な0[dB]線と高 ω 域で支配的な $-20\log_{10}\omega T$ 線との交点を与える周波数をさし，1次遅れ要素の場合は図からもわかるように $\omega T=1$，すなわち $\omega=1/T$ [rad/s] で時定数の逆数となる．

表 2.5　1次遅れ要素のゲイン，位相計算値

ωT	$\ll 1$	1	$\gg 1$
$g[\omega]=-10\log_{10}[1+(\omega T)^2]$ [dB]	0	$-10\log_{10}2$ $=-3.01$	$-20\log_{10}\omega T$
$\angle G(j\omega)=-\tan^{-1}(\omega T)$	0	$-\pi/4$	$-\pi/2$

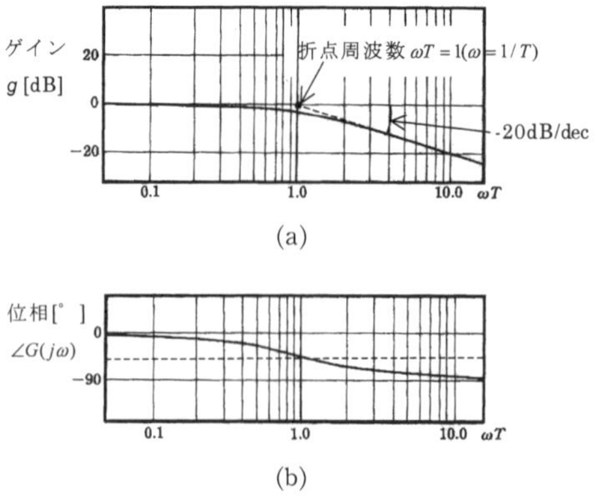

図 2.50　1次遅れ要素のボード線図

ボード線図の性質

伝達要素が直列結合 $G(j\omega)=G_1(j\omega)G_2(j\omega)$, の場合，ゲインと位相は

$$g[dB]=20\log_{10}|G(j\omega)|=20\log_{10}|G_1(j\omega)|+20\log_{10}|G_2(j\omega)|$$
$$=g_1[dB]+g_2[dB] \tag{2.89}$$
$$\angle G(j\omega)=\angle G_1(j\omega)+\angle G_2(j\omega) \tag{2.90}$$

となり，個別的に求められたボード線図を図式的に加えて合成すればよい．

【例題 2.5】 2 次要素のボード線図を描いてみよう．

［解］

$$|G(j\omega)|=\left|\frac{\omega_n{}^2}{(j\omega)^2+2\zeta\omega_n(j\omega)+\omega_n{}^2}\right|=\frac{1}{\sqrt{(1-u^2)^2+(2\zeta u)^2}} : u=\frac{\omega}{\omega_n} \tag{2.91}$$

より

$$\text{ゲイン } g=20\log_{10}|G(j\omega)|=-10\log_{10}[(1-u^2)^2+(2\zeta u)^2]\ [\mathrm{dB}] \tag{2.92}$$

$$\text{位相 } \angle G(j\omega)=\angle\frac{\omega_n{}^2}{(j\omega)^2+2\zeta\omega_n(j\omega)+\omega_n{}^2}=-\tan^{-1}\left(\frac{2\zeta u}{1-u^2}\right) \tag{2.93}$$

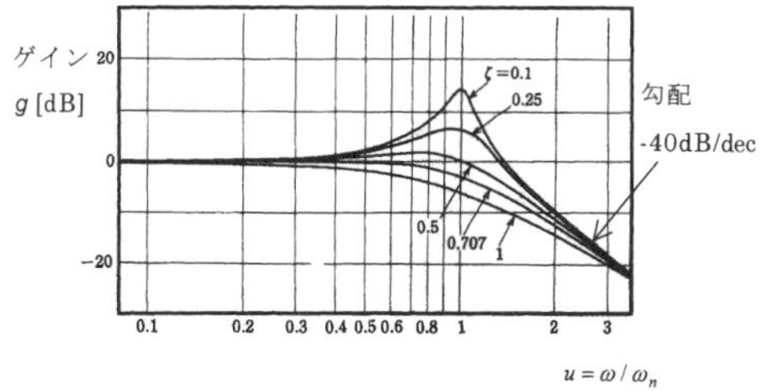

(a)

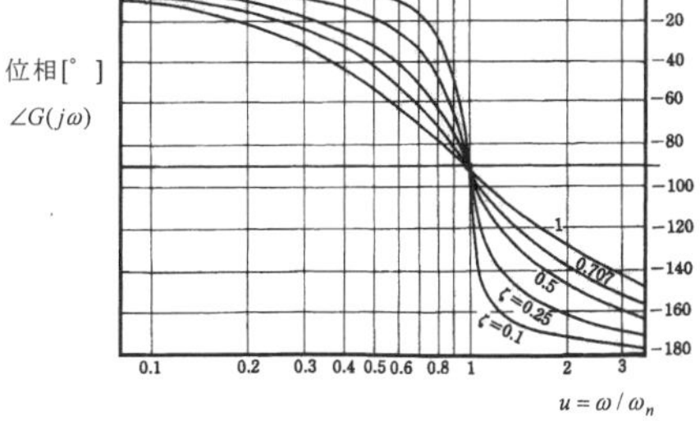

(b)

図 2.51 2 次要素のボード線

となる．$u \ll 1$ では $g=0$ [dB]，$u \gg 1$ では $g=-40\log_{10}u$ になるので，ζ をパラメータにした概形は図 2.51 のようになる．■

演習問題

2.1　図 2.52 の機械振動系において，外力 f を入力とし，変位 x_1 を出力とする伝達関数を求めよ．m_1，m_2 は質量，c_1 はダンパー，k_1，k_2 はバネ定数を示す．

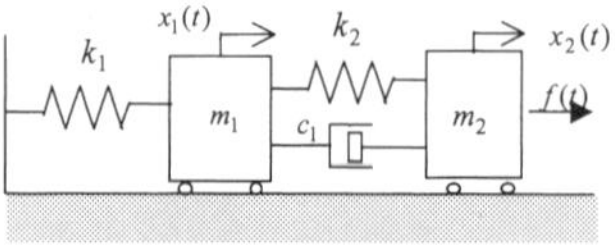

図 2.52　機械系

2.2　図 2.53 に示すカスケード (cascade) 結合された液面系において，流入量 $q_1(t)$ に対する液位 $h_2(t)$ の伝達関数を求めよ．

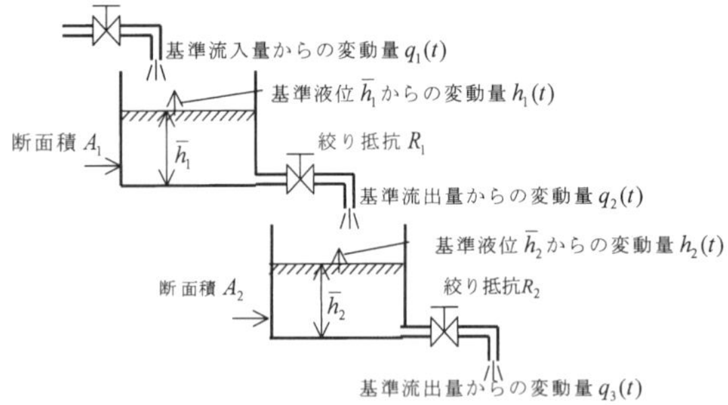

図 2.53　液面系

2.3　図 2.54 に示す電気回路系の伝達関数 $V_o(s)/V_i(s)$ を求めよ．

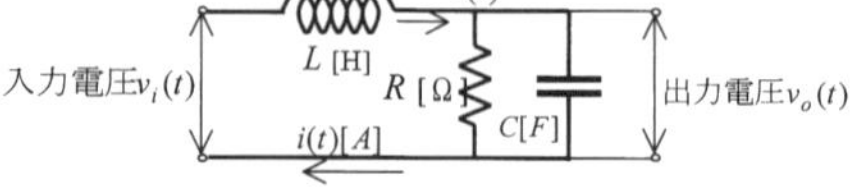

図 2.54　電気回路系

2.4　図 2.55 に示す振子系において支点に加わる入力トルク $u(t)$ に対する振子角 $\theta(t)$ の伝達関数を求めよ．ただし，$\sin\theta \approx \theta$ の線形近似が成り立つ範囲とする．

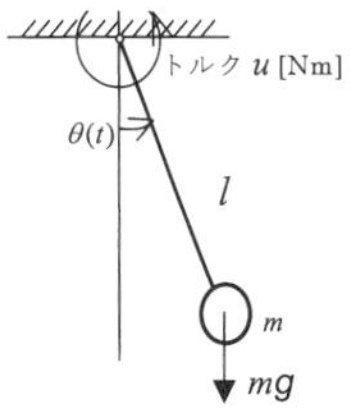

図 2.55 振子系

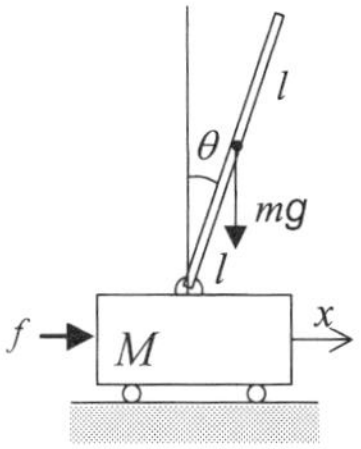

図 2.56 倒立振子系

2.5 図 2.56 に示す倒立振子系の運動方程式を $\theta \approx 0$ 近傍において線形化した場合，台車への力 $f(t)$ [N] に対する振子角 $\theta(t)$ の伝達関数を計算せよ．

2.6 入力 $X(s)$ に対する出力 $Y(s)$ の伝達関数を求めよ．

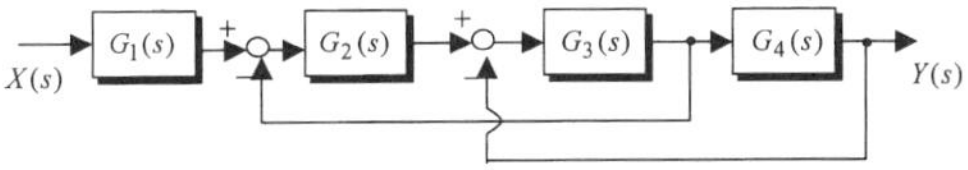

図 2.57

2.7 ブロック線図を等価変換して入力 $X(s)$ に対する出力 $Y(s)$ の伝達関数を求めよ．

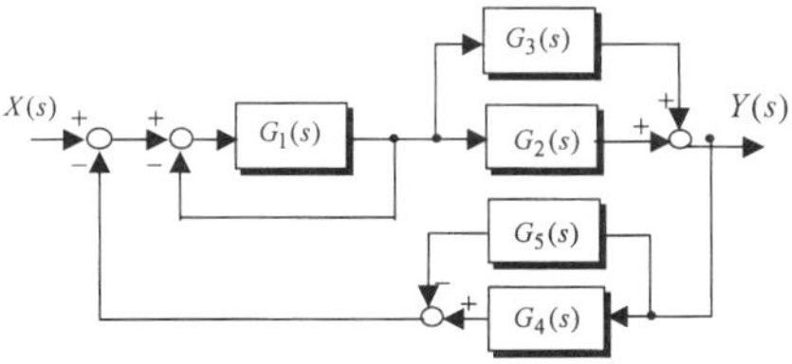

図 2.58

2.8 ブロック線図を等価変換して入力 $X(s)$ に対する出力 $Y(s)$ の伝達関数を求めよ．

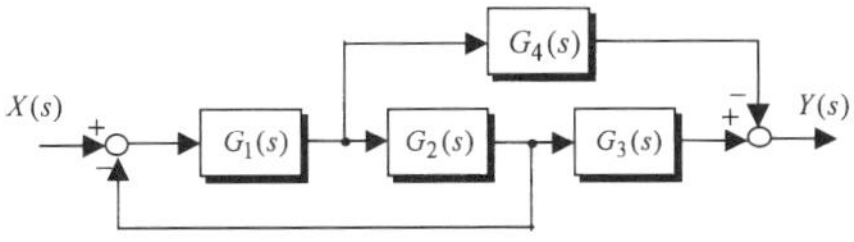

図 2.59

2.9 例題 2.2 において，②, ③ に着目した場合の等価変換を求めよ．

2.10 次の各要素のインパルス応答を求めよ．

(1) $G(s)=\dfrac{Y(s)}{X(s)}=\dfrac{2s}{1+4s}$　　(2) $G(s)=\dfrac{Y(s)}{X(s)}=\dfrac{1+2s}{s(1+s)}$

2.11 次の各要素のステップ応答を求めよ．

(1) $G(s)=\dfrac{Y(s)}{X(s)}=\dfrac{1}{(1+s)^3(2+s)}$　　(2) $G(s)=\dfrac{Y(s)}{X(s)}=\dfrac{s}{(1+2s)(1+4s)}$

2.12 図2.60のブロック線図で示す制御系の $G(s)$ が以下の場合につき，ステップ応答を求めよ．

(1) $G(s)=\dfrac{1}{(s+1)}$ (2) $G(s)=\dfrac{1}{s(s+1)}$

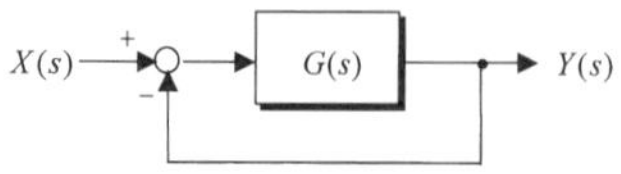

図 2.60

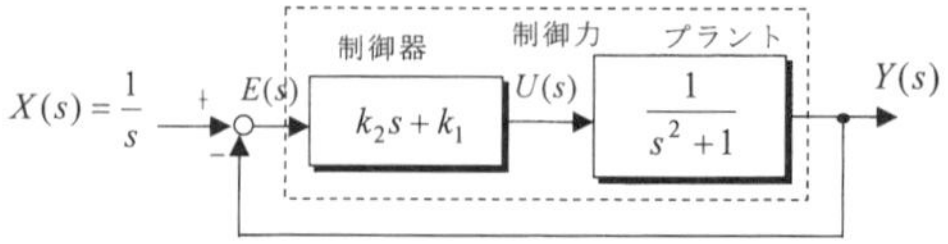

図 2.61 振動制御系

2.13 図2.61に示す振動制御系につき設問に答えよ．

(1) 制御器ゲイン $k_2=0$, $k_1=0.5$ のときの極とステップ応答を求めよ．

(2) 制御器ゲイン $k_2=1.2$, $k_1=0.5$ のときの極とステップ応答を求めよ．

2.14 次の要素のボード線図を描け．

(1) 微分要素 $G(s)=Ts$ (2) 積分要素 $G(s)=\dfrac{1}{Ts}$

2.15 サーボ系の伝達関数 $G(s)=\dfrac{1}{Ts(Ts+1)}$ のベクトル軌跡を描け．

2.16 サーボ系の伝達関数 $G(s)=\dfrac{1}{Ts(Ts+1)}$ のボード線図を描け．

2.17 伝達関数 $G(s)=\dfrac{2s}{(1+8s)(1+2s)}$ のベクトル軌跡を描け．

2.18 伝達関数 $G(s)=\dfrac{2s}{(1+8s)(1+2s)}$ のボード線図を描け．

2.2 伝達関数に基づく制御理論

2.2.1 ラウス・フルビッツの安定判別法

a. 安定性の定義

次の伝達関数を持つ系を考える．

$$G(s)=\frac{b_m s^m + b_{m-1}s^{m-1}+\cdots+b_1 s+b_0}{s^n+a_{n-1}s^{n-1}+\cdots+a_1 s+a_0}$$

$$=\frac{b_m(s-z_1)(s-z_2)\cdots(s-z_m)}{(s-p_1)(s-p_2)\cdots(s-p_n)},\quad m<n \tag{2.94}$$

p_i は $G(s)$ の極であり，z_i は $G(s)$ の零点と呼ばれる．

制御系に最低限要請される特性は安定性である．安定性とは，例えば，ステップ応答がある一定値に収束することをいう．$G(s)$ の安定性を正式に定義すると次のようになる.

定義 2.1　図 2.62 の系において，任意の有界な入力 ($|u(t)|<\infty$) に対する強制解

$$y(t)=\int_0^t g(t-\tau)u(\tau)d\tau \tag{2.95}$$

が有界 ($|y(t)|<\infty$) となるとき，$G(s)$ は安定 (厳密には有界入力有界出力安定) である.

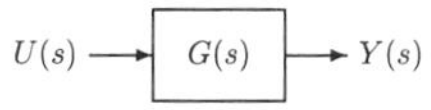

図 2.62　伝達関数 $G(s)$ の系

系が安定でない場合，不安定という.

$G(s)$ の安定性は，インパルス応答 $g(t)$ を用いて次のように述べられる.

定理 2.1　$G(s)$ が安定であるための必要十分条件は，インパルス応答 $g(t)$ が

$$\lim_{t\to\infty} g(t)=0 \tag{2.96}$$

となることである.

(注意)　入力が 0 のとき任意の初期条件に対して系のすべての内部変数が 0 に収束するならば，系は内部安定であるという. $G(s)$ に不安定な極零相殺 (分母と分子の共通因子が約分されること) がなければ，系の内部安定性と $G(s)$ の安定性は同値である. 本章では，$G(s)$ には極零相殺がないと仮定する.

$G(s)$ が重複極を持たないとき，$g(t)$ は，適当な係数 A_i とモード $e^{p_i t}$ により

$$g(t)=A_1e^{p_1t}+A_2e^{p_2t}+\cdots+A_ne^{p_nt} \tag{2.97}$$

と表されるので，$\mathrm{Re}\, p_i<0$ ならば

$$\lim_{t\to\infty} e^{p_it}=0,\quad i=1,\cdots,n \tag{2.98}$$

となる. 極 p_i が重複度 k を持つとき，インパルス応答に $t^{k-1}e^{p_it}$ というモードが現れるが，$\mathrm{Re}\, p_i<0$ ならば，やはり

$$\lim_{t\to\infty} t^{k-1}e^{p_it}=0,\quad k=1,2,\cdots \tag{2.99}$$

となる. したがって，次の定理を得る.

定理 2.2　$G(s)$ が安定であるための必要十分条件は

$$\mathrm{Re}\, p_i < 0, \quad i = 1, \cdots, n \tag{2.100}$$

である．

実部が負の極を安定極，実部が非負の極を不安定極という．

b.　ラウスの安定判別法

$G(s)$ の分母多項式を $\varDelta(s)$ とする．

$$\varDelta(s) = s^n + a_{n-1}s^{n-1} + \cdots + a_1 s + a_0 \tag{2.101}$$

このとき

$$\varDelta(s) = 0 \tag{2.102}$$

を特性方程式といい，その根を特性根という．もちろん，特性根とは $G(s)$ の極のことである．安定判別を行う直接的な方法は，特性方程式を解いてすべての特性根を求めることであるが，これには一般に数値計算を必要とする．以下では，$\varDelta(s)$ の係数間の簡単な計算から $G(s)$ の安定判別を行う方法を紹介する．

$\varDelta(s)$ の係数から表 2.6 のラウス表を作る．ただし，係数が存在しないところは 0 とおく．

$$A_1 = \frac{a_{n-1}a_{n-2} - 1 \cdot a_{n-3}}{a_{n-1}}, \quad A_2 = \frac{a_{n-1}a_{n-4} - 1 \cdot a_{n-5}}{a_{n-1}}, \cdots$$

$$B_1 = \frac{A_1 a_{n-3} - a_{n-1}A_2}{A_1}, \quad B_2 = \frac{A_1 a_{n-5} - a_{n-1}A_3}{A_1}, \cdots$$

$$C_1 = \frac{B_1 A_2 - A_1 B_2}{B_1}, \quad C_2 = \frac{B_1 A_3 - A_1 B_3}{B_1}, \cdots$$

$$\cdots$$

表 2.6　ラウス表

s^n	1	a_{n-2}	a_{n-4}	$\cdots$
s^{n-1}	a_{n-1}	a_{n-3}	a_{n-5}	$\cdots$
s^{n-2}	A_1	A_2	A_3	$\cdots$
s^{n-3}	B_1	B_2	B_3	$\cdots$
s^{n-4}	C_1	C_2	C_3	$\cdots$
$\vdots$	$\cdots$	$\cdots$	$\cdots$	$\cdots$
s^1	$\cdots$	$\cdots$	0	
s^0	$\cdots$	0		

定理 2.3 (ラウス(Routh)の安定判別法) 式(2.100)が成立するための必要十分条件は，$\Delta(s)$ の係数がすべて正で，かつラウス表の第1列の係数がすべて正，すなわち

$$a_{n-1}>0, \quad A_1>0, \quad B_1>0, \ \cdots \tag{2.103}$$

となることである．

ラウス表の第1列の係数に0が現れた場合(特異な場合)，そこでラウス表の作成を中止し，$G(s)$ は不安定であると結論できる．

定理2.3(1877)は，ラウスがスツルム(Strum)の定理(1829)(代数方程式 $f(x)=0$ の指定された区間 $a \leq x \leq b$ における実根の数を計算するアルゴリズムを与えた定理)を応用して得たもので，安定性の成否だけでなく，ラウス表第1列の符号変化の回数によって，不安定極の数も知ることができる．ただし，特異な場合は別の処理が必要となる．

【例題 2.6】 次の $\Delta(s)$ を持つ系の安定性を判定せよ．

$$\Delta(s)=s^4+2s^3+s^2+s+2 \tag{2.104}$$

［解］ ラウス表を表2.7に示す．ラウス表の第1列に負の係数があるので，$G(s)$ は不安定である．また，係数の符号変化回数は2回であることから，不安定極が2個存在することもわかる．実際，$G(s)$ の極を計算すると $-1.3753 \pm j0.4801$, $0.3753 \pm j0.8954$ となり，このことが確認できる． ■

c. フルビッツの安定判別法

$\Delta(s)$ の係数から作られる行列式を計算することによって，系の安定性を判別する方法がある．次の定理(1895)は，フルビッツ(Hurwitz)が複素代数方程式の根の分布に関するエルミート(Hermite)の結果(1856)を用いて求めたものである．

フルビッツ行列 $\boldsymbol{H}(n \times n)$ を次のように定義する．

表 2.7 例題 2.6 のラウス表

s^4	1	1	2
s^3	2	1	0
s^2	$\frac{1}{2}$	2	
s^1	-7	0	
s^0	2		

$$
\boldsymbol{H}=\begin{bmatrix}
a_{n-1} & a_{n-3} & a_{n-5} & a_{n-7} & \cdots \\
1 & a_{n-2} & a_{n-4} & a_{n-6} & \cdots \\
0 & a_{n-1} & a_{n-3} & a_{n-5} & \cdots \\
0 & 1 & a_{n-2} & a_{n-4} & \cdots \\
0 & 0 & a_{n-1} & a_{n-3} & \cdots \\
\vdots & \vdots & \vdots & \vdots & \vdots \\
0 & 0 & \cdots & \cdots & a_0
\end{bmatrix} \tag{2.105}
$$

ただし，存在しない係数は 0 とおく．また，$\boldsymbol{H}$ の i 次の主座小行列式を H_i とする．すなわち

$$
H_1=a_{n-1},\quad H_2=\begin{vmatrix} a_{n-1} & a_{n-3} \\ 1 & a_{n-2} \end{vmatrix},\quad H_3=\begin{vmatrix} a_{n-1} & a_{n-3} & a_{n-5} \\ 1 & a_{n-2} & a_{n-4} \\ 0 & a_{n-1} & a_{n-3} \end{vmatrix},\cdots \tag{2.106}
$$

定理 2.4 （フルビッツの安定判別法）　式 (2.100) が成立するための必要十分条件は，$\Delta(s)$ の係数がすべて正で，かつ

$$
H_i>0,\quad i=1,\cdots,n \tag{2.107}
$$

となることである．

ラウスの方法とフルビッツの方法は数学的に同値であり，ラウス表の第 1 列と H_i との間に次の関係がある．

$$
a_{n-1}=H_1,\quad A_1=\frac{H_2}{H_1},\quad B_1=\frac{H_3}{H_2},\ \cdots \tag{2.108}
$$

この等価性ゆえ，両者をまとめてラウス・フルビッツの安定判別法という．計算量の点でいえば，ラウスの方法の方が行列式計算を伴うフルビッツの方法よりも圧倒的に有利である．

d.　安定度を指定した判別法

$\mathrm{Re}\, p_i$ が小さいほど，$e^{p_i t}$ の収束は速くなり，インパルス応答やステップ応答は速く収束することになる．したがって，$\mathrm{Re}\, p_i<0$ の代わりに

$$
\mathrm{Re}\, p_i<\alpha\leq 0,\quad i=1,\cdots,n \tag{2.109}
$$

という基準を用いれば，より安定度の高い安定性を判別できる．

与えた α について，式 (2.109) を判定するには，$\Delta(s)$ の s を $s'+\alpha$ で置き換えて得られる次の多項式にラウス・フルビッツの安定判別法を適用すればよい．

$$\varDelta(s'+\alpha)=(s'+\alpha)^n+a_{n-1}(s'+\alpha)^{n-1}+\cdots+a_1(s'+\alpha)+a_0 \tag{2.110}$$

2.2.2　ナイキストの安定判別法

a.　フィードバック制御系の安定条件

図 2.63 のフィードバック制御系の安定性を一巡伝達関数（開ループ伝達関数）

$$G_0(s)=H(s)G(s) \tag{2.111}$$

の周波数応答 $G_0(j\omega)$ から判定するナイキスト（Nyquist）の方法（1932）を紹介する．

$G(s)$ と $H(s)$ は安定と仮定し，フィードバック制御系の出力が一定振幅で振動する条件を調べよう．そのためには，ループ内の信号が一定振幅で振動する条件を求めればよいので

$$e(t)=\sin\omega t \tag{2.112}$$

と仮定する．また，$u(t)=0$ とする．ブロック線図から $e(t)=-x(t)$ なので

$$x(t)=-\sin\omega t \tag{2.113}$$

を得る．一方，$e(t)$ が要素 $G_0(s)$ を通過して $x(t)$ になることから

$$x(t)=|G_0(j\omega)|\sin(\omega t+\angle G_0(j\omega)) \tag{2.114}$$

がわかる．よって，式 (2.113)，(2.114) から次の条件を得る．

$$|G_0(j\omega)|=1,\quad \angle G_0(j\omega)=-180^\circ \tag{2.115}$$

この議論を発展させると，同じ位相条件で，$|G_0(j\omega)|>1$ ならば，$e(t)$ の振幅が漸増して $y(t)$ が発散し，逆に，$|G_0(j\omega)|<1$ ならば，$e(t)$ の振幅が漸減して $y(t)$ が減衰することが推測される．すなわち

$$|G_0(j\omega)|<1,\quad \angle G_0(j\omega)=-180^\circ \text{ ならば安定}$$

$$|G_0(j\omega)|>1,\quad \angle G_0(j\omega)=-180^\circ \text{ ならば不安定}$$

という判定が可能に思える．事実，次の定理が示すように，$G_0(j\omega)$ のゲインと位相の関係を調べることによって，フィードバック制御系の安定性を判別できる．

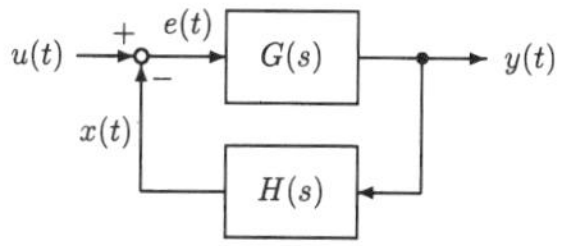

図 2.63　フィードバック制御系

定理 2.5　(ナイキストの安定判別法)　$G(s)$, $H(s)$ は安定とする．このとき，一巡周波数伝達関数 $G_0(j\omega)$ のベクトル軌跡が $-1+j0$ を左にみて通過するならば，フィードバック制御系

$$G_1(s)=\frac{G(s)}{1+H(s)G(s)} \tag{2.116}$$

は安定である．

図 2.64 は，この定理の内容を説明したものである．ベクトル軌跡が $-1+j0$ の点を通るとき，制御系は安定限界であるという．

また，制御系設計では積分器 $1/s$ を含む $G_0(s)$ をしばしば取り扱うが，$G_0(s)$ が積分器を r 個含み残りの極は安定な場合，$G_0(j\omega)$ のベクトル軌跡が $-1+j0$ のまわりを $r\pi/2$ (反時計方向に $r/4$ 回) 回転すれば，制御系は安定であることが知られている．$r=1, 2, 3$ の場合について，制御系が安定となる $G_0(j\omega)$ のベクトル軌跡を図 2.65 に示す．

不安定極を持つ一般的な $G_0(s)$ に対するナイキストの安定判別法もあるが，ここでは省略する．

b.　位相余裕とゲイン余裕

ナイキストの方法は，$G_0(j\omega)$ を種々の ω について計算しなければならないので，一般に，ラウス・フルビッツの方法に比べ多くの計算量が必要である．しかしながら，この方法は制御系の安定度を評価できるという特長を持っている．

安定度を表す尺度として，次の二つの量が定義される (図 2.66)．

$$\text{位相余裕}\quad : \phi_M=\angle G_0(j\omega_P)+180^\circ \tag{2.117}$$

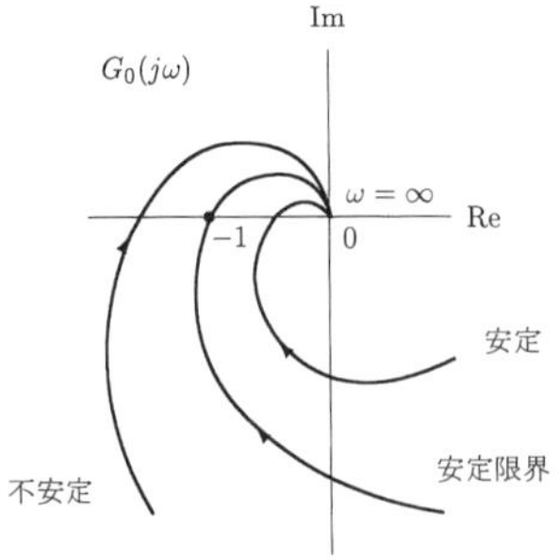

図 2.64　ナイキストの安定判別法

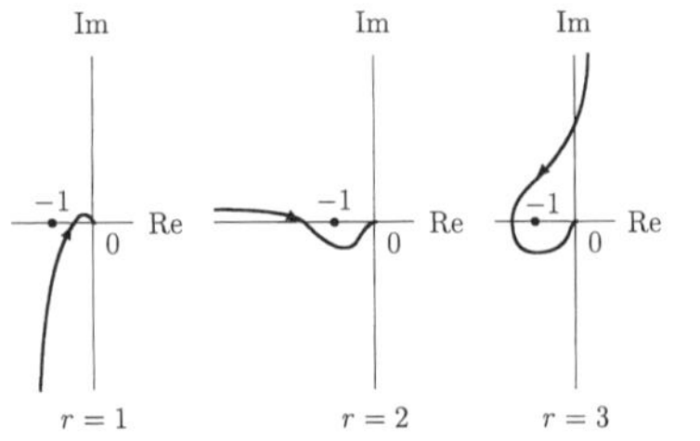

図 2.65　$G_0(s)$ が積分器を持つときの安定化条件

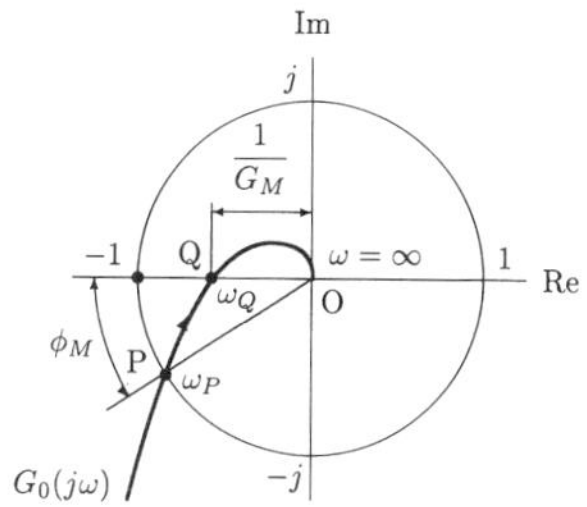

図 2.66　位相余裕 ϕ_M とゲイン余裕 G_M

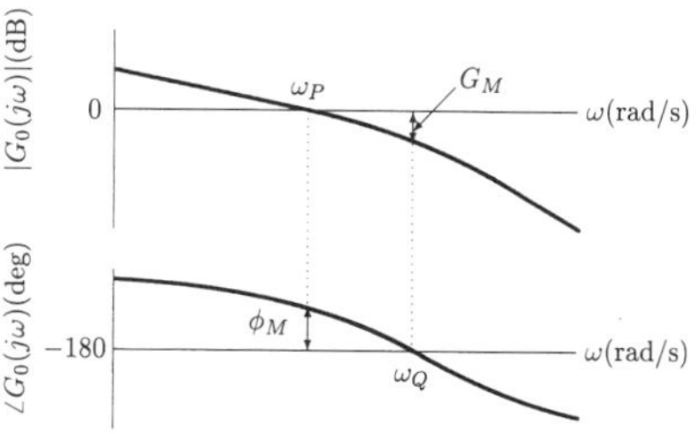

図 2.67　ボード線図における ϕ_M と G_M

$$\text{ゲイン余裕：} G_M=\frac{1}{|OQ|} \tag{2.118}$$

これらは $G_0(j\omega)$ が $-1+j0$ の点に対して，それぞれ位相とゲインでどの程度余裕があるかを示している．いずれも大きいほど制御系が不安定になりにくい．ω_P をゲイン交差周波数，ω_Q を位相交差周波数という．一般に ω_P が大きいとき制御系の速応性も大きいので，ω_P は速応性の目安となる．

ϕ_M と G_M をボード線図上で表現すると図 2.67 のようになる．ボード線図は ω を読み取ることが容易なので，制御系設計でよく利用される．

2.2.3　制御系の特性と性能評価

以下では，安定性以外に制御系に要求される特性を定常特性，過渡特性，周波数特性に分類して説明し，適宜，制御系の性能評価法や設計方針についても述べる．

a.　定常特性と制御系の型

図 2.68 の制御系における制御目的は，外乱 $v(t)$ の影響を抑えながら，出力 $y(t)$ を入力 $r(t)$ に追従させることである．定常特性とは，十分時間が経過したときの $y(t)$ の状態をいい，次式で定義される定常偏差 $e(\infty)$ が 0 に近いほど，制御系は優れた定常特性を持つという．

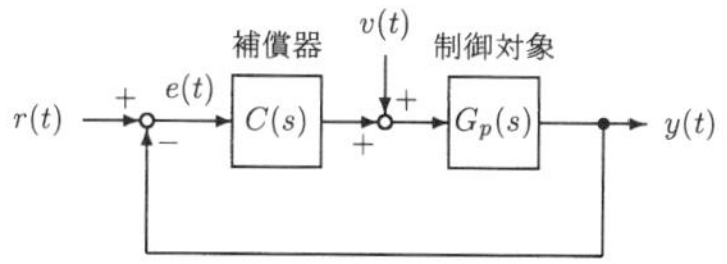

図 2.68　フィードバック制御系

$$e(\infty)=\lim_{t\to\infty}e(t)=\lim_{t\to\infty}\{r(t)-y(t)\} \tag{2.119}$$

では，$e(\infty)=0$ とするために制御系に必要とされる条件を調べよう．外乱の影響は後ほど考えることにして，$v(t)=0$ とおくと，$E(s)=\mathcal{L}[e(t)]$ は

$$E(s)=\frac{1}{1+G_p(s)C(s)}R(s) \tag{2.120}$$

となる．$e(\infty)$ は，ラプラス変換の最終値定理から次式として求まる．

$$e(\infty)=\lim_{s\to 0}sE(s)=\lim_{s\to 0}\frac{s}{1+G_p(s)C(s)}R(s) \tag{2.121}$$

具体的な $r(t)$ に対する定常偏差を調べるために次のテスト入力を用いる．

$$\text{ステップ入力}：r_1(t)=1\ (t\geq 0)\qquad \left(R_1(s)=\frac{1}{s}\right) \tag{2.122}$$

$$\text{ランプ入力}：r_2(t)=t\ (t\geq 0)\qquad \left(R_2(s)=\frac{1}{s^2}\right) \tag{2.123}$$

$$\text{定加速度入力}：r_3(t)=\frac{t^2}{2}\ (t\geq 0)\qquad \left(R_3(s)=\frac{1}{s^3}\right) \tag{2.124}$$

これらに対する定常偏差を $e_1(\infty)$, $e_2(\infty)$, $e_3(\infty)$ とすると，式(2.121)から

$$e_1(\infty)=\frac{1}{1+K_p},\quad e_2(\infty)=\frac{1}{K_v},\quad e_3(\infty)=\frac{1}{K_a} \tag{2.125}$$

である．ただし

$$K_p=\lim_{s\to 0}G_p(s)C(s),\ K_v=\lim_{s\to 0}sG_p(s)C(s),\ K_a=\lim_{s\to 0}s^2G_p(s)C(s) \tag{2.126}$$

K_p を位置偏差定数，K_v を速度偏差定数，K_a を加速度偏差定数という．

よって，これらの定常偏差が 0 となるためには，各偏差定数が ∞ になる必要があり，そのためには，$G_p(s)C(s)$ が要素 $1/s^k$ をそれぞれ $k\geq 1$, $k\geq 2$, $k\geq 3$ という条件で含まなければならない．k を制御系の型という．型と定常偏差の関係を表 2.8 に示す．

上の議論を一般化したものが次の原理として知られている．

表 2.8　型と定常偏差

k	$e_1(\infty)$	$e_2(\infty)$	$e_3(\infty)$
0	$\frac{1}{1+K_p}$	∞	∞
1	0	$\frac{1}{K_v}$	∞
2	0	0	$\frac{1}{K_a}$

内部モデル原理
図 2.68 の制御系において，入力 $r(t)$ に対する定常偏差を 0 とするためには，$G_p(s)C(s)$ が入力のラプラス変換と同じ要素を含むことが必要である．

次に，外乱 $v(t)$ がある場合を考えよう．簡単のため，$r(t)=0$ とすると

$$E(s)=-\frac{G_p(s)}{1+G_p(s)C(s)}V(s) \tag{2.127}$$

である．これから

$$e(\infty)=\lim_{s\to 0}sE(s)=\lim_{s\to 0}\frac{-sG_p(s)}{1+G_p(s)C(s)}V(s) \tag{2.128}$$

すなわち，$V(s)=1/s^p$ のとき，$e(\infty)=0$ とするためには，$C(s)$ が $1/s^p$ を含まなければならないことがわかる．

このように，外乱を考える場合，型の条件が $G_p(s)C(s)$ でなく，$C(s)$ に要求されることに注意する．

b.　極と過渡応答による性能評価

制御系の過渡特性の評価にはステップ応答がよく利用される．この理由として次の事項が挙げられる．

(1)　応答を求めるのが簡単である．

(2)　すべてのモードを含んでいる．

(3)　実際の運転状況に近い場合が多い．

制御系の伝達関数 $G(s)$ を式 (2.94) とする．重複極がない場合，$G(s)$ のステップ応答は，適当な定数 B_i を用いて

$$y(t)=B_0+B_1e^{p_1t}+B_2e^{p_2t}+\cdots+B_ne^{p_nt} \tag{2.129}$$

と表される．すなわち，ステップ応答は，定数項とモード e^{p_it} から構成される．極の中に共役な複素数 $-\zeta\omega_n\pm j\omega_d$，$\omega_d=\omega_n\sqrt{1-\zeta^2}$ がある場合，対応するモードの実数表現は $e^{-\zeta\omega_nt}\sin\omega_dt$，$e^{-\zeta\omega_nt}\cos\omega_dt$ となる．ただし，$0\leq\zeta<1$ であり，β を図 2.69 のように定義するとき

$$\zeta=\sin\beta \tag{2.130}$$

の関係がある．

2 次系の過渡応答のところでみたように ζ，$-\zeta\omega_n$ は，それぞれモードの減衰性，収束性を表している．良好なステップ応答とは，ステップ状の目標値に，過

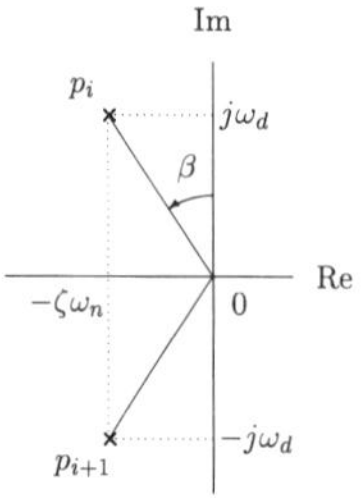

図 2.69　角度 β の定義

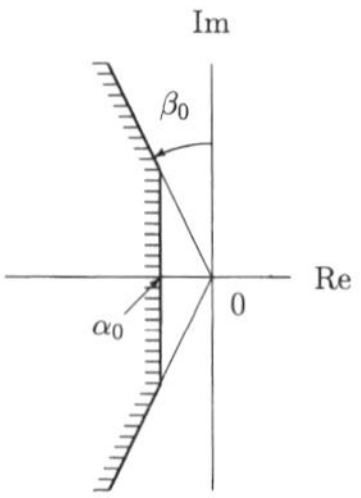

図 2.70　設計条件を満たす極の領域

度な振動なく，速やかに収束する応答であるので，ステップ応答を構成している各モードについても，適度な減衰性と収束性が要求される．したがって，このようなモードに関する条件を極の条件として表せば

$$\mathrm{Re}\, p_i = -\zeta\omega_n \leq \alpha_0 \quad (\text{収束性の条件}) \tag{2.131}$$

$$\beta \geq \beta_0 \quad (\text{減衰性の条件}) \tag{2.132}$$

となる．これらの条件を満たす複素平面上の領域を図 2.70 に示す．経験上よいとされる β_0 $(\zeta_0 = \sin\beta_0)$ の値は次のとおりである．

$$\left.\begin{array}{ll} \text{サーボ系}：24^\circ < \beta_0 < 37^\circ & (0.4 < \zeta_0 < 0.6) \\ \text{レギュレータ}：12^\circ < \beta_0 < 24^\circ & (0.2 < \zeta_0 < 0.4) \end{array}\right\} \tag{2.133}$$

サーボ系（追従制御系）は，変化する目標値に対して出力を追従させようとする制御系であり，レギュレータ（定値制御系）は，出力を一定値に保持しようとする制御系である．レギュレータをプロセス制御系ということもある．

ところで，一組の共役極 $p_{1,2}$ 以外の極が虚軸から左に遠く離れている場合，$p_{1,2}$ 以外のモードは速く 0 に収束するので，応答の形はほぼ $p_{1,2}$ のモードで決まる．このとき，$p_{1,2}$ を代表極（または代表特性根）という．

式 (2.131)，(2.132) は，所望のステップ応答を得るための一つの設計目標であるが，ステップ応答は零点 z_i にも依存しているので，極をハッチング部分に配置した場合でも，良好な過渡応答特性かどうかをステップ応答からも評価する必要がある．事実，実部が正の零点があると，ステップ応答としては好ましくない逆応答が生じる場合がある．

ステップ応答のよさを定量的に評価するために，以下の特性値が定義されている（図 2.71）．

1.　立ち上り時間 (T_r)：ステップ応答が最終値の 10 % から 90 % になるまで

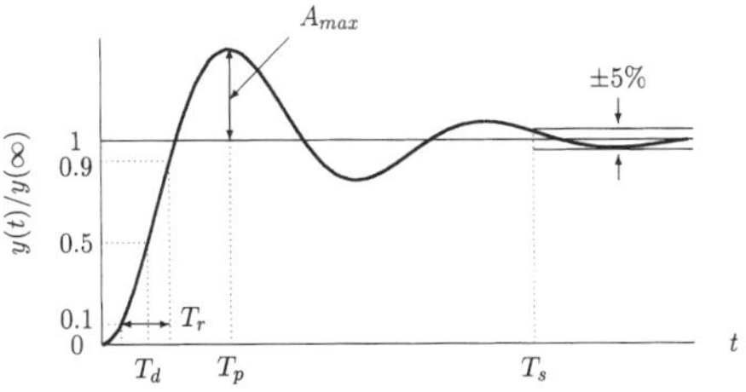

図 2.71　ステップ応答の各特性値

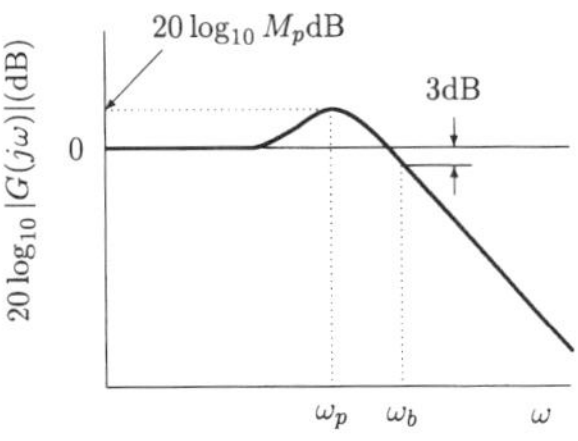

図 2.72　閉ループ系のゲイン特性

に要する時間.

2.　遅れ時間 (T_d)：ステップ応答が最終値の 50 % に達するまでの時間.

3.　整定時間 (T_s)：ステップ応答が最終値の ±5 % の範囲に収まるまでの時間 (±2% という基準もある).

4.　オーバーシュート (最大行過ぎ量) ($A_{\max}$)：ステップ応答の最大値と最終値の差．最終値に対してパーセント表示する場合が多い.

5.　行過ぎ時間 (T_p)：最初の行過ぎに達するまでの時間.

6.　減衰比：最初の行過ぎ量と次の行過ぎ量の比.

これらを小さくすれば，制御性能が改善されるが，その改善には，制御系の構造や入力制限，雑音，モデル誤差などの制約条件からくる限界がある.

c.　閉ループ周波数応答による性能評価

図 2.72 に典型的なサーボ系のゲイン特性 $|G(j\omega)|$ を示す．このゲイン特性に関して次の用語が定義される.

1.　バンド幅 (ω_b)：$|G(j\omega)|$ が定常ゲイン $|G(0)|$ の $1/\sqrt{2}\simeq 0.707$ 倍 (3 dB 低下) となる角周波数.

2.　ピークゲイン (M_p)：$|G(j\omega)|$ のピーク値.

3.　共振周波数 (ω_p)：$|G(j\omega)|=M_p$ となる角周波数.

目標値が ω_b までの帯域にあれば，出力はほぼ目標値に追従する．すなわち，ω_b は速応性の指標となる．また，M_p は減衰特性の指標となり，M_p が大きくなると，減衰性が悪くなる．通常

$$M_p=1.1\sim 1.5 \tag{2.134}$$

という範囲がよいとされる．とくに，2 次系の場合，M_p は

$$M_p=\frac{1}{2\zeta\sqrt{1-\zeta^2}},\quad \zeta<\frac{1}{\sqrt{2}} \tag{2.135}$$

と計算できる．高次系でも代表極で近似できる場合，上式が使える．

d.　開ループ周波数応答による評価

図2.73に示すフィードバック制御系の諸特性を開ループ周波数応答 $G_0(j\omega)=G_p(j\omega)C(j\omega)$ によって評価する方法を紹介する．また，以後，開ループ周波数応答を扱う評価・設計において，$G_0(s)$ は0以外の不安定極を持たないと仮定する．

1)　安定度　安定度の指標として，位相余裕 ϕ_M とゲイン余裕 G_M が用いられる．経験上，よいとされる値は次のとおりである．

$$\left.\begin{array}{ll} \text{サーボ系：} \phi_M=40^\circ\sim60^\circ, & G_M=10\text{ dB}\sim20\text{ dB} \\ \text{レギュレータ：} \phi_M\geq20^\circ, & G_M=3\text{ dB}\sim10\text{ dB} \end{array}\right\} \tag{2.136}$$

2次系に限定すれば，$\phi_M<70^\circ$ という条件の下で

$$\phi_M\simeq100\,\zeta \tag{2.137}$$

が成立する．この関係は，一般の制御系設計においても，ϕ_M からおおよその減衰特性を評価するときに利用される．

2)　速応性　制御系の速応性は，ゲイン交差周波数 ω_P で見積もることができる．$\phi_M\leq90^\circ$ のとき，制御系のバンド幅 ω_b とゲイン交差周波数 ω_P との間に

$$\omega_b\geq\omega_P \tag{2.138}$$

が成り立つので，ω_P が大きいとき，制御系の速応性も大きくなる．

3)　目標値追従性　式(2.120)から，入力 $R(s)$ に対する制御偏差の周波数応答は

$$E(j\omega)=S(j\omega)R(j\omega) \tag{2.139}$$

となる．ただし，$S(s)$（感度関数という）は次式で定義される．

$$S(s)=\frac{1}{1+G_0(s)} \tag{2.140}$$

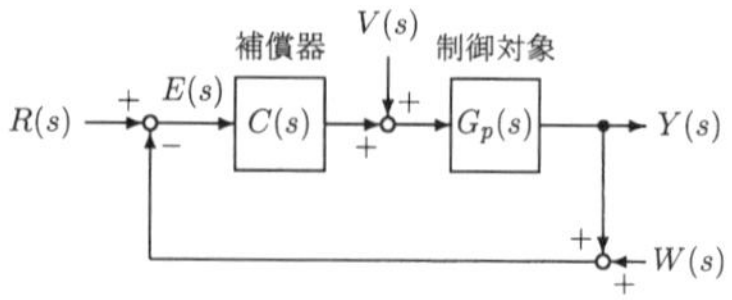

図2.73　フィードバック制御系

よって，良好な目標値追従性の条件は，目標値の周波数域で

$$|S(j\omega)| \ll 1 \tag{2.141}$$

すなわち

$$|G_0(j\omega)| \gg 1 \tag{2.142}$$

となることである．

4)　外乱除去特性　　式(2.127)から，外乱 $V(s)$ に対する定常偏差の周波数応答は

$$E(j\omega) = -G_p(j\omega)S(j\omega)V(j\omega) \tag{2.143}$$

である．よって，よい外乱除去特性を持つには，外乱の周波数域で式(2.141)，すなわち，式(2.142)が成立すればよい．

5)　観測雑音遮断特性　　ブロック線図から，観測雑音 $W(s)$ と出力 $Y(s)$ との間には

$$Y(j\omega) = -T(j\omega)W(j\omega) \tag{2.144}$$

の関係がある．ただし，$T(s)$（相補感度関数という）は次式で定義される．

$$T(s) = \frac{G_0(s)}{1+G_0(s)} \tag{2.145}$$

式(2.144)から，観測雑音の影響を小さくするには，観測雑音の周波数域で

$$|T(j\omega)| \ll 1 \tag{2.146}$$

すなわち

$$|G_0(j\omega)| \ll 1 \tag{2.147}$$

とすればよい．

6)　ロバスト安定性　　制御対象が

$$(1+\delta(s))G_p(s) \tag{2.148}$$

と変動したとしよう．ただし，$\delta(s)$ は安定とする．制御対象に，あるクラスの

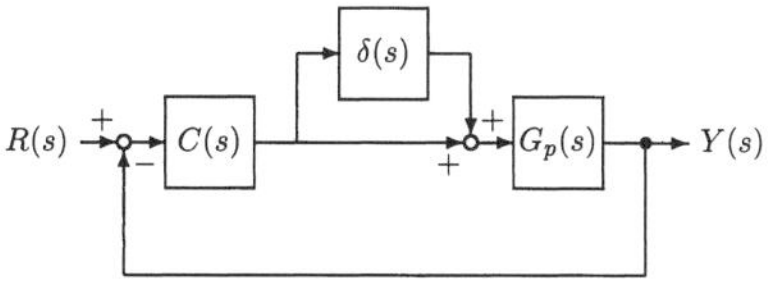

図 2.74　変動 $\delta(s)$ がある制御系

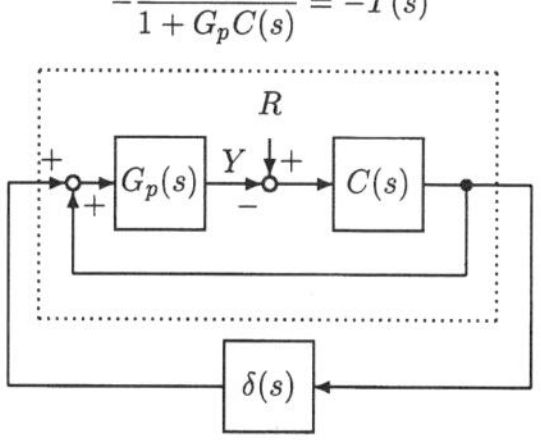

図 2.75　図 2.74 の等価ブロック線図

変動があっても安定性が保たれるとき，制御系はロバスト安定性を持つという．ナイキストの安定判別法により $(1+\delta(j\omega))G_0(j\omega)$ のベクトル軌跡が $-1+j0$ を左にみて原点にいけば制御系は安定となる．これから，$\delta(s)$ が存在しても，ベクトル軌跡が $-1+j0$ を囲むほど変動しないように $|G_0(j\omega)|$ を小さくすれば，安定化できることがわかる．とくに，$|\delta(j\omega)|$ が大きくなる周波数域で

$$|G_0(j\omega)| \ll 1 \tag{2.149}$$

とすれば，ロバスト安定性が向上する．

ロバスト安定性の具体的条件は次のように求めることができる．すなわち，図2.74を図2.75のように変形すれば，

$$|T(j\omega)\delta(j\omega)| < 1 \tag{2.150}$$

のとき，ナイキストの安定条件が満たされることがわかる．式(2.150)から，ロバスト安定性条件として

$$|T(j\omega)| < \frac{1}{|\delta(j\omega)|} \tag{2.151}$$

を得る．

一般に，目標値追従特性と外乱除去特性は低周波域 $(\omega < \omega_L)$ での条件であり，観測雑音遮断特性とロバスト安定性は高周波域 $(\omega > \omega_H)$ での条件である．

以上から，良好なフィードバック制御系を設計するための $G_0(j\omega)$ に関する設計方針は次のようになる．

1．所望の速応性を持たせるように，ゲイン交差周波数 ω_P を大きくとる．

2．安定性を確保するために，十分な位相余裕 ϕ_M とゲイン余裕 G_M を持たせる．

3．良好な目標値追従性と外乱除去特性を持たせるため，$\omega < \omega_L$ の低周波域で $|G_0(j\omega)|$ を大きくする．

4．良好な観測雑音遮断特性とロバスト安定性を持たせるため，$\omega > \omega_H$ の高周波域で $|G_0(j\omega)|$ を小さくする．

2.2.4　制御系の設計法

a.　根軌跡法による設計

図2.76の制御系の極を望ましい領域に配置するような K と $C(s)$ を設計するために，エバンス(Evans)の根軌跡法(1948)が利用できる．根軌跡とは，与え

た $G_0(s)=G_p(s)C(s)$ に対して，K を 0 から ∞ まで変えたときの制御系の極，すなわち

$$1+KG_0(s)=0 \tag{2.152}$$

の根を複素平面上に描いたものである．根軌跡法では，根軌跡の種々の性質を利用して，式(2.152)を解くことなく，軌跡の概形を把握することができる．

いま

$$G_0(s)=\frac{(s-z_1)(s-z_2)\cdots(s-z_m)}{(s-q_1)(s-q_2)\cdots(s-q_n)} \tag{2.153}$$

とする．まず，式(2.152)は実係数を持つ方程式なので，根軌跡は実軸に対して対称であることがわかる．さらに，次の性質が知られている．

1.　$K=0$ のとき，極は $G_0(s)$ の極 $q_1, \cdots, q_n$（×で示す）に一致する．

2.　$K\rightarrow\infty$ のとき，m 個の極は $G_0(s)$ の零点 $z_1, \cdots, z_m$（○ で示す）へ収束し，残りの $n-m$ 個の極は無限遠点へ発散する．

3.　無限遠点に発散する根軌跡は，実軸との角度が

$$\frac{l\pi}{n-m}[\text{rad}], \quad l=1, 3, 5, \cdots \tag{2.154}$$

の漸近線を持つ．また，$n-m\geq 2$ のとき漸近線と実軸は交点を一つ持ち，その座標は

$$\frac{(q_1+q_2+\cdots+q_n)-(z_1+z_2+\cdots+z_m)}{n-m} \tag{2.155}$$

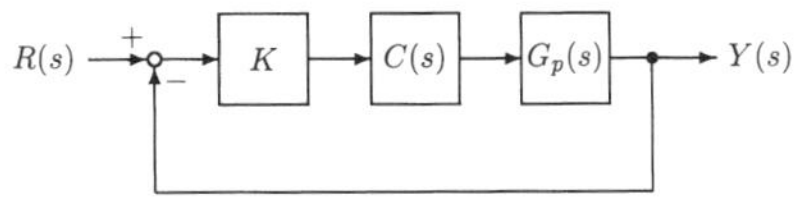

図 2.76　直列補償器を持つフィードバック制御系

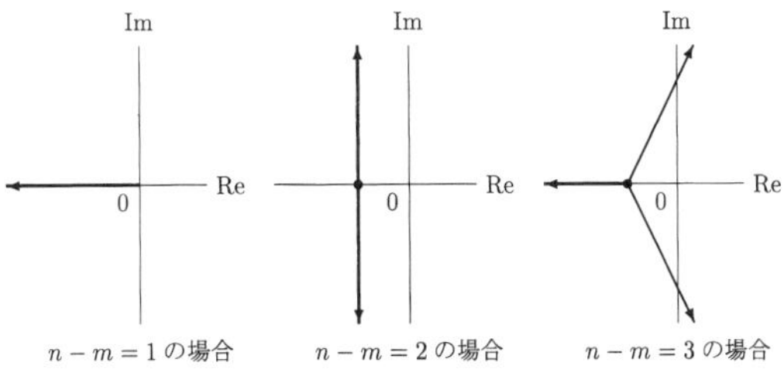

図 2.77　根軌跡の漸近線

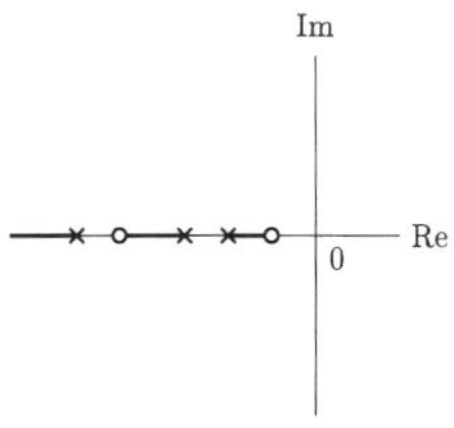

図 2.78　実軸上の根軌跡

で与えられる（図 2.77）.

4．実軸上の点の右側に $G_0(s)$ の実極と実零点が（重複度を含め）合計奇数個あれば，その点は，根軌跡上の点である（図 2.78）.

5．実軌跡が実軸から分離（または合流）する点は

$$\frac{d}{ds}\frac{1}{G_0(s)}-0 \tag{2.156}$$

を満たす．ただし，逆は成立しない．

【例題 2.7】

$$G_p(s)=\frac{0.2}{s(s+1)},\quad C(s)=\frac{s+2}{s+5} \tag{2.157}$$

とする．安定度 $\alpha=-1$ の制御系が設計可能かどうかを根軌跡法によって調べよ．また，可能な場合，条件を満たす K の範囲を求め，さらに，極に関する条件

$$\mathrm{Re}\,p_i<-1 \tag{2.158}$$

を満たすように K を設計せよ．

［解］　$n-m=2$ なので漸近線の角度は $\pi/2,\ 3\pi/2$ [rad] である．漸近線と実軸は，$\{0+(-1)+(-5)-(-2)\}/2=-2$ で交わる．根軌跡の性質を用いれば，軌跡の概形を描くことができる．実際，根軌跡を求めると図 2.79 のようになる．よって，K を大きくしていけば，ある時点以降，安定度の条件が満たされることがわかる．次に，安定度 $\alpha=-1$ を満たす K の範囲を求めよう．式（2.152）から，制御系の特性方程式は

$$\Delta(s)=s^3+6s^2+(5+0.2\,K)s+0.4\,K=0 \tag{2.159}$$

となる．変数変換 $s'=s-\alpha=s+1$ を行うと

$$\begin{aligned}&(s'-1)^3+6(s'-1)^2+(5+0.2\,K)(s'-1)+0.4\,K\\&=s'^3+3s'^2+(0.2\,K-4)s'+0.2\,K=0\end{aligned} \tag{2.160}$$

これに対して，ラウス・フルビッツの安定判別法を用いることにより

$$K>30 \tag{2.161}$$

を得る．よって，$K=35$ と設計した．このときの制御系の極および β は

$$p_{1,2,3}=-3.817,\ -1.091\pm j1.574,\ \beta=34.7^\circ \tag{2.162}$$

となる．制御系のステップ応答を図 2.80 に示す．■

上の例題で $C(s)$ を式（2.157）のように設定した理由は次のとおりである．

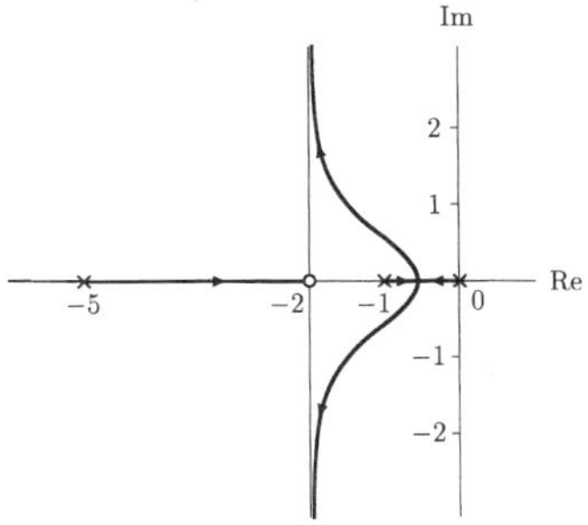

図 2.79　例題 2.7 の根軌跡

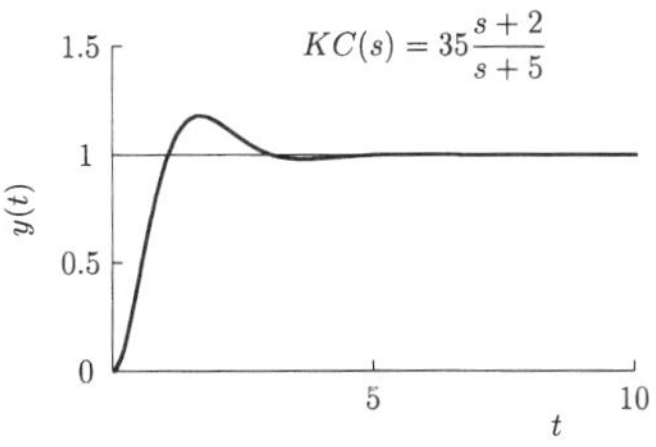

図 2.80　制御系のステップ応答

1.　$G_0(s)$ の相対次数 $n-m$ が大きくならないように，極と零点を一つずつ与えた．

2.　極を -5，零点を -2 とすることによって，漸近線を左に移動し，K を大きくしたとき極の実部が -2 に近づくようにした．

このように，$G_p(s)$ が比較的低次の場合，根軌跡法によって K と $C(s)$ の設計を見通しよく行うことができる．

b.　ループ整形法による設計

図 2.73 の制御系の開ループ周波数応答 $G_p(j\omega)C(j\omega)$ が望ましい特性を持つように $C(s)$ を設計する方法をループ整形法という．どのような開ループ周波数応答が望ましいかは 2.2.3 項 d. で述べたとおりである．設計には直列結合の周波数応答を求めるのに適したボード線図が用いられる．

まず，ループ整形法で使用される補償器を紹介する．$C(s)$ はこれらの補償器を組み合わせて設計されることになる．

1)　ゲイン補償器

$$C(s)=K,\quad K>0 \tag{2.163}$$

ゲイン補償器は，位相特性を変えずに，全周波数域のゲインを増減する．ベクトル軌跡による考察から明らかなように，ゲインを小さくすれば，$G_p(j\omega)C(j\omega)$ のベクトル軌跡が全体的に縮小されることによって，位相余裕やゲイン余裕が増し，安定度が改善される．また，高周波域でのゲインも小さくなるので，ロバスト安定性や雑音遮断特性が向上する．しかしながら，この場合，低周波域のゲインも下がるので定常特性が悪くなり，ゲイン交差周波数も小さくなるので速応性も劣化する．したがって，これらのバランスを考慮して，ゲインの大きさを設定するが，一般に，ゲイン補償だけでは所望のループ整形ができないため，他の補償器と組み合わせて使用する場合が多い．

2)　積分補償器

$$C(s)=\frac{1}{s} \tag{2.164}$$

この補償器は，低周波域でゲインを上げ，高周波域でゲインを下げる．ボード線図におけるゲイン曲線の勾配は -20 dB/dec である．位相は，全周波域で90°遅れる．低周波域でゲインを大きくできるため（とくに，$\omega=0$ におけるゲインは ∞ である），定常特性の改善に威力を発揮する．右下がりのゲイン曲線は，定常特性だけでなくロバスト安定性や雑音遮断特性も改善するが，位相の遅れは安定度を劣化させる．

3)　1次遅れ補償器

$$C(s)=\frac{1}{Ts+1} \tag{2.165}$$

1次遅れ補償器は，$\omega>1/T$ の高周波域でゲインを下げるので，ロバスト安定性や雑音遮断特性改善のために用いられる．1次遅れ補償器のボード線図は，図2.50を参照されたい．

4)　位相進み補償器

$$C(s)=\frac{T_1s+1}{\alpha_1T_1s+1},\quad 0<\alpha_1<1 \tag{2.166}$$

位相進み補償器のボード線図を図2.81に示す（ゲイン曲線は折れ線近似）．と

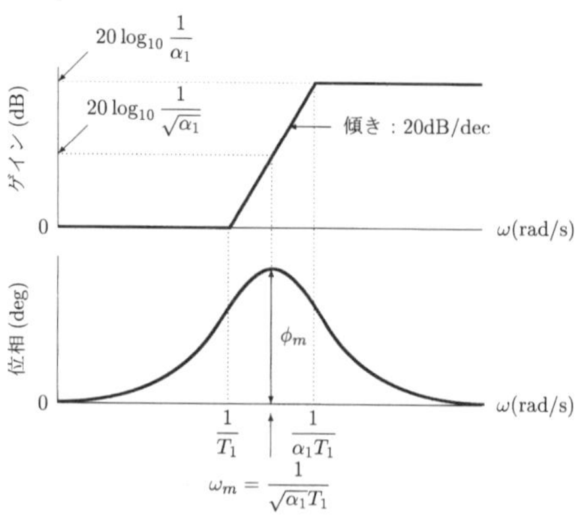

図2.81　位相進み補償器のボード線図

くに

$$\frac{1}{T_1} < \omega < \frac{1}{\alpha_1 T_1} \tag{2.167}$$

の帯域で位相を進ませることができる．$\omega < 1/T_1$ の低周波域では，ゲインがほぼ 0 dB となり，高周波域では，最終的にゲインが $20\log_{10}(1/\alpha_1)$dB だけ上がる．位相進み補償器は，制御系の安定性と速応性を改善するために使用される．

最大位相進み量 $\phi_m (< 90°)$ を与える ω は

$$\omega_m = \frac{1}{\sqrt{\alpha_1}\, T_1} \tag{2.168}$$

であり，このときのゲインは

$$|G(j\omega_m)| = 20\log_{10}(1/\sqrt{\alpha_1})\text{dB} \tag{2.169}$$

となる．ϕ_m は

$$\sin\phi_m = \frac{1-\alpha_1}{1+\alpha_1} \tag{2.170}$$

から計算できる．また，上式から

$$\alpha_1 = \frac{1-\sin\phi_m}{1+\sin\phi_m} \tag{2.171}$$

がわかる．

5）位相遅れ補償器

$$C(s) = \frac{\alpha_2(T_2 s + 1)}{\alpha_2 T_2 s + 1}, \quad \alpha_2 > 1 \tag{2.172}$$

位相遅れ補償器のボード線図を図 2.82 に示す．高周波域 $(\omega > 1/T_2)$ のゲインは変えずに，低周波域 $(\omega < 1/(\alpha_2 T_2))$ のゲインをほぼ $20\log_{10}\alpha_2$ だけ上げることが

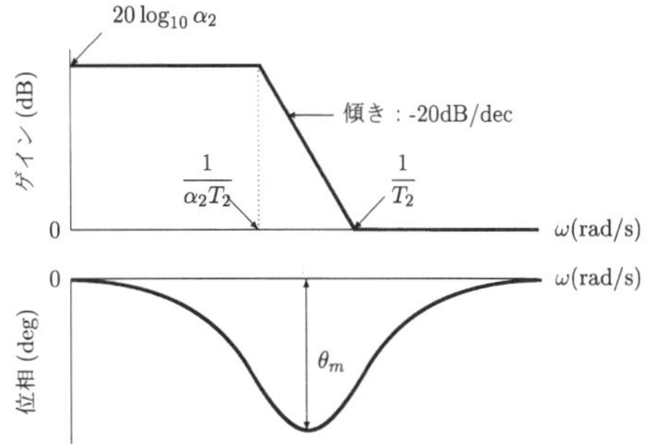

図 2.82　位相遅れ補償器のボード線図

できる．位相遅れ補償器は，低周波域のゲインを大きくし，定常特性を改善するために用いられる．その名が示すように，とくに $1/(\alpha_2 T_2)<\omega<1/T_2$ の帯域で位相が遅れるが(最大位相遅れ量 $\theta_m<90°$)，これは好ましくない副作用である．この遅れが，ゲイン交差周波数まで影響して，位相余裕が許容値より小さくならないように T_2 を大きく設定する必要がある．

6)　設計例　　ここで，制御対象

$$G_p(s)=\frac{0.2}{s(s+1)} \tag{2.173}$$

に対するサーボ系をループ整形法によって設計してみよう．

i)　ゲイン補償：　たとえば，減衰特性を $\phi_M \geq 50°$ と指定した上で，できるだけ速応性と定常特性を改善するように大きなゲインを求めると

$$C_1(s)=5.4 \tag{2.174}$$

$$\phi_M=50.3°,\quad \omega_P=0.83\ \mathrm{rad/s} \tag{2.175}$$

を得る(この例題では $G_M=\infty$ である)．$G_p(j\omega)C_1(j\omega)$ のボード線図を図 2.83 に示す．

ii)　ゲイン・位相進み補償：　位相進み補償でゲイン交差周波数近くの位相を進ませることができるので，ゲイン補償の場合より大きなゲインを指定できる．たとえば，$\omega_P \geq 1.8\ \mathrm{rad/s}$ という条件から K を決めると

$$K=19,\quad \phi_M=28.7°,\quad \omega_P=1.83\ \mathrm{rad/s} \tag{2.176}$$

を得る．$\phi_M=50°$ とするために，補償すべき位相進み量は $50-28.7=21.3°$ であるが，ω_P が右にずれることを考慮してさらに 8°(一般的な目安は 5° 以上)加算し，$\phi_m=21.3+8=29.3°$ とする．式(2.171)から，$\alpha_1=0.343$ である．そして，位

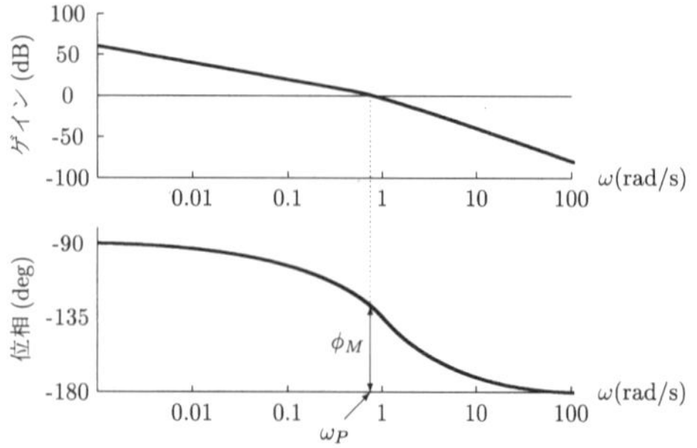

図 2.83　$G_p(j\omega)C_1(j\omega)$ のボード線図

相進み補償でゲインが $20\log_{10}(1/\sqrt{\alpha_1})$ 上がることを考慮して

$$20\log_{10}|KG_p(j\omega)| = -20\log_{10}(1/\sqrt{\alpha_1}) = -4.65\ \mathrm{dB} \qquad (2.177)$$

を満たす ω を ω_m とする．また，このとき，$\omega_P=\omega_m$ となる．式(2.177)から，$\omega_m=2.45$ rad/s が求まり，これを式(2.168)に用いることにより $T_1=0.697$ を得る．以上から補償器は

$$C_2(s) = K\frac{T_1 s+1}{\alpha_1 T_1 s+1} = 19\frac{0.697s+1}{0.239s+1} \qquad (2.178)$$

と設計され，この結果

$$\phi_M=50.4°, \quad \omega_P=2.45\ \mathrm{rad/s} \qquad (2.179)$$

となる．$G_p(j\omega)C_2(j\omega)$ のボード線図を図 2.84 に示す．

iii）ゲイン・位相進み遅れ補償：　定常特性をさらに改善するために，ii）で設計した補償器に位相遅れ補償器を追加してみよう．定常速度偏差を 1/5 に抑えるため，$\alpha_2=5$ とし，T_2 は位相遅れが ω_P での位相にほとんど影響しないように $T_2=15$ と与える．すなわち，補償器は

$$C_3(s) = C_2\frac{\alpha_2(T_2 s+1)}{\alpha_2 T_2 s+1} = C_2(s)\frac{5(15s+1)}{75s+1} \qquad (2.180)$$

である．このとき

$$\phi_M=50.2°, \quad \omega_P=2.45\ \mathrm{rad/s} \qquad (2.181)$$

を得る．$G_p(j\omega)C_3(j\omega)$ のボード線図を図 2.85 に示す．

i），ii），iii）で設計した制御系のステップ応答を図 2.86 に示す．ゲイン補償による制御性能は不十分である．位相進み補償の追加により減衰特性と速応性が改善されている．また，位相遅れ補償の追加による過渡特性の劣化はほとんど認められない．

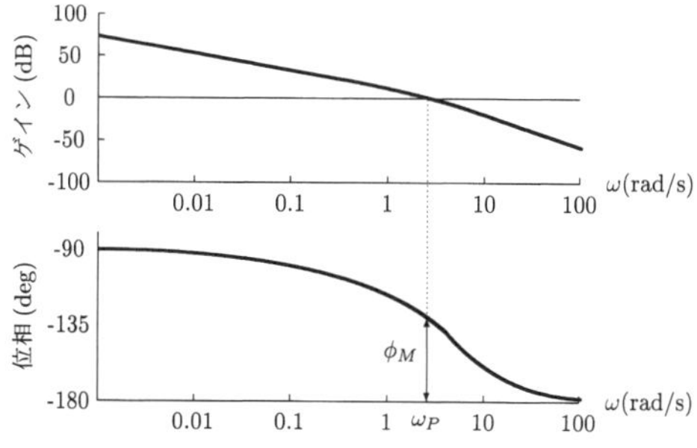

図 2.84　$G_p(j\omega)C_2(j\omega)$ のボード線図

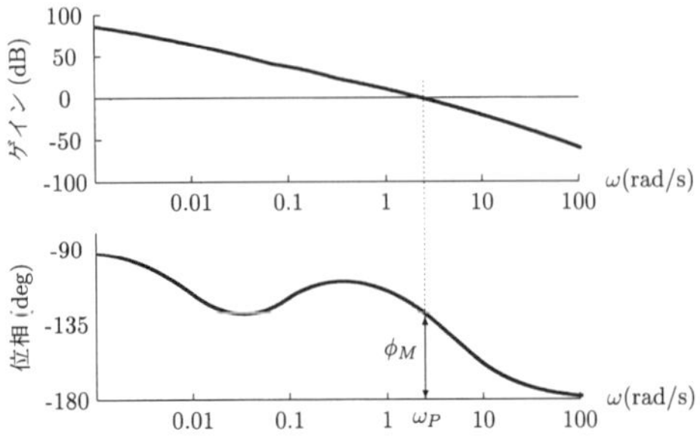

図 2.85　$G_p(j\omega)C_3(j\omega)$ のボード線図

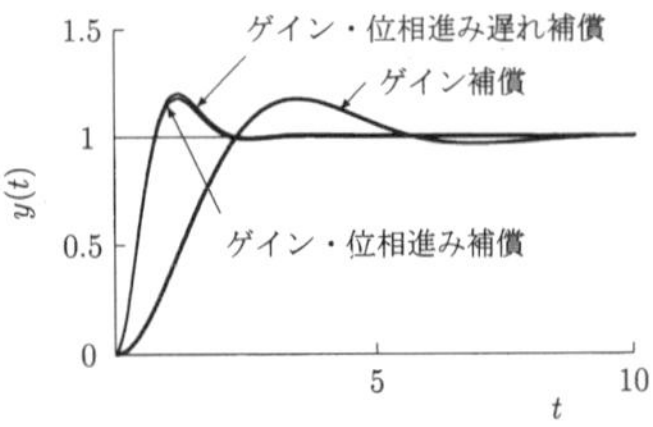

図 2.86　制御系のステップ応答

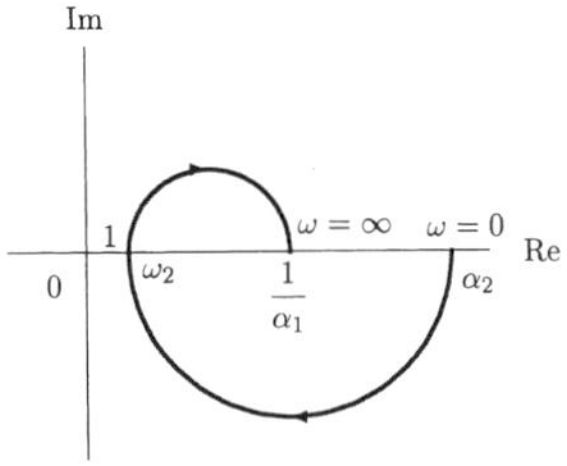

図 2.87　位相進み遅れ補償器のベクトル軌跡

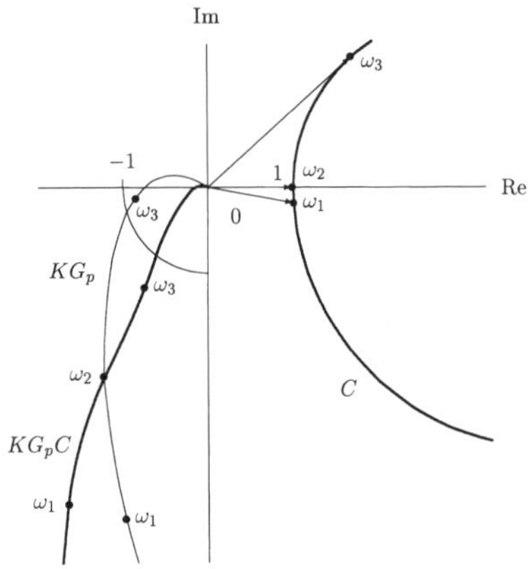

図 2.88　ゲイン・位相進み遅れ補償

7)　ベクトル軌跡によるゲイン・位相進み遅れ補償の説明　一般に，位相進み遅れ補償器

$$C(s)=\left(\frac{T_1s+1}{\alpha_1T_1s+1}\right)\left(\frac{\alpha_2(T_2s+1)}{\alpha_2T_2s+1}\right),\quad T_1<T_2 \tag{2.182}$$

のベクトル軌跡は図 2.87 のようである．$\omega<\omega_2$ の周波数域でゲインが増大し，$\omega>\omega_2$ の周波数域で位相が進む．ω_2 は $T_1, T_2, \alpha_1, \alpha_2$ により決まる．また，図 2.88 は，ゲイン・位相進み遅れ補償の効果をベクトル軌跡で一般的に説明したものである．ゲイン補償した場合のベクトル軌跡 (KG_p) と位相進み遅れ補償器のベクトル軌跡 (C) の積をとることにより，ゲイン・位相進み遅れ補償したベクトル軌跡 (KG_pC) が得られる．ゲイン補償のみの場合，位相余裕が不足しているが，位相進み遅れ補償を行うことによって，ゲイン交差周波数近くの位相が進み十分

な位相余裕が確保されると同時に，$\omega<\omega_2$ の低周波域でゲインが増大し定常特性が改善される．

c.　PID 補償

図 2.73 の制御系において，PID 補償器の伝達関数は

$$C(s)=K_P\left(1+\frac{1}{T_I s}+T_D s\right) \tag{2.183}$$

と表される．PID という名は，比例 (proportional)，積分 (integral)，微分 (derivative) の各動作の頭文字に由来する．各動作の働きと一般的な制御効果を概説すると次のようになる．

・**比例動作**：制御偏差に比例した信号を出力する．比例動作を強くすると，速応性が大きくなり，減衰性が低下する．

・**積分動作**：制御偏差の積分値に比例した信号を出力する．制御偏差を 0 にする働きをもつ．積分動作を強くすると，定常特性が向上する反面，速応性や減衰性が悪くなる．

・**微分動作**：制御偏差の微分値に比例した信号を出力する．微分動作を強くすると，速応性や減衰特性が改善される一方，定常特性や雑音除去特性が劣化する．

PID 補償器は，歴史的には主としてプロセス制御用に使われてきた．数学モデルが明確でなく，あまり高い制御性能を必要としない制御系に適している．K_P を比例ゲイン，T_I を積分時間，T_D を微分時間という．パラメータの与え方によって，P, PI, PD, PID という種類がある．P 補償器はゲイン補償器であり，これについてはすでに述べた．他の補償器の性質を周波数特性の観点から調べてみよう．

1)　PI 補償器

$$C(s)=K_P\left(1+\frac{1}{T_I s}\right)=K_P\frac{T_I s+1}{T_I s} \tag{2.184}$$

この式をもとに，ボード線図を描くと図 2.89 を得る．これから，PI 補償器はゲイン・位相遅れ補償器の性質を持つことがわかる．

2)　PD 補償器

$$C(s)=K_P(1+T_D s) \tag{2.185}$$

上式から図 2.90 のボード線図を得る．よって，PD 補償器はゲイン・位相進み補償器の性質を持つといえる．

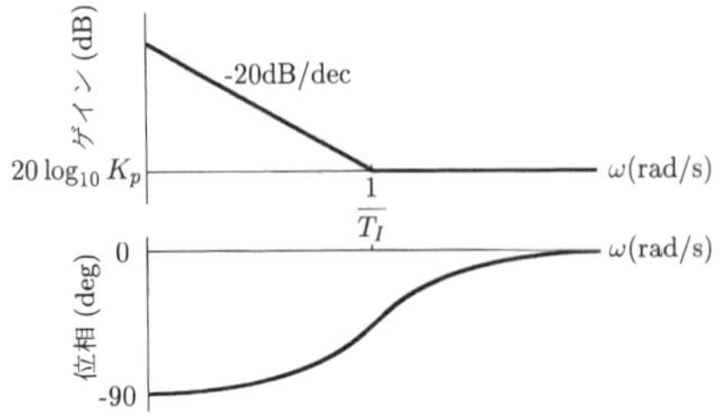

図 2.89　PI 補償器のボード線図

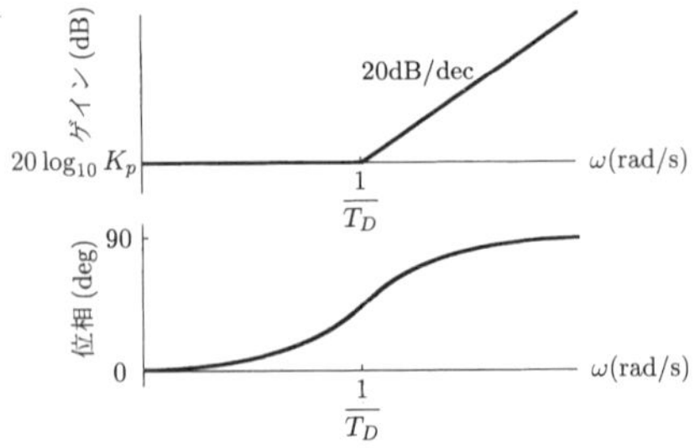

図 2.90　PD 補償器のボード線図

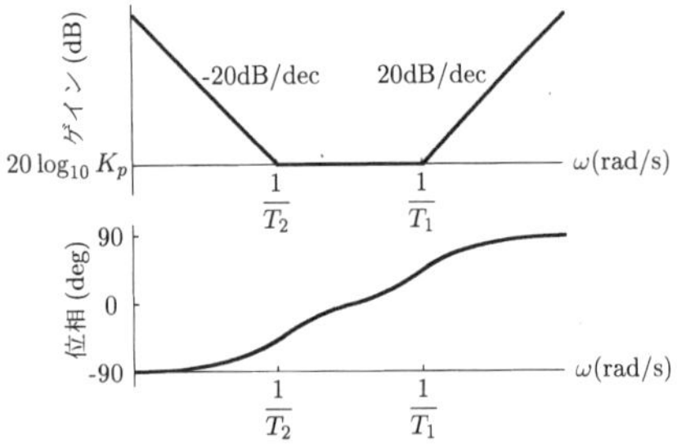

図 2.91　PID 補償器のボード線図

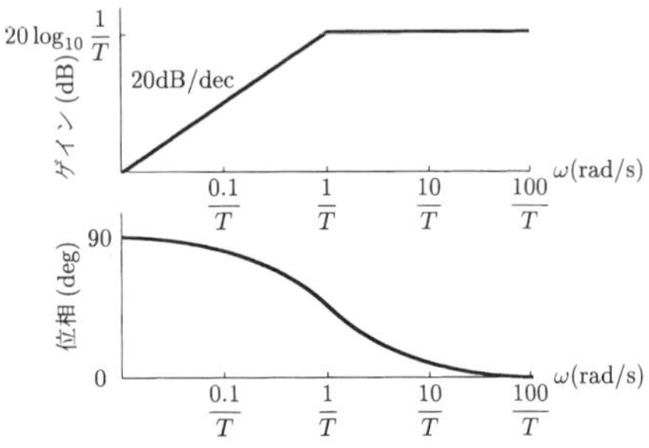

図 2.92　近似微分要素のボード線図

3)　PID 補償器

$$C(s)=K_P\left(1+\frac{1}{T_I s}+T_D s\right)=K_P\frac{T_D T_I s^2+T_I s+1}{T_I s} \tag{2.186}$$

とくに，$T_I^2-4T_D T_I \geq 0$ のとき分子は因数分解でき

$$C(s)=K_P\frac{(T_1 s+1)(T_2 s+1)}{T_I s} \tag{2.187}$$

と表される．ここで，T_1，T_2 は

$$T_1 T_2=T_I T_D,\ \ T_1+T_2=T_I,\ \ T_1<T_2 \tag{2.188}$$

から得られる．式 (2.187) から図 2.91 を得る．よって，PID 補償器はゲイン・位相進み遅れ補償器の性質を持つ．

純粋な微分動作は実現不可能なので，実際には微分要素の代わりに近似微分要素が用いられる．近似微分要素は，たとえば

$$\frac{s}{Ts+1} \tag{2.189}$$

で与えられる．ボード線図 (図 2.92) からわかるように，この要素は

$$\omega < \frac{0.2}{T} \tag{2.190}$$

の範囲でほぼ微分要素としてはたらく.

PID 補償器のパラメータを求める方法として有名なジーグラ・ニコルス (Ziegler-Nichols) 公式を以下に紹介する. これらの公式は, 制御対象の特性を表す二つのパラメータを用いて K_P, T_I, T_D を与えたもので, ステップ応答の減衰比が 0.25 となるように決められた経験則である.

i) 限界感度法: P 動作で制御したとき, 制御系が安定限界となるゲインを K_c, そのときの振動周期を T_c とする. 限界感度法は, K_c と T_c を用いて各調節パラメータを表 2.9 のように決定する方法である.

表 2.9 限界感度法の調整則

	K_P	T_I	T_D
P	$0.5\,K_c$	∞	0
PI	$0.45\,K_c$	$T_c/1.2$	0
PID	$0.6\,K_c$	$0.5\,T_c$	$T_c/8$

ii) 過渡応答法: 図 2.93 のように, 制御対象のステップ応答曲線に対して最大勾配の接線を引くとき, 接線の勾配を R, 接線が時間軸と交わる時刻を L とする. 過渡応答法は, R と L により各調節パラメータを表 2.10 のように決定する方法である.

d. フィードバック補償

D または PD 型補償器によるフィードバック補償は, 2 次系までの制御対象に対して, 極配置の観点から見通しのよい設計法を与える. このことを二つの例題によって説明しよう.

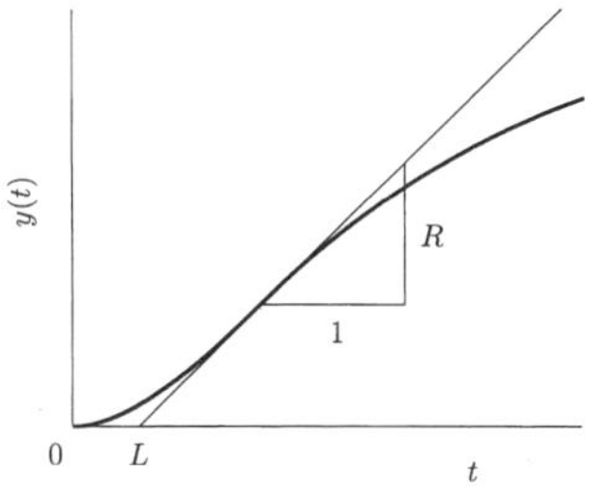

図 2.93 プラントのステップ応答

表 2.10 過度応答法の調整則

	K_P	T_I	T_D
P	$1/RL$	∞	0
PI	$0.9/RL$	$L/0.3$	0
PID	$1.2/RL$	$2L$	$0.5\,L$

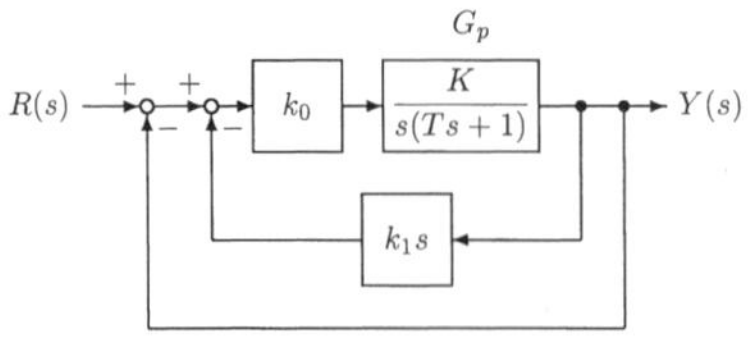

図 2.94 D型補償器によるフィードバック補償

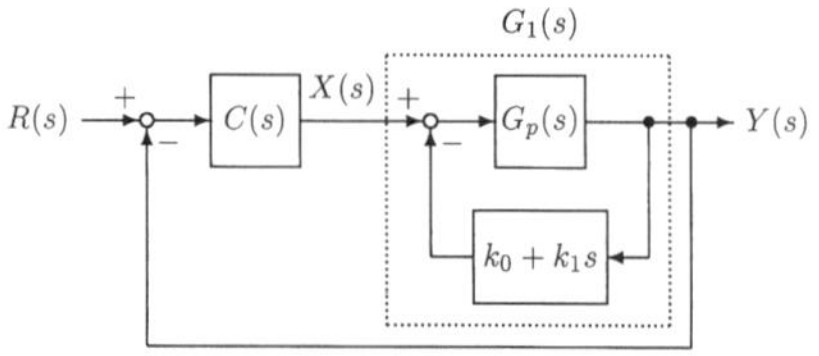

図 2.95 PD型補償器によるフィードバック補償

1) D型補償器によるサーボ系の設計 図2.94に示すようなD型補償器によるフィードバック補償回路を持つサーボ系を考える．$R(s)$から$Y(s)$までの伝達関数を$G(s)$とする．このようにサーボ系を構成すると，k_0, k_1を設定して，$G(s)$を所望のζ, ω_nを持つ2次系とすることができる．

実際，k_0, k_1の条件式は

$$G(s)=\frac{\dfrac{Kk_0}{T}}{s^2+\dfrac{1+Kk_0k_1}{T}s+\dfrac{Kk_0}{T}}=\frac{\omega_n{}^2}{s^2+2\zeta\omega_n s+\omega_n{}^2} \tag{2.191}$$

から

$$\frac{Kk_0}{T}=\omega_n{}^2, \quad \frac{1+Kk_0k_1}{T}=2\zeta\omega_n \tag{2.192}$$

と求まる．

2) PD型補償器による動特性改善

$$G_p(s)=\frac{1}{s^2+2\zeta_0\omega_0 s+\omega_0{}^2}, \quad 0<\zeta_0\ll 1 \tag{2.193}$$

を考えよう．この制御対象は減衰特性が悪いため，ボード線図のゲイン曲線が大きなピークを持つ(図2.51)．このようなピークがあると$G_p(j\omega)C(j\omega)$のループ整形が難しくなる．図2.95のように，$G_p(s)$にPD型補償器によるフィードバック補償を施せば，

$$G_1(s)=\frac{Y(s)}{X(s)}=\frac{1}{s^2+(2\zeta_0\omega_0+k_1)s+\omega_0{}^2+k_0} \tag{2.194}$$

となる．たとえば

$$G_1(s)=\frac{T_1T_2}{(1+T_1s)(1+T_2s)} \tag{2.195}$$

となるようにk_0, k_1を指定すれば，ゲイン曲線のピークが消えループ整形が容易となる．k_0, k_1は，式(2.194), (2.195)から次のように求まる．

$$k_0=\frac{1}{T_1T_2}-\omega_0^2,\quad k_1=\frac{T_1+T_2}{T_1T_2}-2\zeta_0\omega_0 \tag{2.196}$$

一般に，$G_p(s)$ のゲイン曲線の曲率が大きい周波数域では，位相曲線の勾配も大きくなり，この帯域にゲイン交差周波数がある場合，位相進み補償が難しくなる．このような場合にも，上述の方法による動特性改善が有効である．

参考文献

1） 大須賀公一：制御工学，共立出版，1995.
2） 片山　徹：フィードバック制御の基礎，朝倉書店，1987.
3） 相良節夫：基礎自動制御，森北出版，1978.
4） 杉江俊治，藤田政之：フィードバック制御入門，コロナ社，1999.
5） F. R. Gantmacher : The theory of Matrices Vol. II, Chelsea Publishing Company, 1959.
6） J. G. Ziegler and N. B. Nichols : Optimum settings for automatic controllers, *Transactions of the ASME*, **64** (8), pp. 759-768, 1942.

演習問題

2.19 次の特性多項式を持つ系の安定性をラウスの方法とフルビッツの方法で調べよ．

(1) $\varDelta(s)=s^3+s^2+s+2$

(2) $\varDelta(s)=s^4+s^3+2s^2+s+1$

(3) $\varDelta(s)=s^4+6s^3+13s^2+12s+4$

(4) $\varDelta(s)=s^5+2s^4+4s^3+5s^2+2s+1$

2.20 $\varDelta(s)=s^3+8s^2+15s+K$ の系に対して，$\alpha=-1$ の安定度を満たす K の範囲を求めよ．

2.21 一巡伝達関数 $G_0(s)$ が以下で与えられる場合，$G_0(s)$ のベクトル軌跡の概形を描くことにより制御系(図 2.96)の安定性を判定せよ．

(1) $G_0(s)=\dfrac{1}{(1+T_1s)(1+T_2s)},\quad T_1>0,\ T_2>0$

(2) $G_0(s)=\dfrac{1}{s^2(1+Ts)},\quad T>0$

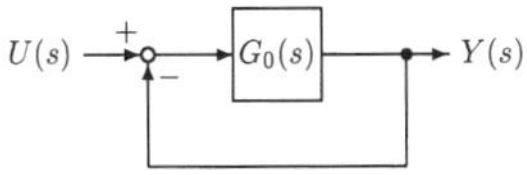

図 2.96　演習問題 2.21，2.22 のブロック線図

2.22 以下の一巡伝達関数 $G_0(s)$ に対して，ベクトル軌跡を描き制御系(図 2.96)の安定性を判定せよ．また，安定な場合，位相余裕 ϕ_M，ゲイン余裕 G_M，ゲイン交差周

波数 ω_P を求めよ．

(1)　$G_0(s)=\dfrac{2}{(s+1)(s^2+0.4\,s+1)}$　　(2)　$G_0(s)=\dfrac{0.5}{s(s^2+s+1)}$

2.23　2次系

$$G(s)=\frac{{\omega_n}^2}{s^2+2\zeta\omega_n s+{\omega_n}^2}$$

に対する M_p 値が式(2.135)で与えられることを示せ．

2.24　図2.97の制御系において $G_0(s)$ が以下のとき，制御系の根軌跡の概形を描け．

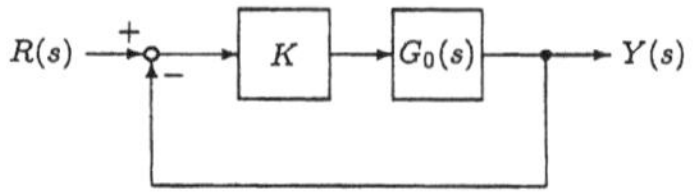

図 2.97　演習問題2.24のブロック線図

(1)　$G_0(s)=\dfrac{s+3}{(s+1)(s+2)}$　　(2)　$G_0(s)=\dfrac{1}{s(s^2+2s+2)}$

(3)　$G_0(s)=\dfrac{s+1}{s(s+2)(s^2+2s+2)}$　　(4)　$G_0(s)=\dfrac{1}{(s+1)(s+2)(s+3)(s+4)}$

2.25　式(2.138)が成り立つことを示せ．

2.26　位相進み補償器の ω_m (式(2.168))と ϕ_m (式(2.170))を導出せよ．

2.27　2次の制御対象

$$G_p(s)=\frac{b_0}{s^2+a_1 s+a_0},\quad b_0\neq 0$$

の場合，PID補償器によって制御系の極を実軸対称な範囲で任意に配置できることを示せ．

2.28　図2.94の制御系において

$$G_p(s)=\frac{K}{s^2},\quad K\neq 0$$

とする．$R(s)$ から $Y(s)$ までの伝達関数を

$$G(s)=\frac{{\omega_n}^2}{s^2+2\zeta\omega_n s+{\omega_n}^2}$$

とするゲイン k_0, k_1 を求めよ．

2.29　図2.95の制御系において

$$G_p(s)=\frac{b_0}{s^2+a_1 s+a_0},\quad b_0\neq 0$$

とする．$G_1(s)$ の極を q_1, q_2 (実軸対称)に配置するゲイン k_0, k_1 を求めよ．

3 状態方程式に基づくモデリングと制御

すでにみてきたように伝達関数法は，主として1入力1出力系の周波数領域における解析･設計に用いられている．また，設計仕様としての安定度，定常特性，過渡特性などは，経験的に習得された諸量を用いてある程度あいまいに評価されている．たとえば安定度は位相余裕やゲイン余裕で評価されるが，余裕の大きさは速応性と相反する場合が常であり両者の妥協が図られる．このような場合，設計されたパラメータは現場において再調整することが必要となる．このような試行錯誤の必要性は設計仕様のあいまいさばかりではなく，設計対象の特性が明確には把握できないことや，系の特性改善に用いる要素としてはPID調節計や位相進み・遅れ要素のように簡便な装置の使用を前提としていることにも起因している．

本章で扱う状態方程式に基づく多入力多出力制御系の解析・設計理論は，制御対象の特性が完全に把握されており，制御系の設計仕様が厳密に規定されている場合の最適設計をめざすものであり，設計手段としてあるいは制御系の構成要素としてコンピュータの利用を前提としている．また，過渡特性の厳密な評価は時間領域でなされるため，制御対象の解析・設計は状態方程式モデルを用いて主に時間領域で行われる．

3.1 状態方程式によるモデリング

制御対象の時々刻々の動的挙動を評価して制御系を設計しようとするような場合には，対象の数学モデルは時間領域で表現しておく必要があり，このために状態ベクトル微分方程式が用いられている．本節では3水槽系を例として状態方程式モデルについて説明し，状態ベクトル微分方程式で記述されているシステムの基本的事項，すなわち，解，安定性，可制御性，可観測性，および各種の正準形などについて学習する．

3.1.1　状態方程式と出力方程式

図3.1に示した3水槽よりなるシステムのモデリングを考えよう．図中に示したように，各水槽の水位の平衡水位からの変化量を $x_1(t), x_2(t), x_3(t)$ とし，水槽1および水槽2の流入水量の変化量を $u_1(t), u_2(t)$ とすれば，各水槽の水位変化は次の微分方程式で与えられる．

$$\dot{x}_1(t)=-\frac{1}{R_1S_1}x_1(t)+\frac{1}{S_1}u_1(t) \tag{3.1 a}$$

$$\dot{x}_2(t)=\frac{1}{R_1S_2}x_1(t)-\frac{1}{R_{12}S_2}x_2(t)+\frac{1}{R_{12}S_2}x_3(t)+\frac{1}{S_2}u_2(t) \tag{3.1 b}$$

$$\dot{x}_3(t)=\frac{1}{R_{12}S_3}x_2(t)-\left(\frac{1}{R_{12}S_3}+\frac{1}{R_3S_3}\right)x_3(t) \tag{3.1 c}$$

ここで $S_i\ (i=1, 2, 3)$ は各水槽の断面積であり，R_1, R_2, R_3 は対応する流出孔の抵抗を示している．また，水槽1の水位変化量と水槽3の流出量の変化量を出力検出値 $y_1(t), y_2(t)$ とすれば

$$y_1(t)=x_1(t) \tag{3.2 a}$$

$$y_2(t)=\frac{1}{R_3}x_3(t) \tag{3.2 b}$$

式(3.1)および(3.2)はベクトルおよび行列を用いて

$$\dot{\boldsymbol{x}}(t)=\boldsymbol{A}\boldsymbol{x}(t)+\boldsymbol{B}\boldsymbol{u}(t) \tag{3.3 a}$$

$$\boldsymbol{y}(t)=\boldsymbol{C}\boldsymbol{x}(t) \tag{3.3 b}$$

ただし，

$$\boldsymbol{x}(t)=\begin{bmatrix} x_1(t) \\ x_2(t) \\ x_3(t) \end{bmatrix},\quad \boldsymbol{u}(t)=\begin{bmatrix} u_1(t) \\ u_2(t) \end{bmatrix},\quad \boldsymbol{y}(t)=\begin{bmatrix} y_1(t) \\ y_2(t) \end{bmatrix} \tag{3.4 a}$$

$$\boldsymbol{A}=\begin{bmatrix} -\frac{1}{R_1S_2} & 0 & 0 \\ \frac{1}{R_1S_2} & -\frac{1}{R_{12}S_2} & \frac{1}{R_{12}S_2} \\ 0 & \frac{1}{R_{12}S_3} & -\left(\frac{1}{R_{12}S_3}+\frac{1}{R_3S_3}\right) \end{bmatrix},\quad \boldsymbol{B}=\begin{bmatrix} \frac{1}{S_1} & 0 \\ 0 & \frac{1}{S_2} \\ 0 & 0 \end{bmatrix},\quad \boldsymbol{C}=\begin{bmatrix} 1 & 0 & 0 \\ 0 & 0 & \frac{1}{R_3} \end{bmatrix} \tag{3.4 b}$$

と表記することができる．これが水槽システムの動特性を記述する数学モデルであり，$\boldsymbol{u}$ は入力(操作量)を，$\boldsymbol{y}$ は出力(制御量)を示す．

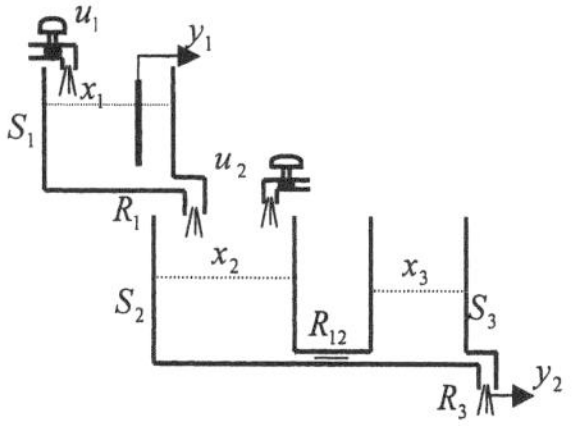

図 3.1 3水槽システム

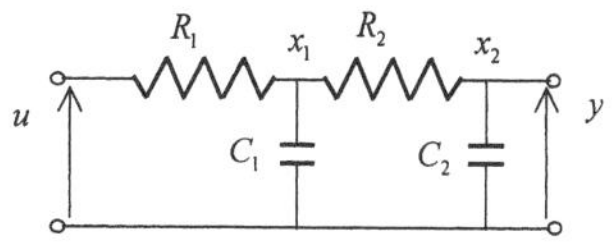

図 3.2 電気回路

この水槽系はエネルギーを蓄積する場所(水槽)が3か所あるため，3個の変数 $\boldsymbol{x}$(この場合各水槽の水位変化)を用いて表されている．一般にエネルギーを蓄積する場所が n 個存在するシステムは n 個の変数を用いて記述することができるが，この n 個の変数を状態変数と呼ぶ．容易に類推できるように，n 個の状態変数を持つ r 入力 m 出力の一般的なシステムの数学モデルは，

> r 入力 m 出力システムの一般的表現
>
> $$\dot{\boldsymbol{x}}(t)=\boldsymbol{A}\boldsymbol{x}(t)+\boldsymbol{B}\boldsymbol{u}(t) \quad (状態方程式) \tag{3.5 a}$$
>
> $$\boldsymbol{y}(t)=\boldsymbol{C}\boldsymbol{x}(t) \quad (出力方程式) \tag{3.5 b}$$
>
> $\boldsymbol{u}(t)$：r 次元入力ベクトル，$\boldsymbol{y}(t)$：m 次元出力ベクトル，
>
> $\boldsymbol{x}(t)$：n 次元状態ベクトル，
>
> $\boldsymbol{A}, \boldsymbol{B}, \boldsymbol{C}$ それぞれ $n\times n$，$n\times r$，$m\times n$ 行列

と記述することができる．式(3.5 a)を状態方程式，式(3.5 b)を出力方程式と呼んでいる．本書では両式をあわせてシステム方程式と呼ぶことがある．また，初学者の理解を容易とするため1入力1出力システム，すなわち，$\boldsymbol{B}=\boldsymbol{b}$, $\boldsymbol{C}=\boldsymbol{c}^T$($\boldsymbol{b}, \boldsymbol{c}$ は n 次元ベクトル，$\boldsymbol{c}^T$ は $\boldsymbol{c}$ の転置を示す)の場合に重点をおいて述べる．

【例題 3.1】 図3.2の電気回路において，入出力電圧を $u(t)$, $y(t)$ とし，コンデンサ電圧を $x_1(t)$, $x_2(t)$ とする．この回路のシステム方程式を示せ．

［解］

$$C_1\dot{x}_1(t)=\frac{1}{R_1}\{u(t)-x_1(t)\}-\frac{1}{R_2}\{x_1(t)-x_2(t)\} \tag{3.6}$$

$$C_2\dot{x}_2(t)=\frac{1}{R_2}\{x_1(t)-x_2(t)\} \tag{3.7}$$

$$y(t)=x_2(t) \tag{3.8}$$

以上より，システムの係数行列は

$$\boldsymbol{A}=\begin{bmatrix} -\left(\dfrac{1}{C_1R_1}+\dfrac{1}{C_1R_2}\right) & \dfrac{1}{C_1R_2} \\ \dfrac{1}{C_2R_2} & -\dfrac{1}{C_2R_2} \end{bmatrix},\quad \boldsymbol{B}=\begin{bmatrix} \dfrac{1}{C_1R_1} \\ 0 \end{bmatrix},\quad \boldsymbol{C}=(0\quad 1) \tag{3.9}$$ ■

3.1.2 状態方程式の解と安定性

a. t-領域解

状態方程式(3.5)の解（時間領域の解で，t-領域解と呼ぶことにする）は，1次系の場合と同様にして誘導することができる．すなわち，スカラーの1次系を

$$\dot{x}(t)=ax(t)+bu(t) \tag{3.10}$$

とするとき解は定数変化法を適用して

$$x(t)=e^{at}\{x(0)+\int_0^t e^{-a\tau}bu(\tau)d\tau\} \tag{3.11}$$

となる．状態方程式の場合も同様であり，

> システム方程式(3.5)の解（**t**-領域解）は
>
> $$\boldsymbol{x}(t)=e^{At}\left\{\boldsymbol{x}(0)+\int_0^t e^{-A\tau}\boldsymbol{B}\boldsymbol{u}(\tau)d\tau\right\} \tag{3.12 a}$$
>
> $$\boldsymbol{y}(t)=\boldsymbol{C}e^{At}\left\{\boldsymbol{x}(0)+\int_0^t e^{-A\tau}\boldsymbol{B}\boldsymbol{u}(\tau)d\tau\right\} \tag{3.12 b}$$
>
> で与えられる．ただし，$\boldsymbol{x}(0)$は初期状態である．

式(3.12 b)において，右辺第1項 $\boldsymbol{y}(t)=\boldsymbol{C}e^{At}\boldsymbol{x}(0)$ は自由応答または初期値応答と呼ばれ，第2項 $\boldsymbol{y}(t)=\boldsymbol{C}e^{At}\int_0^t e^{-A\tau}\boldsymbol{B}\boldsymbol{u}(\tau)d\tau$ は強制応答と呼ばれることがある．また，e^{At} は状態遷移行列（または単に遷移行列）とも呼ばれしばしば記号 $\boldsymbol{\Phi}(t)$ $(=e^{At})$ で表記されている．遷移行列はスカラーの場合の関数 e^{at} と類似した次のような性質がある．

> 遷移行列 $\boldsymbol{\Phi}(t)=e^{At}$ の性質
>
> (i) $$\boldsymbol{\Phi}(t)=\boldsymbol{I}+\boldsymbol{A}t+\frac{1}{2!}\boldsymbol{A}^2t^2+\frac{1}{3!}\boldsymbol{A}^3t^3+\cdots+\frac{1}{n!}\boldsymbol{A}^nt^n+\cdots \tag{3.13 a}$$
>
> $$=\boldsymbol{I}\beta_0(t)+\boldsymbol{A}\beta_1(t)+\boldsymbol{A}^2\beta_2(t)+\cdots+\boldsymbol{A}^{n-1}\beta_{n-1}(t) \tag{3.13 b}$$
>
> (ii) $$\dot{\boldsymbol{\Phi}}(t)=\boldsymbol{A}\boldsymbol{\Phi}(t) \tag{3.14}$$
>
> (iii) $$\boldsymbol{\Phi}(t_1+t_2)=\boldsymbol{\Phi}(t_1)\boldsymbol{\Phi}(t_2) \tag{3.15}$$

(iv)　$\boldsymbol{\Phi}^{-1}(t)=\boldsymbol{\Phi}(-t)$　(3.16)

ただし，式(3.13 b)はケイリー・ハミルトン(Cayley-Hamilton)の定理(補遺3.3.5項参照)より，式(3.13 a)における$\boldsymbol{A}^k$, $k\geq n$が$\boldsymbol{A}$の$n-1$次までの行列多項式で表されることにより導出される．$\beta_i(t)$はこの誘導課程で算出されるtの関数である．

b.　s-領域解と伝達関数

式(3.5)のs-領域解(周波数領域の解)は1次系の場合とほぼ同様にして導出することができる．すなわち，式(3.5 a)をラプラス変換すれば

$$s\boldsymbol{X}(s)-\boldsymbol{x}(0)=\boldsymbol{A}\boldsymbol{X}(s)+\boldsymbol{B}\boldsymbol{U}(s) \tag{3.17}$$

これを整理すると

$$(s\boldsymbol{I}-\boldsymbol{A})\boldsymbol{X}(s)=\boldsymbol{x}(0)+\boldsymbol{B}\boldsymbol{U}(s) \tag{3.18}$$

よって

$$\boldsymbol{X}(s)=(s\boldsymbol{I}-\boldsymbol{A})^{-1}\{\boldsymbol{x}(0)+\boldsymbol{B}\boldsymbol{U}(s)\} \tag{3.19}$$

また，式(3.5 b)をラプラス変換すれば

$$\boldsymbol{Y}(s)=\boldsymbol{C}\boldsymbol{X}(s) \tag{3.20}$$

したがって入出力関係は，式(3.19)を式(3.20)に代入して求めることができる．以上をまとめると

システム方程式式(3.5)の**s**-領域解は

$$\boldsymbol{X}(s)=(s\boldsymbol{I}-\boldsymbol{A})^{-1}\{\boldsymbol{x}(0)+\boldsymbol{B}\boldsymbol{U}(s)\} \tag{3.21 a}$$

$$\boldsymbol{Y}(s)=\boldsymbol{C}(s\boldsymbol{I}-\boldsymbol{A})^{-1}\{\boldsymbol{x}(0)+\boldsymbol{B}\boldsymbol{U}(s)\} \tag{3.21 b}$$

で与えられる．ただし，$\boldsymbol{x}(0)$は初期状態である．

システムの伝達関数行列$\boldsymbol{G}(s)$は，式(3.21 b)で初期値を0とおいて

$$\begin{aligned}\boldsymbol{Y}(s)&=\boldsymbol{C}(s\boldsymbol{I}-\boldsymbol{A})^{-1}\boldsymbol{B}\boldsymbol{U}(s)\\&=\boldsymbol{G}(s)\boldsymbol{U}(s)\end{aligned}$$

より

$$\boldsymbol{G}(s)=\boldsymbol{C}(s\boldsymbol{I}-\boldsymbol{A})^{-1}\boldsymbol{B} \tag{3.22}$$

となる．

式(3.21)を逆ラプラス変換すると，先に求めたt-領域解(3.12)を得る．なお，遷移行列$\boldsymbol{\Phi}(t)$は$(s\boldsymbol{I}-\boldsymbol{A})^{-1}$の逆ラプラス変換

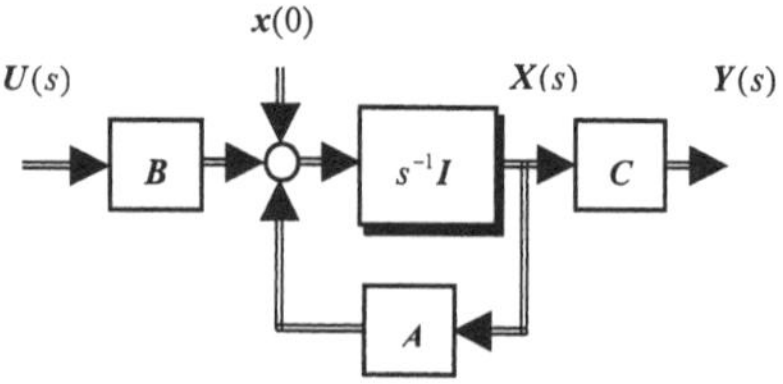

図 3.3　多入力多出力系のブロック線図

$$\boldsymbol{\Phi}(t)=\mathcal{L}^{-1}\{(s\boldsymbol{I}-\boldsymbol{A})^{-1}\} \tag{3.23 a}$$

$$=\mathcal{L}^{-1}\left\{\frac{adj(s\boldsymbol{I}-\boldsymbol{A})}{|(s\boldsymbol{I}-\boldsymbol{A})|}\right\} \tag{3.23 b}$$

で与えられる．$\boldsymbol{\Phi}(t)$ を数値的に求める場合には式(3.13 a)や式(3.14)が利用されるが，解析的に求める場合には式(3.23)を用いる方が便利である．図 3.3 は多入力多出力系式(3.5)のブロック線図を示したものである．

【例題 3.2】　ラプラス変換法により $\boldsymbol{A}=\begin{bmatrix}-2 & 0\\ 1 & -1\end{bmatrix}$ の遷移行列を求めよ．

［解］　$(s\boldsymbol{I}-\boldsymbol{A})^{-1}=\begin{bmatrix}s+2 & 0\\ -1 & s+1\end{bmatrix}^{-1}$

$$=\frac{1}{(s+2)(s+1)}\begin{bmatrix}s+1 & 0\\ 1 & s+2\end{bmatrix}=\begin{bmatrix}\dfrac{1}{s+2} & 0\\ \dfrac{1}{(s+2)(s+1)} & \dfrac{1}{s+1}\end{bmatrix} \tag{3.24}$$

$$\therefore\quad L^{-1}\{(s\boldsymbol{I}-\boldsymbol{A})^{-1}\}=\begin{bmatrix}e^{-2t} & 0\\ e^{-t}-e^{-2t} & e^{-t}\end{bmatrix} \tag{3.25}$$ ■

c. 安　定　性

2 章でシステムの安定性は伝達関数の極に依存し，極の実部が負であることが安定の必要十分条件であることを述べ，また，いくつかの安定判別法を学習した．多入力多出力システムの安定性条件も，同様に伝達関数行列式(3.22)の極に依存している．式(3.22)の極は，式(3.23 b)からわかるように行列 $\boldsymbol{A}$ の特性方程式の根(固有値)となる．

システム式(3.5)が安定であるための必要十分条件は，行列 $\boldsymbol{A}$ の特性方程式

$$|s\boldsymbol{I}-\boldsymbol{A}|=s^n+a_ns^{n-1}+a_{n-1}s^{n-2}+\cdots+a_2s+a_1=0 \tag{3.26}$$

の根（$\boldsymbol{A}$ の固有値）がすべて負の実部を持つことである．

【例題 3.3】 図 3.4 に示すように，係数行列が

$$\boldsymbol{A}=\begin{bmatrix}-2 & 0 & 0\\ 1 & -1 & 0\\ 0 & 1 & 0\end{bmatrix},\quad \boldsymbol{B}=\begin{bmatrix}2\\0\\0\end{bmatrix},\quad \boldsymbol{C}=(0\quad 0\quad 1) \tag{3.27}$$

で与えられるシステムに

$$u(t)=K\{r(t)-y(t)\} \tag{3.28}$$

なる出力フィードバックを行った．ただし，$r(t)$ は目標値であり，K はゲインである．このとき，システムを安定とするゲイン K を求めよ．

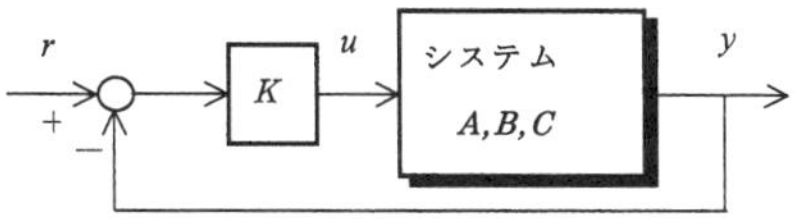

図 3.4 出力フィードバック系

［解］ システムの状態方程式は

$$\begin{aligned}\dot{\boldsymbol{x}}(t)&=\boldsymbol{A}\boldsymbol{x}(t)+\boldsymbol{B}u(t)=\boldsymbol{A}\boldsymbol{x}(t)+\boldsymbol{B}K\{r(t)-y(t)\}\\&=\boldsymbol{A}\boldsymbol{x}(t)-\boldsymbol{B}K\boldsymbol{C}\boldsymbol{x}(t)+\boldsymbol{B}Kr(t)=(\boldsymbol{A}-\boldsymbol{B}K\boldsymbol{C})\boldsymbol{x}(t)+\boldsymbol{B}Kr(t)\end{aligned} \tag{3.29}$$

したがって，システムの安定性は $(\boldsymbol{A}-\boldsymbol{B}K\boldsymbol{C})$ の特性多項式を調べればよい．

$$\boldsymbol{A}-\boldsymbol{B}K\boldsymbol{C}=\begin{bmatrix}-2 & 0 & -2K\\ 1 & -1 & 0\\ 0 & 1 & 0\end{bmatrix} \tag{3.30}$$

$$|s\boldsymbol{I}-(\boldsymbol{A}-\boldsymbol{B}K\boldsymbol{C})|=s^3+3s^2+2s+2K \tag{3.31}$$

上式に対するフルビッツ行列は

$$H_3=\begin{bmatrix}3 & 2K & 0\\ 1 & 2 & 0\\ 0 & 3 & 2K\end{bmatrix} \tag{3.32}$$

となり，これより $0<K<3$ の範囲で安定となることがわかる． ■

3.1.3 可制御と可観測

システムのすべての内部状態（状態変数）が入力によって完全に支配できると

き，そのシステムは可制御であるという．また，すべての内部状態の挙動が出力に反映するとき，そのシステムは可観測であるという．可制御性と可観測性はシステムの基本的な性質であり，すべての内部状態が制御できるようなフィードバック制御系を構成するためには，対象とするシステムは可制御であり，かつ可観測であることが前提となる．

a. 可 制 御 性

定義 3.1 任意の初期状態 $\boldsymbol{x}(0)$ より，有限時間 $t_f>0$ で任意の状態 $\boldsymbol{x}^*(t_f)$ へ到達させる制御 $\boldsymbol{u}(t)$, $0\leq t\leq t_f$ が存在するとき，システム式(3.5 a)は可制御である．

システム式(3.5)が可制御であるための必要十分条件は

$$\boldsymbol{M}_c=(\boldsymbol{B}\ \ \boldsymbol{AB}\ \ \boldsymbol{A}^2\boldsymbol{B}\cdots\boldsymbol{A}^{n-1}\boldsymbol{B}) \tag{3.33}$$

とするとき

$$\mathrm{rank}\ \boldsymbol{M}_c=n \tag{3.34}$$

である．1 入力システムの場合($\boldsymbol{B}=\boldsymbol{b}$ の場合)には 式(3.34)と等価な条件として

$$|\boldsymbol{M}_c|\neq 0 \tag{3.35}$$

が使える．$\boldsymbol{M}_c$ を可制御性行列と呼んでいる（証明は補遺 3.3.1 項参照）．

可制御性は行列 $\boldsymbol{A}$ と $\boldsymbol{B}$ に関連する性質であるため，システム式(3.5 a)が可制御であることを，しばしば「($\boldsymbol{A}$, $\boldsymbol{B}$)は可制御である」という．

b. 可 観 測 性

定義 3.2 有限時間 $t_f>0$ の入出力の観測値 $\{\boldsymbol{u}(t), \boldsymbol{y}(t)\}$, $0\leq t\leq t_f$ からシステムの初期状態 $\boldsymbol{x}(0)$ を知ることができるとき，システム式(3.5)は可観測である．

システム式(3.5)が可観測であるための必要十分条件は

$$\boldsymbol{M}_o=\begin{bmatrix}\boldsymbol{C}\\ \boldsymbol{CA}\\ \boldsymbol{CA}^2\\ \vdots\\ \boldsymbol{CA}^{n-1}\end{bmatrix} \tag{3.36}$$

とするとき

$$\mathrm{rank}\ \boldsymbol{M}_o = n \tag{3.37}$$

である．1出力システムの場合（$\boldsymbol{C}=\boldsymbol{c}^T$ の場合）には式(3.37)と等価な条件として

$$|\boldsymbol{M}_o| \neq 0 \tag{3.38}$$

が使える．$\boldsymbol{M}_o$ を可観測性行列と呼んでいる（証明は補遺3.3.2項参照）.

可観測性は行列 $\boldsymbol{C}$ と $\boldsymbol{A}$ に関連する性質であるため，システム式(3.5)が可観測であることを，しばしば「$(\boldsymbol{C}, \boldsymbol{A})$ は可観測である」という．

$(\boldsymbol{C}, \boldsymbol{A})$ の可観測性条件は $(\boldsymbol{A}^T, \boldsymbol{C}^T)$ の可制御性条件と等しい．同様に $(\boldsymbol{A}, \boldsymbol{B})$ の可制御性条件は $(\boldsymbol{B}^T, \boldsymbol{A}^T)$ の可観測性条件となる．このような関係を双対関係という．

【例題3.4】 システム $(\boldsymbol{A}, \boldsymbol{B}, \boldsymbol{C})$ において

$\boldsymbol{A}=\begin{bmatrix} -2 & 0 \\ 1 & -1 \end{bmatrix}$, $\boldsymbol{B}=\begin{bmatrix} 2 \\ 0 \end{bmatrix}$, $\boldsymbol{C}=(0 \quad 1)$ とする．このシステムの可制御性，可観測性を調べよ．また，伝達関数を求めよ．

［解］ 式(3.33)より $\boldsymbol{M}_c$ は

$$\boldsymbol{M}_c=(\boldsymbol{B} \quad \boldsymbol{AB})=\begin{bmatrix} 2 & -4 \\ 0 & 2 \end{bmatrix}, \quad |\boldsymbol{M}_c|=4\neq 0 \tag{3.39}$$

式(3.36)より $\boldsymbol{M}_o$ は

$$\boldsymbol{M}_o=\begin{bmatrix} \boldsymbol{C} \\ \boldsymbol{CA} \end{bmatrix}=\begin{bmatrix} 0 & 1 \\ 1 & -1 \end{bmatrix}, \quad |\boldsymbol{M}_o|=-1\neq 0 \tag{3.40}$$

ゆえに可制御，可観測であることがわかる．伝達関数は式(3.22)より

$$\begin{aligned} G(s) &= \boldsymbol{C}(s\boldsymbol{I}-\boldsymbol{A})^{-1}\boldsymbol{B}=(0 \quad 1)\begin{bmatrix} s+2 & 0 \\ -1 & s+1 \end{bmatrix}^{-1}\begin{bmatrix} 2 \\ 0 \end{bmatrix} \\ &= (0 \quad 1)\frac{1}{(s+2)(s+1)}\begin{bmatrix} s+1 & 0 \\ 1 & s+2 \end{bmatrix}\begin{bmatrix} 2 \\ 0 \end{bmatrix}=\frac{2}{(s+2)(s+1)} \end{aligned} \tag{3.41}$$ ■

3.1.4 座標変換と正準系

システムの状態変数をある正則な行列によって線形変換するとき，システムの基本的な性質は保存される．したがって，あらかじめ都合のよい形に変換した上で解析や設計を行い，事後必要な場合には変換を元に戻すという方法がとられ

る．本節では変換によって保存されるシステムの基本的な性質について述べる．また，とくに１入力１出力系についていくつかの代表的な正準形と，正準形への変換法を述べる．

a. 変換で保存される諸性質

システム式(3.5 a)の状態変数 $\boldsymbol{x}$ を $(n\times n)$ の正則行列 $\boldsymbol{T}$ によって

$$\boldsymbol{x}(t)=\boldsymbol{T}\boldsymbol{z}(t) \tag{3.42}$$

と変換すれば

$$\boldsymbol{T}\dot{\boldsymbol{z}}(t)=\boldsymbol{A}\boldsymbol{T}\boldsymbol{z}(t)+\boldsymbol{B}\boldsymbol{u}(t) \tag{3.43}$$

さらに，両辺に左から $\boldsymbol{T}^{-1}$ を掛けると

$$\begin{aligned}\dot{\boldsymbol{z}}(t)&=\boldsymbol{T}^{-1}\boldsymbol{A}\boldsymbol{T}\boldsymbol{z}(t)+\boldsymbol{T}^{-1}\boldsymbol{B}\boldsymbol{u}(t)\\&=\widetilde{\boldsymbol{A}}\boldsymbol{z}(t)+\widetilde{\boldsymbol{B}}\boldsymbol{u}(t)\end{aligned} \tag{3.44 a}$$

同様に式(3.5 b)は

$$\boldsymbol{y}(t)=\widetilde{\boldsymbol{C}}\boldsymbol{z}(t) \tag{3.44 b}$$

ここに

$$\widetilde{\boldsymbol{A}}=\boldsymbol{T}^{-1}\boldsymbol{A}\boldsymbol{T},\quad \widetilde{\boldsymbol{B}}=\boldsymbol{T}^{-1}\boldsymbol{B},\quad \widetilde{\boldsymbol{C}}=\boldsymbol{C}\boldsymbol{T} \tag{3.45}$$

変換式(3.42)によって，3.1.2 節および 3.1.3 節で述べた次の性質が保存される．

変換 $\boldsymbol{x}=\boldsymbol{T}\boldsymbol{z}$ で保存される性質

(i) 特性多項式が等しい．

$$|s\boldsymbol{I}-\boldsymbol{A}|=|s\boldsymbol{I}-\widetilde{\boldsymbol{A}}| \tag{3.46}$$

(ii) 伝達関数行列が不変である．

$$\boldsymbol{C}(s\boldsymbol{I}-\boldsymbol{A})^{-1}\boldsymbol{B}=\widetilde{\boldsymbol{C}}(s\boldsymbol{I}-\widetilde{\boldsymbol{A}})^{-1}\widetilde{\boldsymbol{B}} \tag{3.47}$$

(iii) 可制御性，可観測性が不変である．

$$\mathrm{rank}\ \boldsymbol{M}_c=\mathrm{rank}\ \widetilde{\boldsymbol{M}}_c \tag{3.48}$$

$$\mathrm{rank}\ \boldsymbol{M}_o=\mathrm{rank}\ \widetilde{\boldsymbol{M}}_o \tag{3.49}$$

ただし，$\widetilde{\boldsymbol{M}}_c$ および $\widetilde{\boldsymbol{M}}_o$ は，それぞれシステム $(\widetilde{\boldsymbol{A}}, \widetilde{\boldsymbol{B}}, \widetilde{\boldsymbol{C}})$ の可制御性行列および可観測性行列である．

上記は次のように示される．

(i) $|s\boldsymbol{I}-\widetilde{\boldsymbol{A}}|=|s\boldsymbol{I}-\boldsymbol{T}^{-1}\boldsymbol{A}\boldsymbol{T}|=|\boldsymbol{T}^{-1}(s\boldsymbol{I}-\boldsymbol{A})\boldsymbol{T}|=|\boldsymbol{T}^{-1}||\boldsymbol{T}||s\boldsymbol{I}-\boldsymbol{A}|=|s\boldsymbol{I}-\boldsymbol{A}|$ (3.50)

(ii) $\widetilde{\boldsymbol{C}}(s\boldsymbol{I}-\widetilde{\boldsymbol{A}})^{-1}\widetilde{\boldsymbol{B}}=\boldsymbol{C}\boldsymbol{T}\{\boldsymbol{T}^{-1}(s\boldsymbol{I}-\boldsymbol{A})\boldsymbol{T}\}^{-1}\boldsymbol{T}^{-1}\boldsymbol{B}=\boldsymbol{C}(s\boldsymbol{I}-\boldsymbol{A})^{-1}\boldsymbol{B}$ (3.51)

(iii) $\widetilde{\boldsymbol{A}}^i=\boldsymbol{T}^{-1}\boldsymbol{A}\boldsymbol{T}\cdot\boldsymbol{T}^{-1}\boldsymbol{A}\boldsymbol{T}\cdots\boldsymbol{T}^{-1}\boldsymbol{A}\boldsymbol{T}=\boldsymbol{T}^{-1}\boldsymbol{A}^i\boldsymbol{T}$ (3.52)

であるから,

$$\begin{aligned}\widetilde{\boldsymbol{M}}_c&=(\widetilde{\boldsymbol{B}}\ \ \widetilde{\boldsymbol{A}}\widetilde{\boldsymbol{B}}\ \ \widetilde{\boldsymbol{A}}^2\widetilde{\boldsymbol{B}}\cdots\widetilde{\boldsymbol{A}}^{n-1}\widetilde{\boldsymbol{B}})\\&=(\boldsymbol{T}^{-1}\boldsymbol{B}\ \ \boldsymbol{T}^{-1}\boldsymbol{A}\boldsymbol{T}\boldsymbol{T}^{-1}\boldsymbol{B}\ \ \boldsymbol{T}^{-1}\boldsymbol{A}^2\boldsymbol{T}\boldsymbol{T}^{-1}\boldsymbol{B}\cdots\boldsymbol{T}^{-1}\boldsymbol{A}^{n-1}\boldsymbol{T}\boldsymbol{T}^{-1}\boldsymbol{B})\\&=\boldsymbol{T}^{-1}(\boldsymbol{B}\ \ \boldsymbol{A}\boldsymbol{B}\ \ \boldsymbol{A}^2\boldsymbol{B}\cdots\boldsymbol{A}^{n-1}\boldsymbol{B})=\boldsymbol{T}^{-1}\boldsymbol{M}_c\end{aligned}\tag{3.53}$$

$$\therefore\quad \mathrm{rank}\ \widetilde{\boldsymbol{M}}_c=\mathrm{rank}\ \boldsymbol{M}_c\tag{3.54}$$

(iv) $\widetilde{\boldsymbol{M}}_o$ についても $\widetilde{\boldsymbol{M}}_o{}^T$ の可制御性を利用すばよい.

以下,とくに1入力1出力システムに関して,いくつかの正準変換とその応用について述べる.

b. 対角正準形

行列 $\boldsymbol{A}$ が相異なる n 個の固有値 $\lambda_1, \lambda_2, \cdots, \lambda_n$ を持つとき,このシステムは図3.5に示すように各固有値 λ_i, $(i=1, 2, \cdots, n)$ を持つ1次系の並列結合として表現することができる.このための変換行列 T は次のように誘導される.いま,固有値 λ_i に対する固有ベクトルを $\boldsymbol{v}_i$ とすると

$$\boldsymbol{A}\boldsymbol{v}_i=\lambda_i\boldsymbol{v}_i\tag{3.55}$$

この式から

$$\boldsymbol{A}(\boldsymbol{v}_1\boldsymbol{v}_2\cdots\boldsymbol{v}_n)=(\boldsymbol{v}_1\boldsymbol{v}_2\cdots\boldsymbol{v}_n)\begin{bmatrix}\lambda_1&0&0&\cdot&0\\0&\lambda_2&0&\cdot&\cdot\\0&0&\cdot&\cdot&\cdot\\\cdot&\cdot&\cdot&\cdot&0\\0&\cdot&\cdot&0&\lambda_n\end{bmatrix}\tag{3.56}$$

ここで

$$\boldsymbol{T}=(\boldsymbol{v}_1\boldsymbol{v}_2\cdots\boldsymbol{v}_n)\tag{3.57}$$

$$\boldsymbol{\Lambda}=\begin{bmatrix}\lambda_1&0&0&\cdot&0\\0&\lambda_2&0&\cdot&\cdot\\0&0&\cdot&\cdot&\cdot\\\cdot&\cdot&\cdot&\cdot&0\\0&\cdot&\cdot&0&\lambda_n\end{bmatrix}\tag{3.58}$$

とおくと,式(3.56)は

$$\boldsymbol{A}\boldsymbol{T}=\boldsymbol{T}\boldsymbol{\Lambda}\tag{3.59}$$

と表すことができる．式(3.59)の両辺に左から $\boldsymbol{T}^{-1}$ を掛けて

$$\boldsymbol{T}^{-1}\boldsymbol{A}\boldsymbol{T}=\boldsymbol{\Lambda} \tag{3.60}$$

すなわち，座標変換式(3.42)において変換行列 $\boldsymbol{T}$ を式(3.57)とすれば，変換されたシステム式(3.44)は

$$\dot{\boldsymbol{z}}(t)=\boldsymbol{\Lambda}\boldsymbol{z}(t)+\tilde{\boldsymbol{b}}u(t) \tag{3.61 a}$$

$$y(t)=\tilde{\boldsymbol{c}}^T\boldsymbol{z}(t) \tag{3.61 b}$$

と表される．ただし，システムは1入力1出力系すなわち，$\boldsymbol{B}=\boldsymbol{b}$ および $\boldsymbol{C}=\boldsymbol{c}^T$ とし，式(3.44)において

$$\tilde{\boldsymbol{A}}\equiv\boldsymbol{\Lambda} \tag{3.62}$$

である．

【例題 3.5】 $(\boldsymbol{A}, \boldsymbol{B}, \boldsymbol{C})$ が次で与えられるシステムを対角正準形に変換せよ．

$$\boldsymbol{A}=\begin{bmatrix}-2 & 0\\ 1 & -1\end{bmatrix},\quad \boldsymbol{B}=\begin{bmatrix}2\\ 0\end{bmatrix},\quad \boldsymbol{C}=(0\quad 1) \tag{3.63}$$

［解］ まず固有値と固有ベクトルを求める．

$$|\lambda\boldsymbol{I}-\boldsymbol{A}|=\begin{vmatrix}\lambda+2 & 0\\ -1 & \lambda+1\end{vmatrix}=(\lambda+2)(\lambda+1)=0 \text{ より}$$
$$\lambda_1=-1,\quad \lambda_2=-2 \tag{3.64}$$

λ_1, λ_2 に対する固有ベクトルを $\boldsymbol{v}_1, \boldsymbol{v}_2$ とすると

$$\boldsymbol{A}\boldsymbol{v}_1=-\boldsymbol{v}_1 \text{ より } \boldsymbol{v}_1=\begin{bmatrix}0\\ 1\end{bmatrix} \tag{3.65 a}$$

$$\boldsymbol{A}\boldsymbol{v}_2=-2\boldsymbol{v}_2 \text{ より } \boldsymbol{v}_2=\begin{bmatrix}1\\ -1\end{bmatrix} \tag{3.65 b}$$

を得る(固有ベクトルの大きさは決まらない)．したがって，式(3.57)より

$$\boldsymbol{T}=\begin{bmatrix}0 & 1\\ 1 & -1\end{bmatrix},\quad \boldsymbol{T}^{-1}=\begin{bmatrix}1 & 1\\ 1 & 0\end{bmatrix} \tag{3.66}$$

式(3.45)より，変換されたシステムの係数行列$(\tilde{\boldsymbol{A}}, \tilde{\boldsymbol{B}}, \tilde{\boldsymbol{C}})$は

$$\tilde{\boldsymbol{A}}=\boldsymbol{T}^{-1}\boldsymbol{A}\boldsymbol{T}=\begin{bmatrix}1 & 1\\ 1 & 0\end{bmatrix}\begin{bmatrix}-2 & 0\\ 1 & -1\end{bmatrix}\begin{bmatrix}0 & 1\\ 1 & -1\end{bmatrix}=\begin{bmatrix}-1 & 0\\ 0 & -2\end{bmatrix}$$

$$\tilde{\boldsymbol{B}}=\boldsymbol{T}^{-1}\boldsymbol{B}=\begin{bmatrix}1 & 1\\ 1 & 0\end{bmatrix}\begin{bmatrix}2\\ 0\end{bmatrix}=\begin{bmatrix}2\\ 2\end{bmatrix},\quad \tilde{\boldsymbol{C}}=\boldsymbol{C}\boldsymbol{T}=(0\quad 1)\begin{bmatrix}0 & 1\\ 1 & -1\end{bmatrix}=(1\quad -1)$$

(3.67) ■

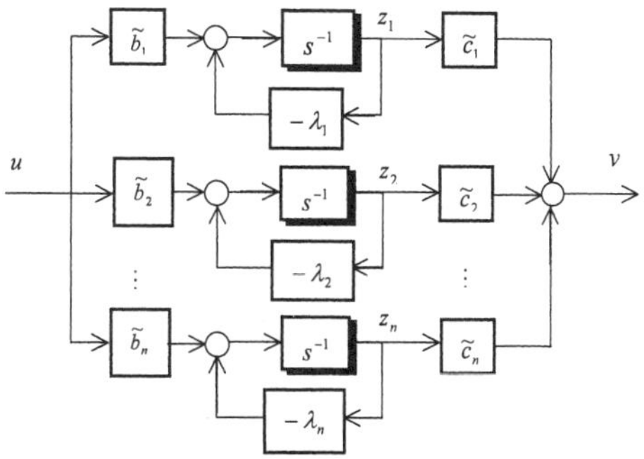

図 3.5 対角正準形

図 3.5 は式 (3.61) のブロック線図であるが，各状態変数 $z_i(t)$ と $z_j(t)$, $(i \neq j)$ は非干渉化されている．したがって，システムの挙動の概要が容易に把握できるという利点がある．状態変数 $z_i(t)$ の初期値 $z_i(0)$ に対する自由応答は

$$z_i(t) = e^{\lambda_i t} z_i(0) \tag{3.68}$$

で与えられ，これを第 i モードという．式 (3.55) から明らかなように

$$\dot{\boldsymbol{v}}_i(t) = \boldsymbol{A}\boldsymbol{v}_i(t) = \lambda_i \boldsymbol{v}_i(t) \tag{3.69}$$

であるから，初期状態が固有ベクトル上にとられた場合の自由応答は固有ベクトル上を運動する．また，可制御性はすべてのモードが制御できることであるが，この可制御性条件は図 3.5 より明らかなように

$$\tilde{b}_i \neq 0 \quad (i = 1, 2, \cdots, n) \tag{3.70}$$

で置き換えることができる．同様に対角変換系式 (3.61) の可観測性条件は

$$\tilde{c}_i \neq 0 \quad (i = 1, 2, \cdots, n) \tag{3.71}$$

となる．あるモード j に対して $\tilde{b}_j = 0\,(1 \leq j \leq n)$ の場合，そのモードは不可制御となる．同様に $\tilde{c}_j = 0$ の場合，第 j モードは不可観測となる．

c. 可制御正準形

伝達関数が

$$G(s) = \frac{h_n s^{n-1} + \cdots + h_2 s + h_1}{s^n + a_n s^{n-1} + \cdots + a_2 s + a_1} \tag{3.72}$$

で与えられる一般的なシステムのシステム方程式を求めよう．先に述べたようにシステム方程式は変換行列 $\boldsymbol{T}$ の選定によって種々に表現されるが，とくに極配置などの設計に便利な形のシステム表現として可制御正準形がある．図 3.6 は，可制御正準形式で表現したシステムのブロック線図であり，その伝達関数は式(3.72)と同一であることが確かめられる．図中に示すように各積分器出力に状態変数を対応させることによって，状態方程式および出力方程式は，

$$\begin{bmatrix} \dot{x}_1(t) \\ \dot{x}_2(t) \\ \cdot \\ \cdot \\ \dot{x}_n(t) \end{bmatrix} = \begin{bmatrix} 0 & 1 & 0 & \cdot & 0 \\ 0 & 0 & 1 & \cdot & \cdot \\ 0 & 0 & \cdot & \cdot & \cdot \\ \cdot & \cdot & \cdot & \cdot & 1 \\ -a_1 & -a_2 & \cdot & \cdot & -a_n \end{bmatrix} \begin{bmatrix} x_1(t) \\ x_2(t) \\ \cdot \\ \cdot \\ x_n(t) \end{bmatrix} + \begin{bmatrix} 0 \\ 0 \\ \cdot \\ \cdot \\ 1 \end{bmatrix} u(t) \tag{3.73 a}$$

$$\equiv \boldsymbol{A}_c \boldsymbol{x}(t) + \boldsymbol{b}_c u(t)$$

$$y(t) = (h_1 h_2 \cdots h_n) \begin{bmatrix} x_1(t) \\ x_2(t) \\ \cdot \\ \cdot \\ x_n(t) \end{bmatrix} \equiv \boldsymbol{c}_c{}^T \boldsymbol{x}(t) \tag{3.73 b}$$

と表すことができる．一般的なシステム式(3.5)の可制御正準形への変換行列 $\boldsymbol{T}_c$ は

$$\boldsymbol{T}_c = \boldsymbol{M}_c \boldsymbol{W} \tag{3.74}$$

で与えられる．ただし，$\boldsymbol{W}$ は特性多項式の係数を用いて

$$\boldsymbol{W} = \begin{bmatrix} a_2 & a_3 & \cdot & \cdot & a_n & 1 \\ a_3 & & & & 1 & \\ \cdot & & & \cdot & & \\ \cdot & & \cdot & & & \\ a_n & 1 & & & \boldsymbol{0} & \\ 1 & & & & & \end{bmatrix} \tag{3.75}$$

で与えられる行列である（補遺 3.3.3 項参照）．

【例題 3.6】 図 3.6 の伝達関数が式(3.72)となることを誘導せよ．

［解］ 図中の第 n 番目の積分器出力 $x_1(t)$ を $w(t)$ とすると $x_i(t) = s^{i-1}w(t)$, $(i=1, 2, \cdots, n)$ となり，図中の左端の加え合わせ点の入出力は

$$s^n w(t) = u(t) - (a_n s^{n-1} + \cdots + a_2 s + a_1) w(t) \tag{3.76}$$

ただし，式(3.76)における“s”は微分演算子とする．また，出力 $y(t)$ は

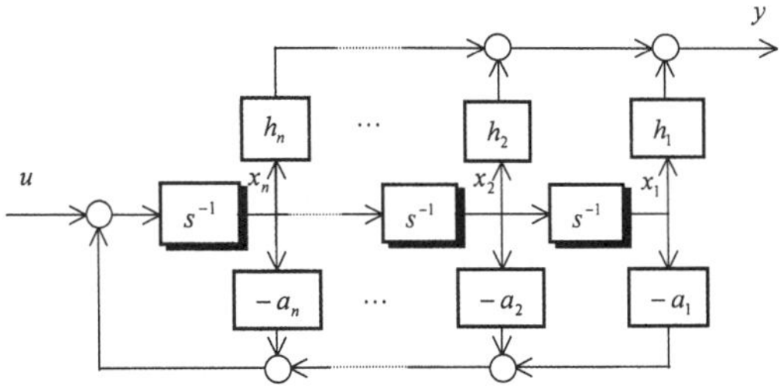

図 3.6 可制御正準形

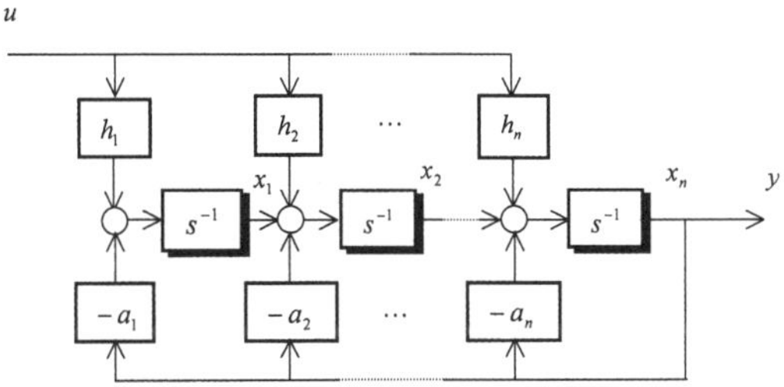

図 3.7 可観測正準形

$$y(t)=(h_n s^{n-1}+\cdots+h_2 s+h_1)w(t) \tag{3.77}$$

となる．式(3.76), (3.77)をラプラス変換して $W(s)$ を消去すると

$$\frac{Y(s)}{U(s)}=G(s)\equiv \text{式}\,(3.72)$$ ■

d. 可観測正準形

図 3.7 は前記と同様，式(3.72)の伝達関数に対する可観測正準形と呼ばれるシステムモデルのブロック線図である．各積分器出力を図中に示す状態変数 x_i $(i=1, 2, \cdots, n)$ で定義すると

$$\begin{bmatrix} \dot{x}_1(t) \\ \dot{x}_2(t) \\ \cdot \\ \cdot \\ \dot{x}_n(t) \end{bmatrix}=\begin{bmatrix} 0 & \cdots & & 0 & -a_1 \\ 1 & & & \vdots & -a_2 \\ 0 & \ddots & & & \vdots \\ \vdots & \ddots & \ddots & 0 & \\ 0 & \cdots & 0 & 1 & -a_n \end{bmatrix}\begin{bmatrix} x_1(t) \\ x_2(t) \\ \vdots \\ \\ x_n(t) \end{bmatrix}+\begin{bmatrix} h_1 \\ h_2 \\ \vdots \\ \\ h_n \end{bmatrix}u(t)$$

$$\equiv \boldsymbol{A}_0\boldsymbol{x}(t)+\boldsymbol{b}_o u(t) \tag{3.78 a}$$

$$y(t)=(0\ \cdots\ 0\ \ 1)\begin{bmatrix} x_1(t) \\ x_2(t) \\ \vdots \\ x_n(t) \end{bmatrix} \equiv \boldsymbol{c}_o{}^T\boldsymbol{x}(t) \tag{3.78 b}$$

となる．一般的なシステム式 (3.5) の可観測正準形への変換行列 $\boldsymbol{T}_o$ は

$$\boldsymbol{T}_o=(\boldsymbol{W}\boldsymbol{M}_o)^{-1} \tag{3.79}$$

で与えられる (補遺 3.3.4 項参照).

【例題 3.7】 $\boldsymbol{A}=\begin{bmatrix} 0 & 1 \\ -2 & -3 \end{bmatrix}$, $\boldsymbol{B}=\begin{bmatrix} 0 \\ 1 \end{bmatrix}$, $\boldsymbol{C}=(1\ \ 2)$ で与えられるシステム方程式を可観測正準形に変換せよ．

［解］

$$\boldsymbol{M}_o=\begin{bmatrix} \boldsymbol{C} \\ \boldsymbol{C}\boldsymbol{A} \end{bmatrix}=\begin{bmatrix} 1 & 2 \\ -4 & -5 \end{bmatrix},\ \boldsymbol{W}=\begin{bmatrix} a_2 & 1 \\ 1 & 0 \end{bmatrix}=\begin{bmatrix} 3 & 1 \\ 1 & 0 \end{bmatrix} \tag{3.80}$$

式 (3.79) より

$$\begin{aligned} \boldsymbol{T}_o=(\boldsymbol{W}\boldsymbol{M}_o)^{-1}&=\left\{\begin{bmatrix} 3 & 1 \\ 1 & 0 \end{bmatrix}\begin{bmatrix} 1 & 2 \\ -4 & -5 \end{bmatrix}\right\}^{-1} \\ &=\begin{bmatrix} -1 & 1 \\ 1 & 2 \end{bmatrix}^{-1}=\frac{1}{3}\begin{bmatrix} -2 & 1 \\ 1 & 1 \end{bmatrix} \end{aligned} \tag{3.81}$$

式 (3.45) より，変換されたシステムの係数行列 $(\widetilde{\boldsymbol{A}}, \widetilde{\boldsymbol{B}}, \widetilde{\boldsymbol{C}})$ は

$$\widetilde{\boldsymbol{A}}=\boldsymbol{T}_o{}^{-1}\boldsymbol{A}\boldsymbol{T}_o=\frac{1}{3}\begin{bmatrix} -1 & 1 \\ 1 & 2 \end{bmatrix}\begin{bmatrix} 0 & 1 \\ -2 & -3 \end{bmatrix}\begin{bmatrix} -2 & 1 \\ 1 & 1 \end{bmatrix}=\begin{bmatrix} 0 & -2 \\ 1 & -3 \end{bmatrix}$$

$$\widetilde{\boldsymbol{B}}=\boldsymbol{T}_o{}^{-1}\boldsymbol{B}=\begin{bmatrix} -1 & 1 \\ 1 & 2 \end{bmatrix}\begin{bmatrix} 0 \\ 1 \end{bmatrix}=\begin{bmatrix} 1 \\ 2 \end{bmatrix},\quad \widetilde{\boldsymbol{C}}=\boldsymbol{C}\boldsymbol{T}_o=\frac{1}{3}(1\ \ 2)\begin{bmatrix} -2 & 1 \\ 1 & 1 \end{bmatrix}=(0\ \ 1)$$

$$\tag{3.82}$$ ■

3.2　状態方程式に基づく制御理論

システムの状態が外乱などの影響によって変動するとき，状態を常にその平衡点に保持するように動作する制御系をレギュレータと呼ぶ．状態の平衡点への収束速度はレギュレータの極に依存するが，希望する極配置を実現するレギュレータ設計問題を極配置問題と呼ぶ．また，設計される制御系のよさを状態や操作量

の関数で評価して，評価を最適にするような制御系設計問題を最適制御問題と呼ぶ．本節ではこのような制御系の設計理論について学習する．

3.2.1　状態フィードバックによる極配置

設計するレギュレータの平衡点は原点としても理論的な一般性は失われないが，応用の便を考慮して，ステップ状目標値に追従させる0型サーボ系の極配置問題を取り上げることにする．図3.8は設計する状態フィードバック制御系の構成を示したものである．制御対象は

$$\dot{\boldsymbol{x}}(t)=\boldsymbol{A}\boldsymbol{x}(t)+\boldsymbol{b}u(t) \tag{3.83 a}$$

$$y(t)=\boldsymbol{c}^T\boldsymbol{x}(t) \tag{3.83 b}$$

で記述される可制御な1入力1出力系とする．システムの伝達関数 $G(s)$ は

$$\frac{Y(s)}{U(s)}=G(s)=\boldsymbol{c}^T(s\boldsymbol{I}-\boldsymbol{A})^{-1}\boldsymbol{b} \tag{3.84 a}$$

$$=\frac{h_n s^{n-1}+\cdots+h_2 s+h_1}{s^n+a_n s^{n-1}+\cdots+a_2 s+a_1}=\frac{N(s)}{D(s)} \tag{3.84 b}$$

のように求めることができる．ただし，$h_1\neq0$ すなわち，$N(s)$ は原点に零点を持たないものとする．システムの極は特性方程式

$$D(s)=s^n+a_n s^{n-1}+\cdots+a_2 s+a_1=0 \tag{3.85}$$

の根で与えられる．いま，配置すべき希望の極を $\lambda_i=\lambda_i^*$ $(i=1, 2, \cdots, n)$ とすると，希望する特性方程式は

$$D^*(s)=(s-\lambda^*_1)(s-\lambda^*_2)\cdots+(s-\lambda^*_n)$$

$$=s^n+a^*_n s^{n-1}+\cdots+a^*_2 s+a^*_1=0 \tag{3.86}$$

となる．n 次元のゲインベクトル $\boldsymbol{f}$ を $\boldsymbol{f}^T=(f_1, f_2, \cdots, f_n)$ として，システム式(3.83 a)に

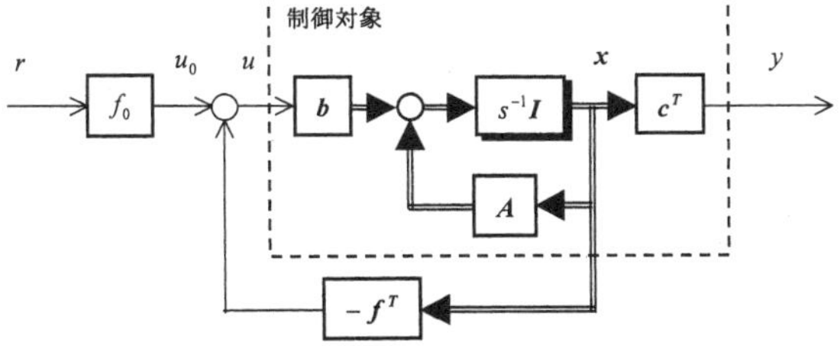

図3.8　状態フィードバックによる極配置（0型系）

$$u(t)=u_0(t)-\boldsymbol{f}^T\boldsymbol{x}(t) \tag{3.87}$$

なる状態フィードバックを施せば

$$\begin{aligned}\dot{\boldsymbol{x}}(t)&=\boldsymbol{A}\boldsymbol{x}(t)+\boldsymbol{b}\{u_0(t)-\boldsymbol{f}^T\boldsymbol{x}(t)\}\\&=(\boldsymbol{A}-\boldsymbol{b}\boldsymbol{f}^T)\boldsymbol{x}(t)+\boldsymbol{b}u_0(t)\\&\equiv\boldsymbol{A}_f\boldsymbol{x}(t)+\boldsymbol{b}u_0(t)\end{aligned} \tag{3.88}$$

となる．式(3.87)における $u_0(t)$ は外部入力であり，出力 $y(t)$ をステップ状の目標値 $r(t)$ に追従させるサーボ系の場合には，適当なゲイン f_0 を用いて

$$u_0(t)=f_0r(t) \tag{3.89}$$

と設定する．以上より，極配置問題は式(3.88)のシステム行列 $\boldsymbol{A}_f$ の特性多項式が式(3.86)の $D^*(s)$ に一致するようなフィードバックゲインベクトル $\boldsymbol{f}$ と，出力の定常値を目標値に一致させるゲイン f_0 を求める問題となる．

いま，システム式(3.83 a)を式(3.74)の変換行列 $\boldsymbol{T}_c$ を用いて

$$\boldsymbol{x}(t)=\boldsymbol{T}_c\boldsymbol{z}(t) \tag{3.90}$$

と変換すると，可制御正準形

$$\dot{\boldsymbol{z}}(t)=\boldsymbol{A}_c\boldsymbol{z}(t)+\boldsymbol{b}_cu(t) \tag{3.91 a}$$

$$y(t)=\boldsymbol{c}_c{}^T\boldsymbol{z}(t) \tag{3.91 b}$$

となる．ここに

$$\boldsymbol{A}_c=\begin{bmatrix}0&1&0&\cdots&0\\0&0&1&&\vdots\\\vdots&&\ddots&\ddots&0\\0&&&0&1\\-a_1&-a_2&\cdot&\cdot&-a_n\end{bmatrix}=\begin{bmatrix}\boldsymbol{0}\ \vdots\ \boldsymbol{I}_{n-1}\\\cdots\cdots\cdots\cdots\\-\boldsymbol{a}^T\end{bmatrix} \tag{3.92 a}$$

$$\boldsymbol{b}_c=\begin{bmatrix}0\\\cdot\\\cdot\\0\\1\end{bmatrix} \quad (3.92\,\mathrm{b}),\qquad \boldsymbol{c}_c=\boldsymbol{h}=\begin{bmatrix}h_1\\h_2\\\cdot\\\cdot\\h_n\end{bmatrix} \quad (3.92\,\mathrm{c})$$

である．ただし，式(3.92 a)において $\boldsymbol{I}_{n-1}$ は $n-1$ 次元の単位行列，$\boldsymbol{a}$ は $\boldsymbol{a}_i$ $(i=1,2,\cdots,n)$ を要素とする n 次元ベクトルとする．可制御正準形では，システム行列 $\boldsymbol{A}_c$ の最下行の要素 a_i は特性方程式(3.85)における s^{i-1} の係数と一致する．式(3.87)の状態フィードバックは，可制御正準形では $\boldsymbol{f}^T\boldsymbol{x}=\boldsymbol{f}^T\boldsymbol{T}_cz$ である

から

$$\boldsymbol{f}_c^T = \boldsymbol{f}^T \boldsymbol{T}_c \tag{3.93}$$

とおいて

$$u(t) = u_0(t) - \boldsymbol{f}_c^T \boldsymbol{z}(t) \tag{3.94}$$

となる．この制御を式(3.91 a)に適用すれば

$$\dot{z}(t) = \boldsymbol{A}_{cf} z(t) + \boldsymbol{b}_c u_0(t) \tag{3.95}$$

を得る．ここに

$$\boldsymbol{A}_{cf} = \boldsymbol{A}_c - \boldsymbol{b}_c \boldsymbol{f}_c^T = \begin{bmatrix} 0 & \vdots & \boldsymbol{I}_{n-1} \\ \cdots & \cdots & \cdots \\ & -(\boldsymbol{a} + \boldsymbol{f}_c)^T & \end{bmatrix} \tag{3.96}$$

である．したがって，行列 $\boldsymbol{A}_{cf}$ の特性多項式が式(3.61) $D^*(s)$ に一致するためには

$$\boldsymbol{a} + \boldsymbol{f}_c = \boldsymbol{a}^* \tag{3.97}$$

より

$$\boldsymbol{f}_c = \boldsymbol{a}^* - \boldsymbol{a} \tag{3.98}$$

となる．ただし，$\boldsymbol{a}^*$ は理想特性多項式 $D^*(s)$ の係数を要素とする n 次元ベクトルである．結局，希望の極配置を与えるフィードバックゲインは，式(3.93)より

$$\boldsymbol{f}^T = \boldsymbol{f}_c^T \boldsymbol{T}_c^{-1} \tag{3.99}$$

となる．また f_0 は次のようにして求めることができる．状態フィードバック制御系の伝達関数 $G_f(s)$ は

$$G_f(s) = \boldsymbol{c}^T (s\boldsymbol{I} - \boldsymbol{A}_f)^{-1} \boldsymbol{b} \tag{3.100}$$

で与えられるので，$G_f(s)$ の定常ゲインは

$$G_f(0) = -\boldsymbol{c}^T \boldsymbol{A}_f^{-1} \boldsymbol{b} = \frac{h_1}{a^*_1} \tag{3.101}$$

となる．したがって

$$f_0 = \frac{1}{G_f(0)} = \frac{a^*_1}{h_1} \tag{3.102}$$

とすることによって，出力 $y(t)$ の定常値はステップ状目標値に一致する．

【例題 3.8】 システムの係数行列を

$$\boldsymbol{A} = \begin{bmatrix} -2 & 0 \\ 1 & -1 \end{bmatrix}, \quad \boldsymbol{b} = \begin{bmatrix} 2 \\ 0 \end{bmatrix}, \quad \boldsymbol{c} = \begin{bmatrix} 0 \\ 1 \end{bmatrix} \tag{3.103}$$

とする．ステップ状目標値 $r(t)$ に追従し，極を

$$\lambda_1{}^* = -3, \quad \lambda_2{}^* = -4 \tag{3.104}$$

に配置するための状態フィードバック系を設計せよ．

［解］ 制御対象の伝達関数は

$$\begin{aligned} G(s) &= \boldsymbol{c}^T(s\boldsymbol{I} - \boldsymbol{A})^{-1}\boldsymbol{b} \\ &= (0 \quad 1)\begin{bmatrix} s+2 & 0 \\ -1 & s+1 \end{bmatrix}^{-1}\begin{bmatrix} 2 \\ 0 \end{bmatrix} \\ &= \frac{2}{s^2+3s+2} \end{aligned} \tag{3.105}$$

したがって

$$D(s) = s^2+3s+2 \tag{3.106}$$

また，希望する極配置より

$$\begin{aligned} D^*(s) &= (s-\lambda_1{}^*)(s-\lambda_2{}^*) \\ &= (s+3)(s+4) = s^2+7s+12 \end{aligned} \tag{3.107}$$

式 (3.98)，(3.106)，(3.107) より

$$\begin{aligned} \boldsymbol{f}_c &= \boldsymbol{a}^* - \boldsymbol{a} \\ &= \begin{bmatrix} 12 \\ 7 \end{bmatrix} - \begin{bmatrix} 2 \\ 3 \end{bmatrix} = \begin{bmatrix} 10 \\ 4 \end{bmatrix} \end{aligned} \tag{3.108}$$

式 (3.102) より

$$f_0 = \frac{a_1{}^*}{h_1} = \frac{12}{2} = 6 \tag{3.109}$$

可制御形への変換行列 $\boldsymbol{T}_c$ は

$$\boldsymbol{M}_c = (\boldsymbol{b} \ \ \boldsymbol{A}\boldsymbol{b}) = \begin{bmatrix} 2 & -4 \\ 0 & 2 \end{bmatrix}, \quad \boldsymbol{W} = \begin{bmatrix} a_2 & 1 \\ 1 & 0 \end{bmatrix} = \begin{bmatrix} 3 & 1 \\ 1 & 0 \end{bmatrix}$$

であるから，式 (3.74) より

$$\boldsymbol{T}_c = \boldsymbol{M}_c\boldsymbol{W} = \begin{bmatrix} 2 & -4 \\ 0 & 2 \end{bmatrix}\begin{bmatrix} 3 & 1 \\ 1 & 0 \end{bmatrix} = \begin{bmatrix} 2 & 2 \\ 2 & 0 \end{bmatrix} \tag{3.110}$$

式 (3.99) を適用して元のシステムに対するフィードバックゲインは

$$\boldsymbol{f}^T = \boldsymbol{f}_c{}^T\boldsymbol{T}_c{}^{-1} = (10 \quad 4)\frac{1}{2}\begin{bmatrix} 0 & 1 \\ 1 & -1 \end{bmatrix} = (2 \quad 3) \tag{3.111}$$

以上により設計された制御系の構成を図 3.9 に示す． ■

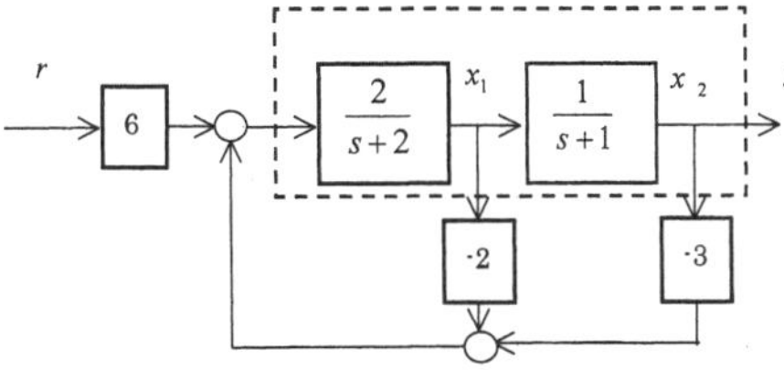

図 3.9　例題 3.8 の制御系

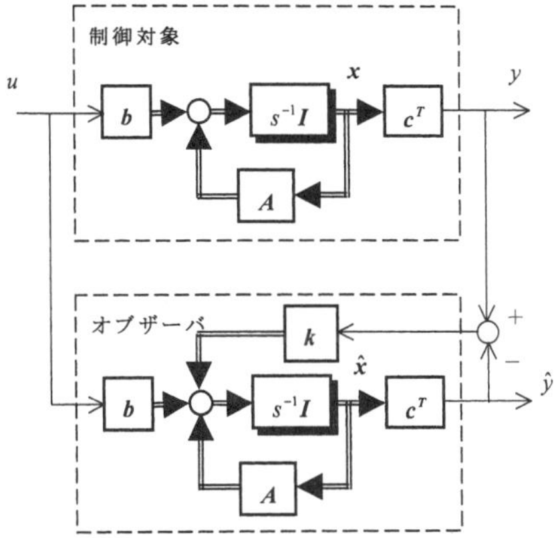

図 3.10　状態オブザーバ

3.2.2　オブザーバとその応用

前項ではすべての状態変数が利用できることを前提として，状態フィードバックによる極配置問題を考えた．この前提条件は最適制御の場合も必要となる．しかしながら，一般にシステムのすべての状態変数を直接測定することは困難な場合が多い．そこで，直接測定できる入力と出力の観測値を元にしてシステムの状態変数を推定する状態観測器（オブザーバ）が考案された．本項ではオブザーバの構成原理と，オブザーバを用いた制御系の特性について学習する．

a.　オブザーバの構成

図 3.10 は 1 入力 1 出力の制御対象とその状態オブザーバの構成を示したもので，制御対象は可観測とする．図より，オブザーバのシステム方程式は

$$\dot{\hat{\boldsymbol{x}}}(t)=\boldsymbol{A}\hat{\boldsymbol{x}}(t)+\boldsymbol{b}u(t)+\boldsymbol{k}\{y(t)-\hat{y}(t)\} \tag{3.112 a}$$

$$\hat{y}(t)=\boldsymbol{c}^T\hat{\boldsymbol{x}}(t) \tag{3.112 b}$$

となる．ここに，$\hat{\boldsymbol{x}}(t)$ は $\boldsymbol{x}(t)$ の推定値であり，$\boldsymbol{k}$ は n 次元のオブザーバゲイ

ン $\boldsymbol{k}^T=(k_1 k_2 \cdots k_n)$ である．状態推定誤差 $\boldsymbol{e}(t)$ は

$$\boldsymbol{e}(t)\equiv\boldsymbol{x}(t)-\hat{\boldsymbol{x}}(t) \tag{3.113}$$

で与えられるが

$$\lim_{t\to\infty}\boldsymbol{e}(t)=0 \tag{3.114}$$

を満足するとき式(3.112)はシステム式(3.83)に対するオブザーバであるという．式(3.83 a)から式(3.112 a)を引き，それに出力方程式(3.83 b)，(3.112 b)を適用して整理すると，推定誤差は微分方程式

$$\dot{\boldsymbol{e}}(t)=(\boldsymbol{A}-\boldsymbol{k}\boldsymbol{c}^T)\boldsymbol{e}(t)=\boldsymbol{A}_k\boldsymbol{e}(t) \tag{3.115}$$

を満足することがわかる．したがって，式(3.114)が成立するためには $\boldsymbol{A}_k$ の特性多項式($D_k(s)$ とする)が安定であればよい．つぎに $D_k(s)$ を，任意に指定した極を持つ特性多項式 $D^*(s)$ に一致させるオブザーバゲイン $\boldsymbol{k}$ の決定法を考えよう．式(3.115)を式(3.79)の変換行列 $\boldsymbol{T}_o$ を用いて

$$\boldsymbol{e}(t)=\boldsymbol{T}_o\boldsymbol{\varepsilon}(t) \tag{3.116}$$

と変換すると

$$\begin{aligned}\dot{\boldsymbol{\varepsilon}}(t)&=\boldsymbol{T}_o^{-1}(\boldsymbol{A}-\boldsymbol{k}\boldsymbol{c}^T)\boldsymbol{T}_o\boldsymbol{\varepsilon}(t)\\&=(\boldsymbol{T}_o^{-1}\boldsymbol{A}\boldsymbol{T}_o-\boldsymbol{T}_o^{-1}\boldsymbol{k}\boldsymbol{c}^T\boldsymbol{T}_o)\boldsymbol{\varepsilon}(t)\\&=(\boldsymbol{A}_o-\boldsymbol{k}_o\boldsymbol{c}_o^T)\boldsymbol{\varepsilon}(t)\end{aligned} \tag{3.117}$$

ただし

$$\boldsymbol{A}_o=\boldsymbol{T}_o^{-1}\boldsymbol{A}\boldsymbol{T}_o=\begin{bmatrix}\boldsymbol{0}^T & \\ \cdots & \vdots -\boldsymbol{a}\\ \boldsymbol{I}_{n-1} & \end{bmatrix} \tag{3.118 a}$$

$$\boldsymbol{k}_o=\boldsymbol{T}_o^{-1}\boldsymbol{k} \tag{3.118 b}$$

$$\boldsymbol{c}_o^T=\boldsymbol{c}^T\boldsymbol{T}_o=(0\ \cdots\ 0\quad 1) \tag{3.118 c}$$

したがって

$$\boldsymbol{A}_{ok}=(\boldsymbol{A}_o-\boldsymbol{k}_o\boldsymbol{c}_o^T)=\begin{bmatrix}\boldsymbol{0}^T & \\ \cdots & \vdots -(\boldsymbol{a}+\boldsymbol{k}_0)\\ \boldsymbol{I}_{n-1} & \end{bmatrix} \tag{3.119}$$

これより $\boldsymbol{A}_{ok}$ の特性多項式(これは $\boldsymbol{A}_k$ の特性多項式 $D_k(s)$ と等しい)を計算すると

$$D_k(s)=s^n+(a_n+k_{o,n})s^{n-1}+\cdots+(a_2+k_{o,2})s+(a_1+k_{o,1}) \tag{3.120}$$

いま，配置すべき希望の極を $\lambda_i=\lambda_i^*$ $(i=1, 2, \cdots, n)$ とすると $D^*(s)$ は式 (3.86) と同一となる．したがって，$D_k(s)=D^*(s)$ より

$$\boldsymbol{a}+\boldsymbol{k}_o=\boldsymbol{a}^* \tag{3.121}$$

となり，

$$\boldsymbol{k}_o=\boldsymbol{a}^*-\boldsymbol{a} \tag{3.122}$$

を得る．$\boldsymbol{k}$ は式 (3.118 b) より

$$\boldsymbol{k}=\boldsymbol{T}_o\boldsymbol{k}_o \tag{3.123}$$

となる．このゲインを用いた式 (3.112) のオブザーバによれば，状態推定誤差の減衰速度は指定した極によって決定されることになる．

【例題 3.9】 対象のシステムパラメータを，例題 3.8 と同一とする．極を

$$\lambda_1^*=\lambda_2^*=-10 \tag{3.124}$$

とするオブザーバを設計せよ．

［解］ 希望する極配置より

$$D^*(s)=(s+10)^2=s^2+20s+100 \tag{3.125}$$

例題 3.8 で求めた制御対象の特性多項式式 (3.106) と，上式から $\boldsymbol{a}$ および $\boldsymbol{a}^*$ が求まるので，これを式 (3.122) に適用し

$$\begin{aligned}\boldsymbol{k}_o&=\boldsymbol{a}^*-\boldsymbol{a}\\&=\begin{bmatrix}100\\20\end{bmatrix}-\begin{bmatrix}2\\3\end{bmatrix}=\begin{bmatrix}98\\17\end{bmatrix}\end{aligned} \tag{3.126}$$

可観測正準形への変換行列 $\boldsymbol{T}_o$ は

$$\boldsymbol{M}_o=\begin{bmatrix}\boldsymbol{c}^T\\\boldsymbol{c}^T\boldsymbol{A}\end{bmatrix}=\begin{bmatrix}0&1\\1&-1\end{bmatrix} \tag{3.127 a}$$

$$\boldsymbol{W}=\begin{bmatrix}a_2&1\\1&0\end{bmatrix}=\begin{bmatrix}3&1\\1&0\end{bmatrix} \tag{3.127 b}$$

であるから，式 (3.79) より

$$\boldsymbol{T}_o=(\boldsymbol{W}\boldsymbol{M}_o)^{-1}=\left[\begin{bmatrix}3&1\\1&0\end{bmatrix}\begin{bmatrix}0&1\\1&-1\end{bmatrix}\right]^{-1}=\begin{bmatrix}0&-2\\0&1\end{bmatrix} \tag{3.128}$$

式 (3.126) を式 (3.123) に適用して

$$\boldsymbol{k}=\boldsymbol{T}_o\boldsymbol{k}_o=\begin{bmatrix}1&-2\\0&1\end{bmatrix}\begin{bmatrix}98\\17\end{bmatrix}=\begin{bmatrix}64\\17\end{bmatrix} \tag{3.129}$$

以上により設計されたオブザーバの構成を図 3.11 に示す．　■

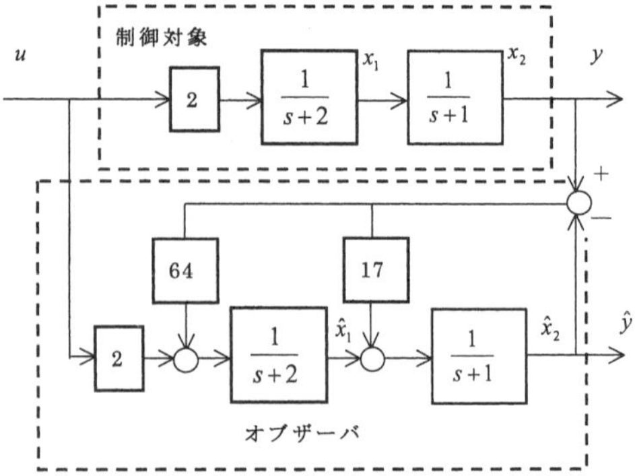

図 3.11　例題 3.8 のオブザーバ

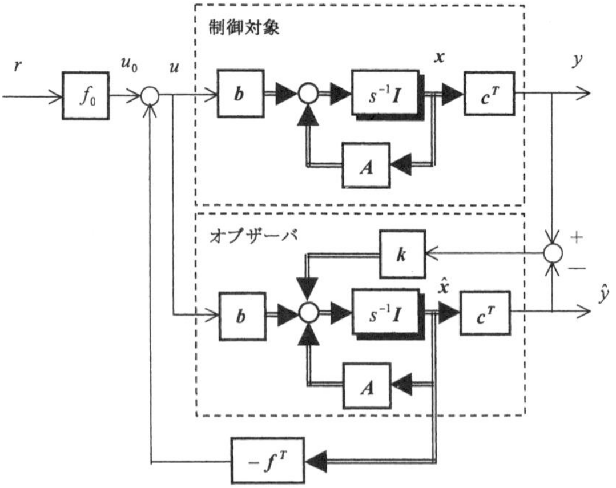

図 3.12　状態推定値を用いた制御系の構成

b.　オブザーバを用いた制御系の特性

状態フィードバック制御系を構成する場合，状態変数が直接測定できないときにはオブザーバによる状態推定値を利用する．この場合の制御系の構成は，図 3.8 および図 3.10 より，図 3.12 となる．図 3.12 における操作量は

$$\begin{aligned} u &= u_0 - \boldsymbol{f}^T\hat{\boldsymbol{x}}(t) \\ &= u_0 - \boldsymbol{f}^T\boldsymbol{x}(t) + \boldsymbol{f}^T\boldsymbol{e}(t) \end{aligned} \tag{3.130}$$

となる．$\boldsymbol{e}(t)$ は状態推定誤差 ($\boldsymbol{e}(t) = \boldsymbol{x}(t) - \hat{\boldsymbol{x}}(t)$) であり，微分方程式 (3.115) を満足する．したがって状態推定値を用いる制御系図 3.12 のシステム方程式は

$$\begin{bmatrix}\dot{\boldsymbol{x}}(t)\\ \dot{\boldsymbol{e}}(t)\end{bmatrix}=\begin{bmatrix}\boldsymbol{A}_f & \boldsymbol{b}\boldsymbol{f}^T\\ \boldsymbol{0} & \boldsymbol{A}_k\end{bmatrix}\begin{bmatrix}\boldsymbol{x}(t)\\ \boldsymbol{e}(t)\end{bmatrix}+\begin{bmatrix}\boldsymbol{b}\\ \boldsymbol{0}\end{bmatrix}u_r(t) \tag{3.131 a}$$

$$y(t)=(\boldsymbol{c}^T \quad \boldsymbol{0}^T)\begin{bmatrix}\boldsymbol{x}(t)\\ \boldsymbol{e}(t)\end{bmatrix} \tag{3.131 b}$$

となる．式(3.131 a)の特性多項式を $D_{fk}(s)$ とすると

$$\begin{aligned}D_{fk}(s)&=\left|s\boldsymbol{I}_{2n}-\begin{bmatrix}\boldsymbol{A}_f & \boldsymbol{b}\boldsymbol{f}^T\\ \boldsymbol{0} & \boldsymbol{A}_k\end{bmatrix}\right|=\begin{vmatrix}s\boldsymbol{I}-\boldsymbol{A}_f & -\boldsymbol{b}\boldsymbol{f}^T\\ \boldsymbol{0} & s\boldsymbol{I}-\boldsymbol{A}_k\end{vmatrix}\\ &=|s\boldsymbol{I}-\boldsymbol{A}_f|\cdot|s\boldsymbol{I}-\boldsymbol{A}_k|=D_f(s)\cdot D_k(s)\end{aligned} \tag{3.132}$$

ただし，式(3.132)において，$\boldsymbol{I}_{2n}$ は $2n$ 次元の単位行列であり，$D_f(s)$ および $D_k(s)$ はそれぞれゲイン $\boldsymbol{f}$ を用いた状態フィードバック制御系図3.8およびゲイン $\boldsymbol{k}$ を用いたオブザーバ図3.10の特性多項式を示す．また，入力 u_0 から出力 y までの伝達関数は

$$\begin{aligned}G_{fk}(s)&=(\boldsymbol{c}^T \quad \boldsymbol{0}^T)\left[s\boldsymbol{I}_{2n}-\begin{bmatrix}\boldsymbol{A}_f & \boldsymbol{b}\boldsymbol{f}^T\\ \boldsymbol{0} & \boldsymbol{A}_k\end{bmatrix}\right]^{-1}\begin{bmatrix}\boldsymbol{b}\\ \boldsymbol{0}\end{bmatrix}\\ &=\boldsymbol{c}^T(s\boldsymbol{I}-\boldsymbol{A}_f)^{-1}\boldsymbol{b}\\ &=G_f(s)\end{aligned} \tag{3.133}$$

となり，状態が直接測定できる場合の伝達関数式(3.100)と一致する．式(3.131)の応答には状態推定誤差 $\boldsymbol{e}(t)$ に依存する成分が含まれるが，$\boldsymbol{e}(t)$ の減衰速度はオブザーバゲイン $\boldsymbol{k}$ を調節することによって任意に速くすることができるので，推定誤差が状態軌道に及ぼす影響は任意に小さくすることができる．オブザーバを使用した場合の制御応答が，状態が直接利用できる場合の応答と近似するためには，オブザーバの極 ($D_k(s)=0$ の根) は目的とする配置極 ($D_f(s)=0$ の根) より s 平面左側に配置する必要がある．

3.2.3　最 適 制 御

制御系のよさを評価関数と呼ばれる数式よって厳密に評価し，評価を最適とするような制御系設計問題を最適制御問題と呼ぶ．本項では一般的な評価関数を持つ最適制御問題の，動的計画法および最大原理による解法を学習する．

a.　動的計画法と最適レギュレータ

制御対象の状態方程式が式(3.134)で記述されており，制御のよさが式(3.135)の評価関数で評価される基本的な最適制御問題を考察する．

$$\dot{\boldsymbol{x}}=\boldsymbol{f}(\boldsymbol{x}, u) \tag{3.134}$$

$$J=L_0(\boldsymbol{x}, t_f)+\int_0^{t_f} L(\boldsymbol{x}, u)dt \rightarrow \min \tag{3.135}$$

上式において $\boldsymbol{x}$ や u は時間 t の関数であるが，以降の記述では特別な場合を除いて時間 t を省略する．動的計画法による最適制御の解法は最適性の原理に基づいている．

・**最適性の原理**： 初期にどのような操作量が用いられたとしても，残存区間の最適操作量は，初期操作量によって到達した状態に対して最適となる．

いま，制御区間 $[t, t_f]$ における評価関数の最小値 $V(\boldsymbol{x}(t), t)$ を

$$V(\boldsymbol{x}(t), t)\equiv\min_{u(\tau)}\left\{L_0(\boldsymbol{x}, t_f)+\int_t^{t_f} L(\boldsymbol{x}(\tau), u(\tau))d\tau\right\} \tag{3.136}$$

で定義する．区間 $[t, t_f]$ を $[t, \sigma]$ と $[\sigma, t_f]$ に分割して

$$\begin{aligned} V(\boldsymbol{x}(t), t)&\equiv\min_{u(\tau)}\left\{\int_t^{\sigma} L(\boldsymbol{x}(\tau), u(\tau))d\tau+\int_{\sigma}^{t_f} L(\boldsymbol{x}(\tau), u(\tau))d\tau+L_0(\boldsymbol{x}, t_f)\right\} \\ &=\min_{u(\tau)}\left\{\int_t^{\sigma} L(\boldsymbol{x}(\tau), u(\tau))d\tau+V(\boldsymbol{x}(\sigma), \sigma)\right\} \end{aligned} \tag{3.137}$$

ここで，$\sigma\rightarrow t$ すなわち，$(\sigma-t)=\delta t\rightarrow 0$ とすると

$$V(\boldsymbol{x}(t), t)\equiv\min_{u(\tau)}\lim_{\delta t\rightarrow 0}\{L(\boldsymbol{x}, u)\delta t+V(\boldsymbol{x}+\boldsymbol{f}(\boldsymbol{x}, u)\delta t, t+\delta t)\} \tag{3.138}$$

V の $\boldsymbol{x}$, t に関する微分可能性を仮定すると，式 (3.138) 右辺第 2 項は

$$V(\boldsymbol{x}+\boldsymbol{f}(\boldsymbol{x}, u)\delta t, t+\delta t)=V(\boldsymbol{x}, t)+\frac{\partial V(\boldsymbol{x}, t)^T}{\partial \boldsymbol{x}}\boldsymbol{f}(\boldsymbol{x}, u)\delta t+\frac{\partial V(\boldsymbol{x}, t)}{\partial t}\delta t \tag{3.139}$$

式 (3.139) を式 (3.138) に代入して整理すると

$$\min_u\left[\frac{\partial V(\boldsymbol{x}, t)^T}{\partial \boldsymbol{x}}\boldsymbol{f}(\boldsymbol{x}, u)+\frac{\partial V(\boldsymbol{x}, t)}{\partial t}+L(\boldsymbol{x}, u)\right]=0 \tag{3.140}$$

式 (3.140) を最小とする最適制御を $u=u^*$ とすると

$$\frac{\partial V(\boldsymbol{x}, t)^T}{\partial \boldsymbol{x}}\boldsymbol{f}(x, u^*)+\frac{\partial V(\boldsymbol{x}, t)}{\partial t}+L(\boldsymbol{x}, u^*)=0 \tag{3.141 a}$$

$$V(\boldsymbol{x}, t_f)=L_0(\boldsymbol{x}, t_f) \tag{3.141 b}$$

を得る．式 (3.141 a) をハミルトン・ヤコビ (Hamilton-Jacobi) の偏微分方程式と呼ぶ．$V(x, t)$ が x の関数として表現されているならば，式 (3.140) より u^* を求めることが可能となる．

制御対象と評価関数が

$$\dot{\boldsymbol{x}} = \boldsymbol{A}\boldsymbol{x} + \boldsymbol{b}u \tag{3.142}$$

$$J = \min_u \int_0^\infty (\boldsymbol{x}^T \boldsymbol{Q}\boldsymbol{x} + ru^2)dt \tag{3.143}$$

で与えられる最適制御問題を線形 2 次形式問題あるいは，最適レギュレータ問題と呼ぶ．式 (3.143) の $\boldsymbol{Q} \geq 0$ は状態偏差 (平衡点は原点とする) に対する荷重であり，$r>0$ は操作エネルギーに対する荷重である．一般に，操作量に対する荷重 r を小さくすると状態変数はより早く平衡点に収束するが，そのときに消費される操作エネルギーはより大きくなる．システムが線形で評価関数が状態と操作量に関する 2 次形式であるから，評価関数を最小とする最適操作量は状態の線形関数となり，評価関数の最小値 V は $\boldsymbol{x}$ の 2 次形式となることが予想される．そこで，この問題における V 関数として

$$V(\boldsymbol{x}, t) = \boldsymbol{x}^T(t)\boldsymbol{P}(t)\boldsymbol{x}(t) \tag{3.144}$$

を仮定する．これを式 (3.140) に代入して

$$\min_u \{(\boldsymbol{A}\boldsymbol{x} + \boldsymbol{b}u)^T \boldsymbol{P}\boldsymbol{x} + \boldsymbol{x}^T\boldsymbol{P}(\boldsymbol{A}\boldsymbol{x} + \boldsymbol{b}u) + \boldsymbol{x}^T\dot{\boldsymbol{P}}\boldsymbol{x} + \boldsymbol{x}^T\boldsymbol{Q}\boldsymbol{x} + ru^2\} = 0 \tag{3.145}$$

式 (3.145) を u で微分して 0 とおくと

$$2\boldsymbol{b}^T\boldsymbol{P}\boldsymbol{x} + 2ru = 0 \tag{3.146}$$

したがって，最適制御 u^* は

$$u^* = -\frac{1}{r}\boldsymbol{b}^T\boldsymbol{P}\boldsymbol{x} \tag{3.147}$$

で与えられる．式 (3.147) を式 (3.145) に代入すれば，$\boldsymbol{P}$ は

$$\boldsymbol{A}^T\boldsymbol{P} + \boldsymbol{P}\boldsymbol{A} + \boldsymbol{Q} - \frac{1}{r}\boldsymbol{P}\boldsymbol{b}\boldsymbol{b}^T\boldsymbol{P} + \dot{\boldsymbol{P}} = 0, \quad \boldsymbol{P}(0) = 0 \tag{3.148}$$

を満足する．この定常解，あるいは

$$\boldsymbol{A}^T\boldsymbol{P} + PA + \boldsymbol{Q} - \frac{1}{r}\boldsymbol{P}\boldsymbol{b}\boldsymbol{b}^T\boldsymbol{P} = 0 \tag{3.149}$$

の解 $\boldsymbol{P}$ を用いて式 (3.147) の状態フィードバックゲインを求めることができる．式 (3.148) はリカッチ (Riccati) の行列微分方程式と呼ばれている．制御系の構成は図 3.8 において，$u_0=0$ および $\boldsymbol{f}^T = \dfrac{1}{r}\boldsymbol{b}^T\boldsymbol{P}$ とおいたものとなる．$(\boldsymbol{A}, \boldsymbol{b})$ が可制御で，$\boldsymbol{Q} = \boldsymbol{l}\cdot\boldsymbol{l}^T$ とするとき $(\boldsymbol{l}^T, \boldsymbol{A})$ が可観測であれば，式 (3.148) の正値解 $\boldsymbol{P}$ が存在し式 (3.147) よる閉ループ系は安定となることが知られている．

【例題 3.10】 式 (3.142)，(3.143) において，パラメータが

$$\boldsymbol{A}=\begin{bmatrix}0 & 1\\0 & 0\end{bmatrix},\quad \boldsymbol{b}=\begin{bmatrix}0\\1\end{bmatrix},\quad \boldsymbol{c}=\begin{bmatrix}1\\0\end{bmatrix},\quad \boldsymbol{Q}=\begin{bmatrix}1 & 0\\0 & 0\end{bmatrix},\quad \boldsymbol{r}=\frac{1}{4} \tag{3.150}$$

で与えられる場合，最適レギュレータを設計し $\boldsymbol{x}^T(0)=(1,0)$ に対する $u^*(t)$ および $y(t)$ を求めよ．

［解］　$\boldsymbol{P}=\begin{bmatrix}p_a & p_b\\p_b & p_c\end{bmatrix}$ とおいて，リカッチ方程式 (3.149) へ上記式 (3.150) のパラメータを代入すると

$$\boldsymbol{A}^T\boldsymbol{P}+\boldsymbol{P}\boldsymbol{A}+\boldsymbol{Q}-\frac{1}{r}\boldsymbol{P}\boldsymbol{b}\boldsymbol{b}^T\boldsymbol{P}=\begin{bmatrix}1 & p_a\\ * & 2p_b\end{bmatrix}-4\begin{bmatrix}{p_b}^2 & p_bp_c\\ * & {p_c}^2\end{bmatrix}=0 \tag{3.151}$$

$\boldsymbol{p}$ は正値であることを考慮して式 (3.151) を解くことにより

$$\boldsymbol{P}=\frac{1}{2}\begin{bmatrix}2 & 1\\1 & 1\end{bmatrix} \tag{3.152}$$

フィードバックゲインは

$$\boldsymbol{f}^T=\frac{1}{r}\boldsymbol{b}^T\boldsymbol{P}=(2\quad 2) \tag{3.153}$$

閉ループ系の係数行列は (式 (3.88) 参照)

$$\boldsymbol{A}_f=\boldsymbol{A}-\boldsymbol{b}\boldsymbol{f}^T=\begin{bmatrix}0 & 1\\-2 & -2\end{bmatrix} \tag{3.154}$$

初期値応答は

$$\boldsymbol{X}(s)=(s\boldsymbol{I}-\boldsymbol{A}_f)^{-1}\boldsymbol{x}(0)=\frac{1}{s^2+2s+2}\begin{bmatrix}s+2\\-2\end{bmatrix} \tag{3.155 a}$$

$$U^*(s)=-\boldsymbol{f}^T\boldsymbol{X}(s)=\frac{-2s}{s^2+2s+2} \tag{3.155 b}$$

$$Y(s)=\boldsymbol{c}^T\boldsymbol{X}(s)=\frac{s+2}{s^2+2s+2} \tag{3.155 c}$$

逆ラプラス変換して

$$u^*(t)=-2e^{-t}(\cos t-\sin t),\quad y(t)=e^{-t}(\cos t+\sin t) \tag{3.156}$$

図 3.13 は応答波形を示したものである．(a) は出力 $y(t)$，(b) は操作量 $u(t)$ である．比較のため，図中には評価関数の重み r を 1 とした場合の結果も示している．■

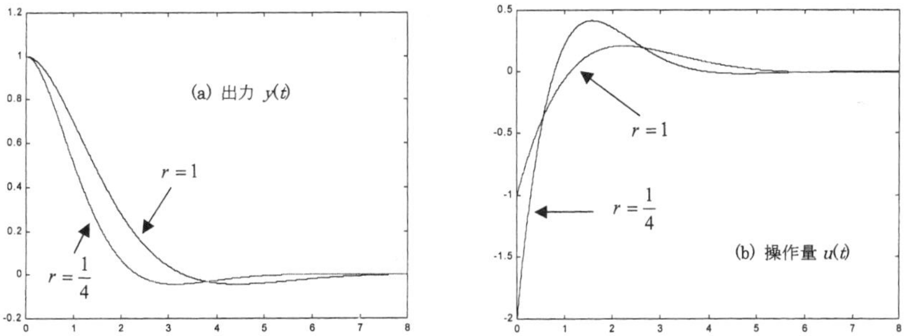

図 3.13　例題 3.10 のレギュレータの応答

b.　最大原理による最適制御問題の解法

制御対象および評価関数がそれぞれ式 (3.134)，(3.135) で記述さている問題には操作量についての制限がないため，古典変分法とラグランジュ (Lagrange) の未定乗数法によってその解法が定式化できる．最大原理は，操作量に

$$u(t) \in \Omega_u \,(\Omega_u：\text{有界閉集合}) \tag{3.157}$$

のような制限があるより一般的な最適制御問題の解法を与え，求解過程は次の 4 ステップに要約される．

最大原理による最適制御問題 (式 (3.134)，(3.135)，(3.157)) の解法

（i）　ハミルトニアン式 (3.158) を定義する．

$$H(\boldsymbol{u}, \boldsymbol{\lambda}, \boldsymbol{x}) = -L(\boldsymbol{x}, u) + \boldsymbol{\lambda}^T \boldsymbol{f}(\boldsymbol{x}, u) \tag{3.158}$$

（ii）　u^* を式 (3.159) より求める．

$$u^*(\boldsymbol{\lambda}, \boldsymbol{x}) = \arg\cdot\max_{u \in \Omega_u} H(u, \lambda, x) \tag{3.159}$$

（iii）　次の 2 点境界値問題式 (3.160)，(3.161) を解く．

$$\left.\begin{aligned} \dot{\boldsymbol{x}} &= \frac{\partial H(u^*, \boldsymbol{\lambda}, \boldsymbol{x})}{\partial \boldsymbol{\lambda}} \\ \dot{\boldsymbol{\lambda}} &= -\frac{\partial H(u^*, \boldsymbol{\lambda}, \boldsymbol{x})}{\boldsymbol{\partial x}} \end{aligned}\right\} \tag{3.160}$$

$$\left.\begin{aligned} \boldsymbol{x}(0) &= x_0 \\ \boldsymbol{\lambda}(t_f) &= -\left.\frac{\partial L_0(x)}{\partial x}\right|_{t=t_f} \end{aligned}\right\} \tag{3.161}$$

（iv）　(iii) で得られた解を式 (3.159) へ代入して最適制御 u^* を得る．

式(3.159)は u^* が H を最大とする u であること $(H(u^*, \lambda, x) \geq H(u, \lambda, x))$ を意味する．また，式(3.160)の λ は随伴状態ベクトルと呼ばれている．

・**最大原理**：　u^* と対応する軌道が最適であるための必要条件は，式(3.159), (3.160), (3.161)を満足する λ が存在することである．

上記の解法を先の最適レギュレータ問題式(3.142), (3.143)へ適用すると

（i）
$$H = -\frac{1}{2}(\boldsymbol{x}^{\mathrm{T}}\boldsymbol{Q}\boldsymbol{x} + ru^2) + \boldsymbol{\lambda}^{\mathrm{T}}(\boldsymbol{A}\boldsymbol{x} + \boldsymbol{b}u) \tag{3.162}$$

（ii）
$$u^* = \arg\cdot\max_u H = \frac{\boldsymbol{b}^{\mathrm{T}}\boldsymbol{\lambda}}{r} \tag{3.163}$$

（iii）
$$\dot{\boldsymbol{x}} = \boldsymbol{A}\boldsymbol{x} + \frac{1}{r}\boldsymbol{b}\boldsymbol{b}^{\mathrm{T}}\boldsymbol{\lambda} \tag{3.164}$$

$$\dot{\boldsymbol{\lambda}} = \boldsymbol{Q}\boldsymbol{x} - \boldsymbol{A}^T\boldsymbol{\lambda} \tag{3.165}$$

境界条件は

$$x(0) = x_0,\ \lambda(\infty) = 0 \tag{3.166}$$

（iv）（iii）の解を式(3.163)へ代入する．

ただし，係数の煩雑さを避けるため，ステップ（i）において，評価関数は $-\frac{1}{2}J$ の最大化問題としている．

式(3.164)と式(3.165)は線形であり，解 $\boldsymbol{\lambda}(t)$ と $\boldsymbol{x}(t)$ には

$$\boldsymbol{\lambda}(t) = -\boldsymbol{P}(t)\boldsymbol{x}(t) \tag{3.167}$$

なる線形関係がある．式(3.167)を式(3.164), (3.165)へ代入して $\lambda(t)$ を消去すると

$$\boldsymbol{A}^T\boldsymbol{P} + \boldsymbol{P}\boldsymbol{A} + \boldsymbol{Q} - \frac{1}{r}\boldsymbol{P}\boldsymbol{b}\boldsymbol{b}^T\boldsymbol{P} + \dot{\boldsymbol{P}} = 0, \quad \boldsymbol{P}(0) = 0 \tag{3.168}$$

を得る．また，式(3.168)の定常解に対する式(3.167)を式(3.163)に代入して

$$u^* = -\frac{1}{r}\boldsymbol{b}^T\boldsymbol{P}\boldsymbol{x} \tag{3.169}$$

となる．式(3.169)は動的計画法で求めたリカッチ方程式(3.148)である．式(3.169)は先の式(3.147)と一致している．

【例題 3.11】　例題 3.10 を最大原理によって解け．

［解］　式(3.164), (3.165)より

$$\dot{\boldsymbol{x}}=\begin{bmatrix}0 & 1\\ 0 & 0\end{bmatrix}\boldsymbol{x}+4\begin{bmatrix}0 & 0\\ 0 & 1\end{bmatrix}\boldsymbol{\lambda} \tag{3.170 a}$$

$$\dot{\boldsymbol{\lambda}}=\begin{bmatrix}1 & 0\\ 0 & 0\end{bmatrix}\boldsymbol{x}+\begin{bmatrix}0 & 0\\ -1 & 0\end{bmatrix}\boldsymbol{\lambda} \tag{3.170 b}$$

上式は行列の要素に 0 が多いので，要素ごとに再記すると

$$\dot{x}_1=x_2,\quad \dot{x}_2=4\lambda_2,\quad \dot{\lambda}_1=x_1,\quad \dot{\lambda}_2=-\lambda_1 \tag{3.171}$$

λ_2 以外の変数を消去すれば

$$\lambda_2^{(4)}=-4\lambda_2 \tag{3.172}$$

式 (3.172) の特性方程式と特性根は

$$s^4+4=0\quad \text{(a)},\quad s=-1\pm j,\quad s=1\pm j\quad \text{(b)} \tag{3.173}$$

したがって，式 (3.172) の解は

$$\lambda_2(t)=e^{-t}(k_1\cos t+k_2\sin t)+e^{t}(k_3\cos t+k_4\sin t) \tag{3.174}$$

ここで k_1, k_2, k_3, k_4 は $\boldsymbol{x}, \boldsymbol{\lambda}$ の初期条件によって決まる定数である．境界条件式 (3.166) より $\lambda_2(\infty)=0$ であるから

$$k_3=k_4=0 \tag{3.175}$$

式 (3.175) を考慮して，式 (3.174) を式 (3.171) へ代入し

$$\begin{aligned}x_1(t)&=2e^{-t}(k_2\cos t-k_1\sin t)\\ x_2(t)&=-2e^{-t}\{(k_1+k_2)\cos t-(k_1-k_2)\sin t\}\end{aligned} \tag{3.176}$$

上式に初期条件 $x_1(0)=1$, $x_2(0)=0$ を適用して

$$k_1=-0.5,\quad k_2=0.5 \tag{3.177}$$

したがって，最適制御入力と出力は

$$u^*(t)=4\lambda_2(t)=-2e^{-t}(\cos t-\sin t) \tag{3.178 a}$$

$$y(t)=x_1(t)=e^{-t}(\cos t+\sin t) \tag{3.178 b}$$ ■

参 考 文 献

1） 市川邦彦：システム理論と最適制御，朝倉書店，1970.
2） 小郷 寛，美多 勉：システム制御理論入門，実教出版，1979.
3） 中野道夫，美多 勉：制御基礎理論，昭晃堂，1982.
4） 吉川恒夫，井村順一：現代制御論，昭晃堂，1994.
5） 新 誠一：制御理論の基礎，昭晃堂，1996.
6） 田中幹也，石川昌明，浪花智英：現代制御の基礎，森北出版，1999.

演習問題

3.1　係数行列 $(\boldsymbol{A}, \boldsymbol{B}, \boldsymbol{C})$ が

$$\boldsymbol{A}=\begin{bmatrix}0 & 1\\ -3 & -4\end{bmatrix},\quad \boldsymbol{B}=\begin{bmatrix}0\\ 1\end{bmatrix},\quad \boldsymbol{C}=(3\quad 0)$$

で与えられるシステムに関して，

(1)　伝達関数を求めよ．

(2)　伝達関数を利用してステップ応答を求めよ．

(3)　遷移行列 $\boldsymbol{\Phi}(t)$ を求めよ．

(4)　畳み込み積分式 (3.12) を適用してステップ応答を求めよ．

3.2　システム $(\boldsymbol{A}, \boldsymbol{B}, \boldsymbol{C})$ において $\boldsymbol{A}=\begin{bmatrix}-2 & 0\\ 1 & -1\end{bmatrix}$ とする．$(\boldsymbol{B}, \boldsymbol{C})$ が以下で与えられる場合について，可制御性と可観測性を調べよ．また各システムの伝達関数を求めよ．

(1)　$\boldsymbol{B}^T=(2\quad 0)$, $\boldsymbol{C}=(1\quad 0)$　　(2)　$\boldsymbol{B}^T=(2\quad 0)$, $\boldsymbol{C}=(1\quad 1)$

(3)　$\boldsymbol{B}^T=(-2\quad 2)$, $\boldsymbol{C}=(1\quad 0)$　　(4)　$\boldsymbol{B}^T=(-2\quad 2)$, $\boldsymbol{C}=(0\quad 1)$

3.3　伝達関数が $G(s)=\dfrac{s+6}{s^2+5s+6}$ で表されるシステムのシステム方程式を，下記の正準形で求めよ．

(1)　対角正準形，(2)　可制御正準形，(3)　可観測正準形

3.4　システム $(\boldsymbol{A}, \boldsymbol{B}, \boldsymbol{C})$ において，$\boldsymbol{A}=\begin{bmatrix}-2 & 0\\ 1 & -1\end{bmatrix}$, $\boldsymbol{B}=\begin{bmatrix}2\\ 0\end{bmatrix}$, $\boldsymbol{C}=(1\quad 2)$ とする．このシステムを下記の正準形に変換せよ．

(1)　対角正準形，(2)　可制御正準形，(3)　可観測正準形

3.5　システムが可制御正準形式 (3.73) で表されており，特性多項式が相異なる n 個の固有値 $\lambda_1, \lambda_2, \cdots, \lambda_n$ を持つとき，変換行列

$$T=\begin{bmatrix}1 & 1 & \cdots & 1\\ \lambda_1 & \lambda_2 & & \lambda_n\\ \lambda_1{}^2 & \lambda_2{}^2 & & \lambda_n{}^2\\ \vdots & \vdots & & \vdots\\ \lambda_1{}^{n-1} & \lambda_2{}^{n-1} & \cdots & \lambda_n{}^{n-1}\end{bmatrix}$$

によって対角正準形 $\boldsymbol{T}^{-1}\boldsymbol{A}\boldsymbol{T}=\boldsymbol{\Lambda}\equiv diag.(\lambda_1, \lambda_2, \cdots, \lambda_n)$ に変換されることを示せ．なお，この行列 $\boldsymbol{T}$ をバンデルモンド (van der Monde) 行列と呼ぶ．

3.6　システム $\boldsymbol{A}=\begin{bmatrix}-0.5 & 1\\ -0.75 & -2.5\end{bmatrix}$, $\boldsymbol{b}=\begin{bmatrix}0\\ 1\end{bmatrix}$, $\boldsymbol{c}^T=(2\quad 0)$ に関して，

(1)　ステップ状目標値に追従させるための 0 形状態フィードバック制御系のブロック線図を描け．

(2) (1)において，極を(−2, −3)へ配置するための制御系を設計せよ．

3.7 システム $\boldsymbol{A}=\begin{bmatrix}-2 & 0\\ 1 & -1\end{bmatrix}$, $\boldsymbol{b}=\begin{bmatrix}2\\0\end{bmatrix}$, $\boldsymbol{c}^T=(0\quad 1)$ に関して次の問いに答えよ．

(1) システムのステップ応答 ($u(t)=r(t)$, $r(t)$：単位ステップ関数，$\boldsymbol{x}(0)=\boldsymbol{0}$) を求めよ．

(2) このシステムに対して，状態フィードバック制御系図3.8を構成し，$u(t)=f_0r(t)-\boldsymbol{f}^T\boldsymbol{x}(t)$, $f_0=6$, $\boldsymbol{f}^T=(2\quad 3)$ とした(例題3.8参照)．このシステムのステップ応答を求めよ．

3.8 1次系の最適制御問題

$$\dot{x}(t)=-2x(t)+u(t),\quad x(0)=1 \tag{i}$$

$$J=\int_0^\infty \{x^2(t)+0.1u^2(t)\}dt \to Min \tag{ii}$$

に関して，

(1) 動的計画法を適用して最適制御を求めよ．

(2) 最大原理を適用して最適制御を求めよ．

3.3 補　　遺

3.3.1 可制御条件の証明

［必要性］ 可制御であると仮定すると，式(3.5 a)の解式(3.12 a)より

$$\boldsymbol{x}^*(t_f)=e^{At_f}\left\{\boldsymbol{x}(0)+\int_0^{t_f}e^{-A\tau}\boldsymbol{Bu}(\tau)d\tau\right\} \tag{3.179}$$

を満足する $\boldsymbol{u}(\tau)$, $0\leq\tau\leq t_f$ が存在する．

$$\boldsymbol{z}=e^{-At_f}\boldsymbol{x}^*(t_f)-\boldsymbol{x}(0) \tag{3.180}$$

とおくと

$$\boldsymbol{z}=\int_0^{t_f}e^{-A\tau}\boldsymbol{Bu}(\tau)d\tau \tag{3.181}$$

上式に式(3.13 b)を適用して

$$\boldsymbol{z}=\int_0^{t_f}\{\boldsymbol{I}\beta_0(-\tau)+\boldsymbol{A}\beta_1(-\tau)+\boldsymbol{A}^2\beta_2(-\tau)+\cdots+\boldsymbol{A}^{n-1}\beta_{n-1}(-\tau)\}\boldsymbol{Bu}(\tau)d\tau \tag{3.182}$$

ここで

$$\boldsymbol{\gamma}_i=\int_0^{t_f}\beta_i(-\tau)\boldsymbol{u}(\tau)d\tau,\quad (i=0,1,2,\cdots,n-1) \tag{3.183 a}$$

$$\boldsymbol{\Gamma}^T=(\boldsymbol{\gamma}_0{}^T\boldsymbol{\gamma}_1{}^T\boldsymbol{\gamma}_2{}^T\cdots\boldsymbol{\gamma}_{n-1}{}^T) \tag{3.183 b}$$

とおくと，式(3.182)は

$$\boldsymbol{z}=(\boldsymbol{B}\ \ \boldsymbol{AB}\ \ \boldsymbol{A}^2\boldsymbol{B}\cdots\boldsymbol{A}^{n-1}\boldsymbol{B})\boldsymbol{\Gamma} \tag{3.184}$$

となる．任意の $\boldsymbol{z}$ に対して式(3.184)を満足する $\boldsymbol{\Gamma}$ が存在するためには，式(3.34)が成立することが必要である．

［十分性］　後に示すように式(3.34)が成立するとき，次の関数

$$\boldsymbol{W}_c=\int_0^{t_f} e^{-A\tau}\boldsymbol{B}\boldsymbol{B}^T e^{-A^T\tau}d\tau \tag{3.185}$$

は正定となる．いま，入力を

$$\boldsymbol{u}(\tau)=\boldsymbol{B}^T e^{-A^T\tau}\boldsymbol{W}_c^{-1}\{e^{-At_f}\boldsymbol{x}^*(t_f)-x(0)\} \tag{3.186}$$

と選んだとき，これを式(3.12 a)に代入して

$$\begin{aligned}\boldsymbol{x}(t_f)&=e^{At_f}\left[\boldsymbol{x}(0)+\int_0^{t_f} e^{-A\tau}\boldsymbol{B}\boldsymbol{B}^T e^{-A^T\tau}\boldsymbol{W}_c^{-1}\{e^{-At_f}\boldsymbol{x}^*(t_f)-\boldsymbol{x}(0)\}\right]d\tau\\&=e^{At_f}[\boldsymbol{x}(0)+\boldsymbol{W}_c\boldsymbol{W}_c^{-1}\{e^{-At_f}\boldsymbol{x}^*(t_f)-\boldsymbol{x}(0)\}]\\&=e^{At_f}[\boldsymbol{x}(0)+\{e^{-At_f}\boldsymbol{x}^*(t_f)-\boldsymbol{x}(0)\}]=\boldsymbol{x}^*(t_f)\end{aligned} \tag{3.187}$$

となり，式(3.186)の入力によって t_f 秒後の状態 $x(t_f)$ が目標状態 $x^*(t_f)$ に一致することがわかる．

最後に $\boldsymbol{W}_c$ の正定性は次のように示すことができる．正定でないと仮定すると，$\boldsymbol{W}_c$ の定義式(3.185)よりあるベクトル $\boldsymbol{v}\neq\boldsymbol{0}$ に対して

$$\boldsymbol{v}^T\boldsymbol{W}_c\boldsymbol{v}=\int_0^{t_f}\|\boldsymbol{B}^T e^{-A^T\tau}\boldsymbol{v}\|^2 d\tau=0 \tag{3.188}$$

が成立する．すなわち

$$\boldsymbol{B}^T e^{-A^T t}\boldsymbol{v}\equiv 0 \tag{3.189}$$

この式を順次 $n-1$ 回まで微分することによって

$$(\boldsymbol{B}\ \ \boldsymbol{AB}\ \ \boldsymbol{A}^2\boldsymbol{B}\cdots\boldsymbol{A}^{n-1}\boldsymbol{B})^T e^{-A^T t}\boldsymbol{v}=\boldsymbol{M}_c^T e^{-A^T t}\boldsymbol{v}=0 \tag{3.190}$$

を得る．式(3.34)の成立は仮定されており $e^{-A^T t}$ は正則であるから，式(3.190)より $\boldsymbol{v}=\boldsymbol{0}$ となるが，これは初めの $\boldsymbol{v}\neq\boldsymbol{0}$ と矛盾する．すなわち，$\boldsymbol{W}_c$ は正定である．

3.3.2　可観測条件の証明

［必要性］　システムの出力は式(3.12 b)，すなわち

$$\boldsymbol{y}(t)=\boldsymbol{C}e^{At}\left\{\boldsymbol{x}(0)+\int_0^t e^{-A\tau}\boldsymbol{B}\boldsymbol{u}(\tau)d\tau\right\} \tag{3.191}$$

上式右辺の初期値応答に，式(3.13 b)を適用すれば

$$\boldsymbol{y}(t)=\boldsymbol{C}\{\boldsymbol{I}\beta_0(t)+\boldsymbol{A}\beta_1(t)+\cdots+\boldsymbol{A}^{n-1}\beta_{n-1}(t)\}\boldsymbol{x}(0)+\boldsymbol{C}e^{At}\int_0^t e^{-A\tau}\boldsymbol{B}\boldsymbol{u}(\tau)d\tau \tag{3.192}$$

ここで

$$\boldsymbol{B}(t)^T=[\beta_0(t)\ \ \beta_1(t)\cdots\beta_{n-1}(t)] \tag{3.193}$$

とおくと，式(3.192)は

$$y(t)=\boldsymbol{B}(t)^T\boldsymbol{M}_o\boldsymbol{x}(0)+\boldsymbol{C}e^{At}\int_0^t e^{-A\tau}\boldsymbol{B}\boldsymbol{u}(\tau)d\tau \tag{3.194}$$

となる．式(3.37)が成立しないとき

$$\boldsymbol{M}_o\boldsymbol{x}(0)=0 \tag{3.195}$$

を満足する $\boldsymbol{x}(0)\neq\boldsymbol{0}$ が存在する．このような $\boldsymbol{x}(0)$ に対して，式(3.194)右辺第1項は恒等的に0となる．これは可観測の定義に反している．すなわち，システムが可観測であれば，式(3.37)が成立することが必要である．

［十分性］　先の $\boldsymbol{W}_c$ の場合と同様に，式(3.37)が成立するとき次の関数

$$\boldsymbol{W}_o=\int_0^{t_f} e^{A^T\tau}\boldsymbol{C}^T\boldsymbol{C}e^{A\tau}d\tau \tag{3.196}$$

は正定となる．いま，出力と強制応答との差を

$$\boldsymbol{z}(t)=\boldsymbol{y}(t)-\boldsymbol{C}e^{At}\int_0^t e^{-A\tau}\boldsymbol{B}\boldsymbol{u}(\tau)d\tau \tag{3.197}$$

とすると，$z(t)$ は入出力観測値より求めることができる．これを用いて

$$\boldsymbol{W}_o^{-1}\int_0^{t_f} e^{A^T\tau}\boldsymbol{C}^T\boldsymbol{z}(\tau)d\tau=\boldsymbol{W}_o^{-1}\int_0^{t_f} e^{A^T\tau}\boldsymbol{C}^T\boldsymbol{C}e^{A\tau}\boldsymbol{x}(0)d\tau_f \tag{3.198 a}$$

$$=\boldsymbol{x}(0) \tag{3.198 b}$$

すなわち，入出力観測値より式(3. 197)の $\boldsymbol{z}(t)$ を求め，式(3.198 a)左辺を計算することによって $\boldsymbol{x}(0)$ を求めることができる．

3. 3. 3　可制御正準変換

$\boldsymbol{T}_c$ を用いた変換式(3.45)より

$$\boldsymbol{A}_c=\boldsymbol{T}_c^{-1}\boldsymbol{A}\boldsymbol{T}_c=\boldsymbol{W}^{-1}\boldsymbol{M}_c^{-1}\boldsymbol{A}\boldsymbol{M}_c\boldsymbol{W} \tag{3.199}$$

を示す．いま

$$\boldsymbol{M}_c^{-1}\boldsymbol{A}\boldsymbol{M}_c=\bar{\boldsymbol{A}} \tag{3.200}$$

とおくと

$$\boldsymbol{M}_c\overline{\boldsymbol{A}}=\boldsymbol{A}\boldsymbol{M}_c \tag{3.201}$$

より

$$\begin{aligned}(\boldsymbol{b}, \boldsymbol{A}\boldsymbol{b}, \boldsymbol{A}^2\boldsymbol{b}, \cdots, \boldsymbol{A}^{n-1}\boldsymbol{b})\overline{\boldsymbol{A}}&=\boldsymbol{A}(\boldsymbol{b}, \boldsymbol{A}\ \ \boldsymbol{b}, \boldsymbol{A}^2\boldsymbol{b}, \cdots, \boldsymbol{A}^{n-1}\boldsymbol{b})\\ &=(\boldsymbol{A}\boldsymbol{b}, \boldsymbol{A}^2\boldsymbol{b}, \boldsymbol{A}^3\boldsymbol{b}, \cdots, \boldsymbol{A}^n\boldsymbol{b})\end{aligned} \tag{3.202}$$

式 (3.202) より，$\overline{\boldsymbol{A}}$ は

$$\overline{\boldsymbol{A}}\equiv\begin{bmatrix}0 & 0 & & 0 & -a_1\\ 1 & 0 & & & -a_2\\ 0 & 1 & \cdot & \cdot & \cdot\\ \cdot & \cdot & \cdot & 0 & \cdot\\ 0 & & 0 & 1 & -a_n\end{bmatrix} \tag{3.203}$$

であることがわかる．次に

$$\boldsymbol{W}^{-1}\overline{\boldsymbol{A}}\boldsymbol{W}=\boldsymbol{A}_c$$

すなわち

$$\overline{\boldsymbol{A}}\boldsymbol{W}=\boldsymbol{W}\boldsymbol{A}_c \tag{3.204}$$

を示せばよいが，これは式 (3.75)，(3.203) を直接上式に代入して確かめることができる．

$\boldsymbol{b}_c$ についても同様に

$$\boldsymbol{T}_c^{-1}\boldsymbol{b}=\boldsymbol{W}^{-1}\boldsymbol{M}_c^{-1}\boldsymbol{b}=\boldsymbol{W}^{-1}\overline{\boldsymbol{b}} \tag{3.205}$$

とおくと

$$\begin{aligned}\boldsymbol{b}&=\boldsymbol{M}_c\overline{\boldsymbol{b}}\\ &=(\boldsymbol{b}\ \ \boldsymbol{A}\boldsymbol{b}\ \ \boldsymbol{A}^2\boldsymbol{b}\cdots\boldsymbol{A}^{n-1}\boldsymbol{b})\overline{\boldsymbol{b}}\end{aligned} \tag{3.206}$$

より

$$\overline{\boldsymbol{b}}=\begin{bmatrix}1\\ 0\\ \cdot\\ 0\end{bmatrix} \tag{3.207}$$

を得る．さらに

$$\boldsymbol{W}^{-1}\overline{\boldsymbol{b}}=\boldsymbol{b}_c \tag{3.208}$$

は，左辺に式 (3.75) の W と，式 (3.207) $\overline{\boldsymbol{b}}$ を代入すれば確かめることができる．

3.3.4 可観測正準変換

可制御正準形の場合と同様にして

$$\boldsymbol{T}_o{}^{-1}\boldsymbol{A}\boldsymbol{T}_o=\boldsymbol{A}_o \tag{3.209 a}$$

$$\boldsymbol{c}^T\boldsymbol{T}_o=\boldsymbol{c}_o{}^T \tag{3.209 b}$$

を示す．式(3.209 a)において

$$\boldsymbol{T}_o{}^{-1}\boldsymbol{A}\boldsymbol{T}_o=\boldsymbol{W}\boldsymbol{M}_o\boldsymbol{A}\boldsymbol{M}_o{}^{-1}\boldsymbol{W}^{-1}=\boldsymbol{W}\bar{\boldsymbol{A}}\boldsymbol{W}^{-1} \tag{3.210}$$

とおくと

$$\bar{\boldsymbol{A}}\boldsymbol{M}_o=\boldsymbol{M}_o\boldsymbol{A}$$

$$=\begin{bmatrix}\boldsymbol{c}^T\\ \boldsymbol{c}^T\boldsymbol{A}\\ \boldsymbol{c}^T\boldsymbol{A}^2\\ \cdot\\ \boldsymbol{c}^T\boldsymbol{A}\end{bmatrix}\boldsymbol{A}=\begin{bmatrix}\boldsymbol{c}^T\boldsymbol{A}\\ \boldsymbol{c}^T\boldsymbol{A}^2\\ \boldsymbol{c}^T\boldsymbol{A}^3\\ \cdot\\ \boldsymbol{c}^T\boldsymbol{A}^n\end{bmatrix} \tag{3.211}$$

より，$\bar{\boldsymbol{A}}$ は

$$\bar{\boldsymbol{A}}\equiv\begin{bmatrix}0 & 1 & 0 & & 0\\ & 0 & 1 & & \cdot\\ & & \cdot & \cdot & 0\\ 0 & \cdot & \cdot & 0 & 1\\ -a_1 & -a_2 & \cdot & \cdot & -a_n\end{bmatrix} \tag{3.212}$$

であることがわかる．次に

$$\boldsymbol{W}\bar{\boldsymbol{A}}\boldsymbol{W}^{-1}=\boldsymbol{A}_o \tag{3.213}$$

は，可制御正準形の場合と同様に $\boldsymbol{W}$, $\bar{\boldsymbol{A}}$ を用いて $\boldsymbol{W}\bar{\boldsymbol{A}}=\boldsymbol{A}_o\boldsymbol{W}$ の等式の成立を直接確かめればよい．

式(3.209 b)において

$$\boldsymbol{c}^T\boldsymbol{T}_o=\boldsymbol{c}^T\boldsymbol{M}_o{}^{-1}\boldsymbol{W}^{-1}=\bar{\boldsymbol{c}}^T\boldsymbol{W}_o{}^{-1} \tag{3.214}$$

とおくと

$$\boldsymbol{c}^T=\bar{\boldsymbol{c}}^T\boldsymbol{M}_o=\bar{\boldsymbol{c}}^T\begin{bmatrix}\boldsymbol{c}^T\\ \boldsymbol{c}^T\boldsymbol{A}\\ \boldsymbol{c}^T\boldsymbol{A}^2\\ \cdot\\ \boldsymbol{c}^T\boldsymbol{A}^{n-1}\end{bmatrix} \tag{3.215}$$

より

$$\bar{\boldsymbol{c}}^T = (1 \;\; 0 \cdots 0) \tag{3.216}$$

となる．これを式(3.214)右辺に代入すれば

$$\bar{\boldsymbol{c}}^T \boldsymbol{W}^{-1} = \boldsymbol{c}_o{}^T \tag{3.217}$$

を得る．

3.3.5　ケイリー・ハミルトンの定理

行列 $\boldsymbol{A}$ の特性多項式を

$$D(s) = |s\boldsymbol{I} - \boldsymbol{A}| = s^n + a_n s^{n-1} + \cdots + a_2 s + a_1 \tag{3.218}$$

とするとき，$\boldsymbol{A}$ は次の特性方程式を満足する．

$$D(\boldsymbol{A}) = \boldsymbol{A}^n + a_n \boldsymbol{A}^{n-1} + \cdots + a_2 \boldsymbol{A} + a_1 \boldsymbol{I} = 0 \tag{3.219}$$

4 さらに制御工学を学ぶに際して

4.1 ディジタル制御理論

これまで連続時間系で設計された制御器(コントローラ)は，実際には，マイクロプロセッサによるDSPやディジタル計算機を用いて実現されることになる．一般に，ディジタル計算機による制御系を実現する場合，図4.1に示すように，制御対象の物理量(アナログ値)をディジタル値として計算機に取り込むためのA/D変換器および計算機からの制御信号(ディジタル値)をアナログ値としてアクチュエータに出力するためのD/A変換器を必要とする．

このような制御系の動特性の解析は，有限語長のコード化に基づく量子化誤差を無視し，時間経過に対してのみ信号が不連続，すなわち間欠的な信号となるサンプル値系として図4.2のようなブロック線図で等価的に考えると理解しやすい．すなわち，A/D変換に対しては，一定周期ごとに信号 $e(t)$ を抽出(サンプリング)し時系列 $e(kT)$，$k=0, 1, 2, \cdots$ を出力するサンプラを，またD/A変換器

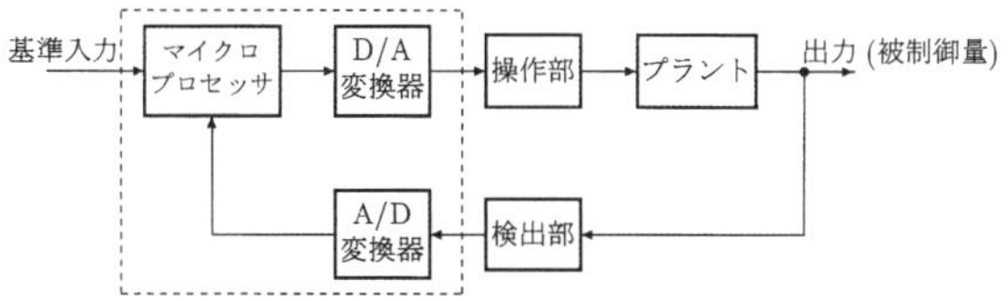

図4.1 マイクロプロセッサによるディジタル制御

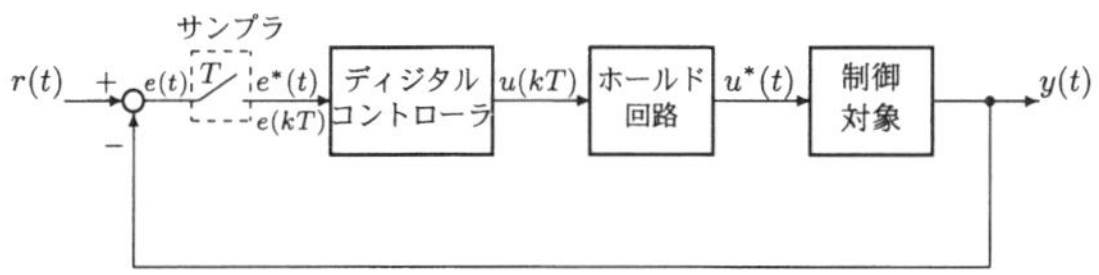

図4.2 サンプル値制御系

に対してはその時系列を時間区間 T だけそのまま保持するホールド回路を想定する．

4.1.1　サンプル値系列

a.　サンプラとホールド回路

ここでは，ディジタル制御系特有の要素であるサンプラとホールド回路の性質について述べる．

まず，図 4.2 の系における誤差信号 $e(t)$ と自然対数の底 e との記号の混乱を避けるため，誤差信号 $e(t)$ の代わりに一般的な連続信号 $f(t)$ について考える．信号 $f(t)$ をサンプラでサンプリングすると図 4.3 に示すようなパルス系列 $f_p{}^*(t)$ が得られるものと仮に考える．この $f_p{}^*(t)$ は，連続信号 $f(t)$ と大きさが 1 で周期的なパルス列である搬送信号 $\psi(t)$ が掛け合わされたものと考えることができる．T 秒間隔で生ずる単一パルスを $\varDelta_p(t-kT)$ とすると

$$f_p{}^*(t)=\sum_{k=0}^{\infty}f(kT)\varDelta_p(t-kT) \tag{4.1}$$

である．$\varDelta_p(t)$ は単位ステップ関数 $\mathbb{1}(t)$ を用いて

$$\varDelta_p(t)=\mathbb{1}(t)-\mathbb{1}(t-p) \tag{4.2}$$

と表すことができるので，そのラプラス変換は

$$\mathcal{L}[\varDelta_p(t)]=\frac{1-e^{-ps}}{s} \tag{4.3}$$

となる (5 章参照)．これより，式 (4.1) のラプラス変換は次式で表される．

$$F_p{}^*(s)=\sum_{k=0}^{\infty}f(kT)\left(\frac{1-e^{-ps}}{s}\right)e^{-kTs} \tag{4.4}$$

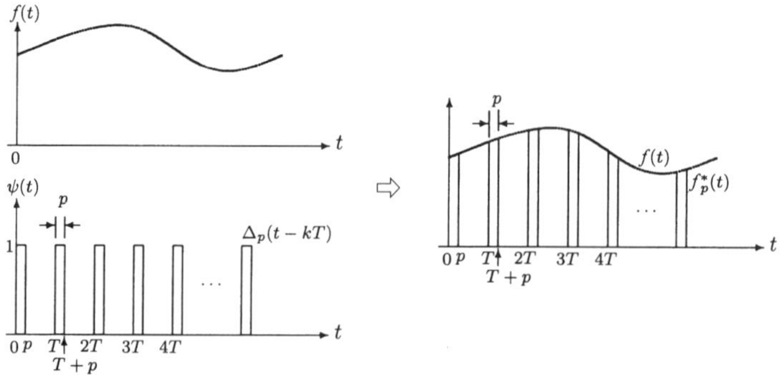

図 4.3　サンプル値出力

時間幅 p が非常に小さければ

$$1-e^{-ps}=1-\left[1-ps+\frac{(ps)^2}{2!}-\cdots\right]\approx ps$$

と近似できるので

$$F_p{}^*(s)\approx p\sum_{k=0}^{\infty}f(kT)e^{-kTs} \tag{4.5}$$

同様に

$$f_p{}^*(t)\approx p\sum_{k=0}^{\infty}f(kT)\delta(t-kT) \tag{4.6}$$

ここに $\delta(t)$ は単位インパルス関数である．式(4.6)の右辺は，時刻 $t=kT$ で $pf(kT)$ の大きさを持つインパルス列となっている．

ここで，T 秒ごとに時間幅 $p=0$ で瞬時に閉じたり開いたりする理想サンプラの出力を考える．サンプラの出力を仮に $f_{op}{}^*(t)=f_p{}^*(t)/p$ と考えると，そのラプラス変換は

$$F_{op}{}^*(s)=\frac{1}{p}F_p{}^*(s)=\sum_{k=0}^{\infty}f(kT)\left(\frac{1-e^{-ps}}{ps}\right)e^{-kTs} \tag{4.7}$$

となる．この式に対して $p\to 0$ の極限(5章参照)を考えると

$$F^*(s)=\lim_{p\to 0}F_{op}{}^*(s)=\sum_{k=0}^{\infty}f(kT)e^{-kTs} \tag{4.8}$$

よって，図4.4に示すように理想サンプラの出力は

$$f^*(t)=\lim_{p\to 0}f_{op}{}^*(t)=\sum_{k=0}^{\infty}f(kT)\delta(k-kT)=f(t)\sum_{k=0}^{\infty}\delta(t-kT) \tag{4.9}$$

と書ける．

次に，簡単のため，サンプリングされた信号 $f^*(t)$ が何の演算も施されず直接，ホールド回路により出力される場合を考える．ホールド回路について本書では，ほとんどすべてのディジタル制御系で使われている「0次ホールド」について考える．ホールド回路へ入力される離散時間信号を $f(kT)$，ホールド回路から出力される連続時間信号を $u(t)$ とおくと，0次ホールドの動作は

$$u(t)=f(kT),\ kT\leq t<(k+1)T \tag{4.10}$$

となる．この回路についての伝達関数を求めてみる．時刻0に生じる単位インパルスを数列表現すれば

$$u(k)=\begin{cases}1 & (k=0)\\ 0 & (k\neq 0)\end{cases} \tag{4.11}$$

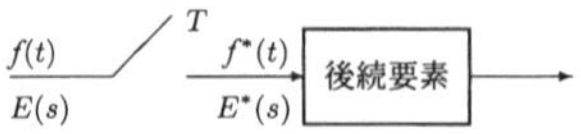

図 4.4 サンプラ出力

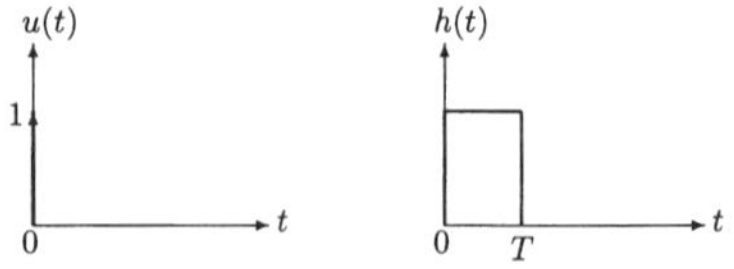

図 4.5 0次ホールド回路のインパルス応答

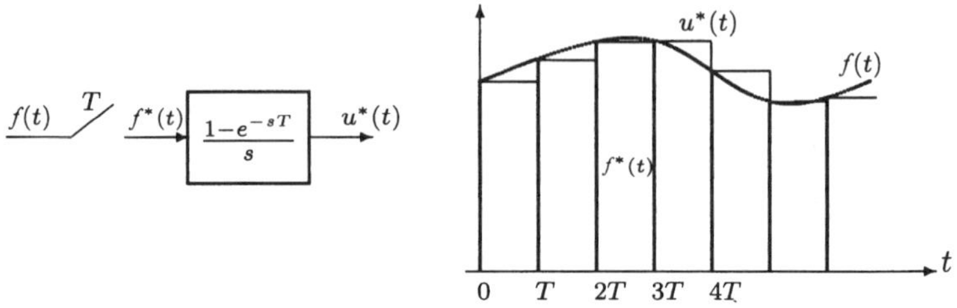

図 4.6 0次ホールド回路とその出力波形

となる．したがって，式(4.10)より0次ホールドのインパルス応答 $h(t)$ は

$$h(t)=\begin{cases}1 & (0\leq t<T)\\ 0 & (\text{上記以外})\end{cases} \tag{4.12}$$

であることがわかる(図4.5)．

これは式(4.2)と同様，単位ステップ関数 $\mathbb{1}(t)$ を使って

$$h(t)=\mathbb{1}(t)-\mathbb{1}(t-T) \tag{4.13}$$

と表すことができ，両辺をラプラス変換すれば0次ホールドの伝達関数として

$$H(s)=\frac{1-e^{-sT}}{s} \tag{4.14}$$

が得られる．図4.6は離散時間信号のインパルス列 $f^*(t)$ が0次ホールド回路に入力された場合のその出力 $u(t)$ の様子を示す．

b. サンプリング定理

仮想サンプリング信号 $f^*(t)$ は，インパルス関数列を搬送波信号とする変調波として式(4.9)で表されることを先に示したが，いま，その信号が定常状態にあるとすれば，

$$f^*(t)=f(t)\sum_{k=-\infty}^{\infty}\delta(t-kT) \tag{4.15}$$

とおいてもよい．ここで，$\sum_{k=-\infty}^{\infty}\delta(t-kT)$ は周期関数であるから，フーリエ級数

により

$$\sum_{k=-\infty}^{\infty}\delta(t-kT)=\frac{1}{T}\sum_{k=-\infty}^{\infty}e^{jk\omega_s t} \tag{4.16}$$

$$\omega_s=\frac{2\pi}{T}\text{：サンプリング角周波数}$$

よって，式(4.15)のラプラス変換 $E^*(s)$ は複素領域における推移定理により

$$F^*(s)=\frac{1}{T}\sum_{k=-\infty}^{\infty}F(s+jk\omega_s) \tag{4.17}$$

と表される．

すなわち，仮想サンプリング信号のラプラス変換 $F^*(s)$ は，元の連続信号(被変調波) $f(t)$ のラプラス変換 $E(s)$ を s 平面の虚軸方向に ω_s の整数倍(正・負方向に)ずらしたものの和の $1/T$ になっているということである(図4.7)．

いま，図4.8のように入力の周波数スペクトル $|F(j\omega)|$ が与えられているとき，サンプラ出力は，図4.9の $|F^*(j\omega)|$ のように ω_s ごとに周波数スペクトルが現れ無限に続くことになる．したがって，もし

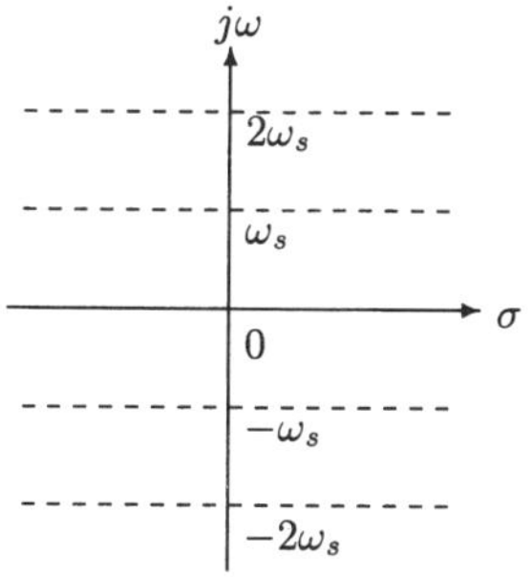

図 4.7 周波数特性の推移

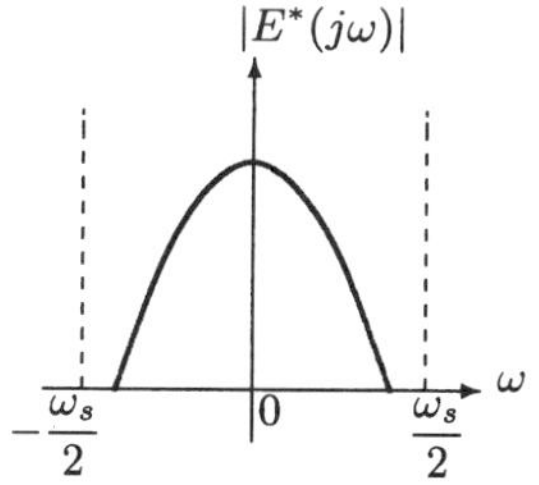

図 4.8 入力のスペクトル

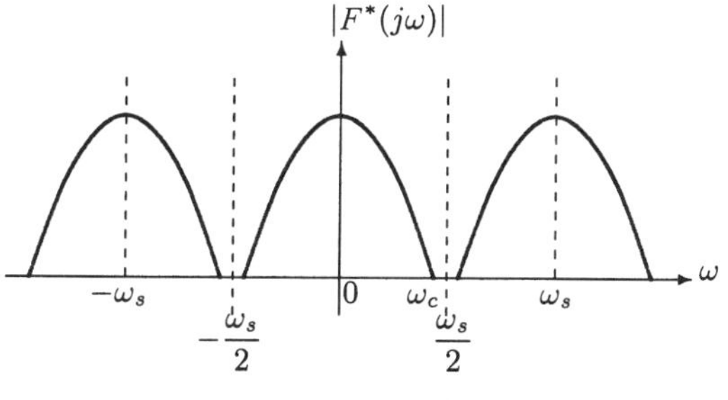

図 4.9 サンプラ出力 ($\omega_c<\omega_s/2$)

$$\omega_c < \frac{\omega_s}{2} \tag{4.18}$$

ならば，被変調信号 $f(t)$ の情報はサンプリング過程を通しても失われることなく伝送され，そのサンプル値系列より元の連続信号を完全に再現することができる．しかしながら，もし

$$\omega_c > \frac{\omega_s}{2} \tag{4.19}$$

ならば，図 4.10 に示すように，その周波数スペクトルに重なりを生じ，サンプリング過程を通して被変調波 $f(t)$ の情報は正しく伝送されなくなり，元の連続時間信号を再現することは難しくなる．

つまり，連続時間信号を完全に再現することのできるサンプリング角周波数 ω_s は，その入力信号の最高周波数成分の少なくとも 2 倍にとらなくてはならないことがわかる．これは**シャノンのサンプリング定理** (Shannon's sampling theorem) と呼ばれ，通信工学上の重要な定理である．

以上をまとめると，サンプリング角周波数 ω_s，周波数 f_s および周期 T_s は，連続時間入力信号の最高角周波数 ω_c，周波数 f_c に対して

$$\left.\begin{aligned} \frac{\omega_s}{2} &> \omega_c \\ f_s &> 2f_c \\ T_s &< \frac{1}{2f_c} \end{aligned}\right\} \tag{4.20}$$

なる関係を満足しなければならない．

以下に例として，余弦波 $y(t)=\cos(20\,\pi t)$ を連続時間信号とし，サンプリング条件をそれぞれ $T_s<1/2\,f_c$，$T_s=1/2\,f_c$，$T_s>1/2\,f_c$ とした場合のサンプル値応

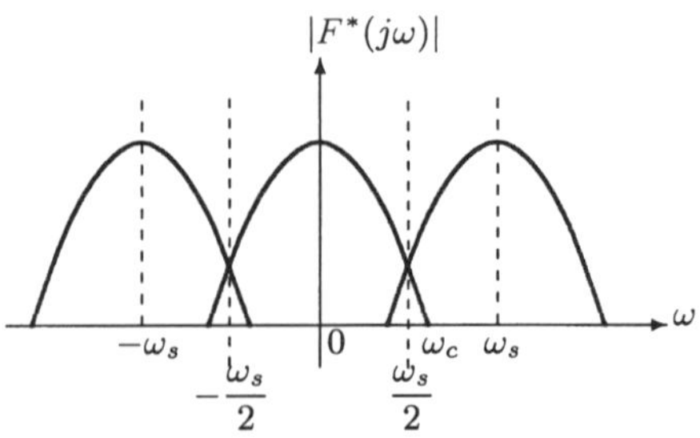

図 4.10　サンプラ出力 ($\omega_c>\omega_s/2$)

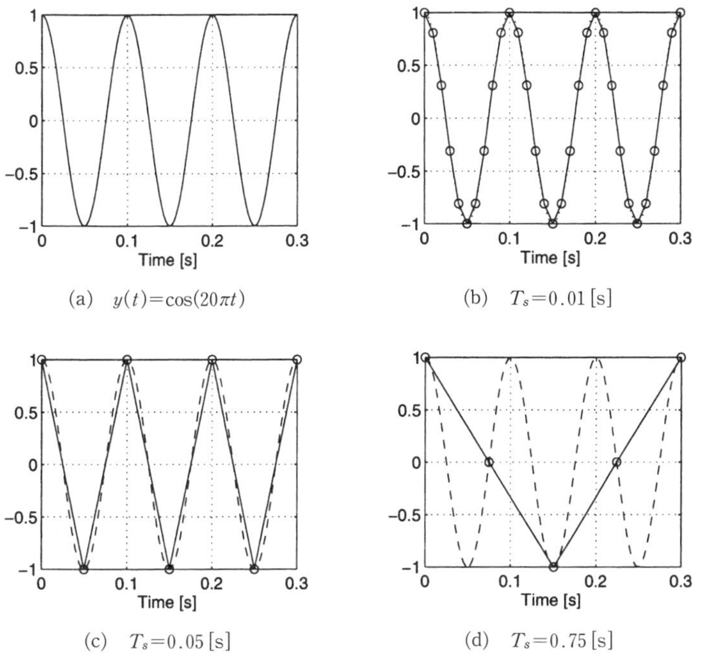

(a)　$y(t)=\cos(20\pi t)$　(b)　$T_s=0.01$ [s]

(c)　$T_s=0.05$ [s]　(d)　$T_s=0.75$ [s]

図 4.11　余弦波とそのサンプル値

答を示す．

離散時間関数

$$y(kT)=\cos(20\,\pi kT)\,(k=0,1,2,\cdots)$$

に対して，たとえば $T_s=0.01,\ 0.05,\ 0.075$ [s] に対するサンプル値応答を図 4.11 に示す．入力信号の周波数は $f_c=10$ [Hz] であり，その 1/2 よりも大きな周波数でサンプリングした図 4.11 (d) の場合，元の余弦波には含まれない長い周期の振動成分を含んでしまう．つまり，元の波形が持つ周波数の性質が失われてしまうことがわかる．

4.1.2　z 変換法

a.　z　変　換

式 (4.9) のサンプル値信号 $f^*(t)$ をラプラス変換すると

$$E^*(s)=\sum_{k=0}^{\infty}f(kT)e^{-kTs} \tag{4.21}$$

となる．この $E^*(s)$ において

$$e^{sT}=z,\ s=\frac{1}{T}\ln z \tag{4.22}$$

とおき z で置換すると

$$F^*(s)|_{s=\frac{1}{T}\ln z}=F(z)=\sum_{k=0}^{\infty}f(kT)z^{-k} \tag{4.23}$$

を得る．

一般に，時間関数 $f(t)$（サンプル値系列 $f(0), f(T), f(2T), \cdots$）に対して

$$F(z)=f(0)+f(T)z^{-1}+f(2T)z^{-2}+\cdots=\sum_{k=0}^{\infty}f(kT)z^{-k} \tag{4.24}$$

という z の関数を定める変換を z 変換（z-transform）といい，$F(z)=\mathcal{Z}[f(t)]$ で表す．式(4.24)において，z^{-1} は離散時間信号を1サンプル遅らせる演算子(operator)と考えることもできる．

【例題 4.1】 次の連続信号に対する z 変換を計算せよ．(i) $f(t)=\mathbb{1}(t)$，(ii) $f(t)=e^{-at}$，(iii) $f(t)=\sin\omega t$

［解］ (i) サンプル値系列 $f^*(t)=\sum_{k=0}^{\infty}\delta(t-kT)$ より

$$F(z)=\sum_{k=0}^{\infty}z^{-k} \tag{4.25}$$

これを閉じた形式で表すと，$|z^{-1}|<1$ に対して

$$E(z)=\frac{1}{1-z^{-1}}=\frac{z}{z-1} \tag{4.26}$$

(ii) サンプル値系列 $f^*(t)=\sum_{k=0}^{\infty}e^{-akT}\delta(t-kT)$ より

$$F(z)=\sum_{k=0}^{\infty}e^{-akT}z^{-k} \tag{4.27}$$

$$=\frac{1}{1-e^{-aT}z^{-1}}=\frac{z}{z-e^{-aT}},\quad (|z^{-1}|<|e^{aT}|) \tag{4.28}$$

(iii) サンプル値系列 $f^*(t)=\sum_{k=0}^{\infty}(\sin\omega kT)\delta(t-kT)$ より

$$F(z)=\sum_{k=0}^{\infty}(\sin\omega kT)z^{-k}=\frac{1}{2j}\sum_{k=0}^{\infty}(e^{j\omega kT}-e^{-j\omega kT})z^{-k} \tag{4.29}$$

$$=\frac{1}{2j}\left(\frac{1}{1-e^{j\omega T}z^{-1}}-\frac{1}{1-e^{-j\omega T}z^{-1}}\right),\ (|z^{-1}|<1)$$

$$=\frac{1}{2j}\left(\frac{z}{z-e^{j\omega T}}-\frac{z}{z-e^{-j\omega T}}\right)$$

$$=\frac{(\sin \omega T)z}{z^2-2(\cos \omega T)z+1} \tag{4.30}$$ ■

実際の系の解析にしばしば出てくる時間関数とそのラプラス変換および z 変換を表 4.1 に示す．連続時間系の伝達関数 $F(s)$ から $F(z)$ を与える変換 $F(z)=\mathcal{Z}[F(s)]$ を求める場合，この表を用いると便利である．例えば $F(s)$ を

$$F(s)=\frac{K_1}{s+a_1}+\frac{K_2}{s+a_2}+\cdots \tag{4.31}$$

と部分分数に展開し，それぞれの項に表 4.1 を適用することにより

$$F(z)=\frac{K_1 z}{z-e^{-a_1 T}}+\frac{K_2 z}{z-e^{-a_2 T}}+\cdots \tag{4.32}$$

が求まる．

以下に，z 変換における諸性質を示しておく．

(a) 線形性

$$\mathcal{Z}[f_1(t)\pm f_2(t)]=F_1(z)\pm F_2(z) \tag{4.33}$$

$$\mathcal{Z}[af(t)]=aF(z) \tag{4.34}$$

(b) 時間領域における推移（遅れ）

$$\mathcal{Z}[f(t-nT)]=z^{-n}F(z) \tag{4.35}$$

(c) 時間領域における推移（進み）

表 4.1 z 変換表

時間関数	ラプラス変換	z 変換
$\delta(t)$	1	1
$\mathbb{1}(t)$	$\frac{1}{s}$	$\frac{z}{z-1}$
t	$\frac{1}{s^2}$	$\frac{Tz}{(z-1)^2}$
e^{-at}	$\frac{1}{s+a}$	$\frac{z}{z-e^{-aT}}$
te^{-at}	$\frac{1}{(s+a)^2}$	$\frac{Te^{-aT}z}{(z-e^{-aT})^2}$
$1-e^{-at}$	$\frac{a}{s(s+a)}$	$\frac{(1-e^{-aT})z}{(z-1)(z-e^{-aT})}$
$\sin \omega t$	$\frac{\omega}{s^2+\omega^2}$	$\frac{(\sin \omega T)z}{z^2-2(\cos \omega T)z+1}$
$\cos \omega t$	$\frac{s}{s^2+\omega^2}$	$\frac{z^2-(\cos \omega T)z}{z^2-2(\cos \omega T)z+1}$
$e^{-aT}\sin \omega t$	$\frac{\omega}{(s+a)^2+\omega^2}$	$\frac{e^{-aT}(\sin \omega T)z}{z^2-2e^{-aT}(\cos \omega T)z+e^{-2aT}}$
$e^{-at}\cos \omega t$	$\frac{s+a}{(s+a)^2+\omega^2}$	$\frac{z^2-e^{-aT}(\cos \omega T)z}{z^2-2e^{-aT}(\cos \omega T)z+e^{-2aT}}$

$$\mathcal{Z}[f(t+nT)]=z^nF(z)-\sum_{l=0}^{n-1}f(lT)z^{n-l} \tag{4.36}$$

(d)　複素数領域の推移

$$\mathcal{Z}[e^{\pm at}f(t)]=F(e^{\mp aT}z) \tag{4.37}$$

(e)　初期値の定理

$$f(0)=\lim_{z\to\infty}F(z) \tag{4.38}$$

(f)　最終値の定理

$$\lim_{k\to\infty}f(kT)=\lim_{z\to 1}(1-z^{-1})F(z) \tag{4.39}$$

［証明］　(a)

$$\mathcal{Z}[f_1(t)\pm f_2(t)]=\sum_{k=0}^{\infty}[f_1(kT)z^{-k}\pm f_2(kT)z^{-k}]=\sum_{k=0}^{\infty}f_1(kT)z^{-k}\pm\sum_{k=0}^{\infty}f_2(kT)z^{-k}$$
$$=F_1(z)\pm F_2(z) \tag{4.40}$$

$$\mathcal{Z}[af(t)]=\sum_{k=0}^{\infty}af(kT)z^{-k}=a\sum_{k=0}^{\infty}f(kT)z^{-k}=aF(z) \tag{4.41}$$

(b)

$$\mathcal{Z}[f(t-nT)]=\sum_{k=0}^{\infty}f(kT-nT)z^{-k}=z^{-n}\sum_{k=0}^{\infty}f(\overline{k-n}\,T)z^{-(k-n)} \tag{4.42}$$

$l=k-n$ とおき，$t<0$ で $f(t)=0$ を考慮すれば

$$\mathcal{Z}[f(t-nT)]=z^{-n}\sum_{l=-n}^{\infty}f(lT)z^{-l}=z^{-n}F(z) \tag{4.43}$$

(c)　(b) と同様に

$$\mathcal{Z}[f(t+nT)]=\sum_{k=0}^{\infty}f(kT+nT)z^{-k}=z^n\sum_{k=0}^{\infty}f(\overline{k+n}\,T)z^{-(k+n)}$$
$$=z^n\sum_{l=n}^{\infty}f(lT)z^{-l}=z^n\left[F(z)-\sum_{l=0}^{n-1}f(lT)z^{-l}\right] \tag{4.44}$$

(d)

$$\mathcal{Z}[e^{\pm at}f(t)]=\sum_{k=0}^{\infty}f(kT)e^{\pm akT}z^{-k} \tag{4.45}$$

$z_1=ze^{\mp aT}$ とおくと

$$\text{式}\,(4.45)=\sum_{k=0}^{\infty}f(kT){z_1}^{-k}=F(z_1)=F(ze^{\mp at}) \tag{4.46}$$

(e)

$$F(z)=\sum_{k=0}^{\infty}f(kT)z^{-k}=f(0)+f(T)z^{-1}+f(2T)z^{-2}+\cdots$$

$$\therefore \quad \lim_{z\to\infty} F(z) = f(0) \tag{4.47}$$

(f)

$$(1-z^{-1})F(z) = f(0) + (f(T)-f(0))z^{-1} + (f(2T)-f(T))z^{-2} + \cdots + (f(kT)-f(\overline{k-1}\,T))z^{-k} + \cdots$$

$$\therefore \quad \lim_{z\to 1}(1-z^{-1})F(z) = \lim_{k\to\infty} f(kT) \tag{4.48}$$

b. 逆 z 変換

$F(z)$ から時系列 $f(kT)$ を定めることを逆 z 変換という．逆 z 変換公式は

$$f(kT) = \mathcal{Z}^{-1}[F(z)] = \frac{1}{2\pi j}\oint_{\Gamma} F(z) z^{k-1} dz \tag{4.49}$$

で与えられる．ただし，上式の積分計算をそのまま行うのはまれであり，実際には，次の 2 つの方法によって $f(kT)$ を求めることになる．なお，逆 z 変換ではサンプリング時点の値のみ定まるのであって，連続時間の関数として一意に決まらないことは注意すべきである．

1) 部分分数展開法　$F(z)$ を通常の方法によって，部分分数

$$F(z) = \frac{K_1}{z-p_1} + \frac{K_2}{z-p_2} + \cdots \tag{4.50}$$

に展開する．次に $F_1(z) = zF(z)$，すなわち

$$F_1(z) = \frac{K_1 z}{z-p_1} + \frac{K_2 z}{z-p_2} + \cdots \tag{4.51}$$

を定める．先の z 変換表より

$$f_1(kT) = \mathcal{Z}^{-1}[F_1(z)] = K_1 p_1{}^k + K_2 p_2{}^k + \cdots \tag{4.52}$$

したがって，推移定理を用いて

$$f(kT) = \mathcal{Z}^{-1}[z^{-1}F_1(z)] = f_1(\overline{k-1}\,T)$$
$$= K_1 p_1{}^{k-1} + K_2 p_2{}^{k-1} + \cdots \qquad (k=1, 2, 3, \cdots) \tag{4.53}$$

を得る．

2) べき級数展開法　$F(z)$ が有理関数

$$F(z) = \frac{b_0 z^n + b_1 z^{n-1} + \cdots + b_n}{a_0 z^n + a_1 z^{n-1} + \cdots + a_n} \tag{4.54}$$

で表されているものとすれば，多項式の除法により，べき級数

$$F(z) = c_0 + c_1 z^{-1} + c_2 z^{-2} + \cdots + c_k z^{-k} + \cdots \tag{4.55}$$

を得ることができる．ただし

$$c_0 = b_0/a_0$$

$$c_1=(b_1-a_1c_0)/a_0$$
$$c_2=(b_2-a_2c_0-a_1c_1)/a_0$$
$$c_3=(b_3-a_3c_0-a_2c_1-a_1c_2)/a_0$$
$$\cdots$$
$$c_k=\left(b_k-\sum_{j=0}^{k-1}a_{k-j}c_j\right)/a_0 \quad (a_h=b_h=0,\ h>n) \tag{4.56}$$
$$\cdots$$

である．明らかに，式 (4.55) は z 変換の定義式 (4.24) にほかならない．よって

$$f(kT)=c_k \quad (k=0, 1, 2, \cdots)$$

を得る．

【例題 4.2】　$F(z)=\dfrac{z+0.5}{(z-1)(z-0.5)}$ の逆 z 変換を求めよ．

［解］

(a)　部分分数

$$F(z)=\frac{3}{z-1}-\frac{2}{z-0.5}$$

に展開し，式 (4.53) より，

$$f(kT)=3-2\times0.5^{k-1}=3-4\times0.5^k \tag{4.57}$$

$k=1, 2, 3, \cdots$ についての値を求めれば，時系列

$$f(T)=1,\quad f(2T)=2,\quad f(3T)=2.5,\quad f(4T)=2.75, \cdots \tag{4.58}$$

を得る．

(b)　べき級数展開法では，式 (4.56) より

$$c_0=0$$
$$c_1=b_1/a_0=1$$
$$c_2=-a_1c_1/a_0=2$$
$$c_3=(-a_2c_1-a_1c_2)/a_0=2.5$$
$$c_4=(-a_2c_2-a_1c_3)/a_0=2.75$$
$$\cdots$$

となり，時系列を表す式 (4.58) と同じ結果が得られる．　■

4.1.3　パルス伝達関数

本項ではディジタル制御系を扱うための基本となるパルス伝達関数について説

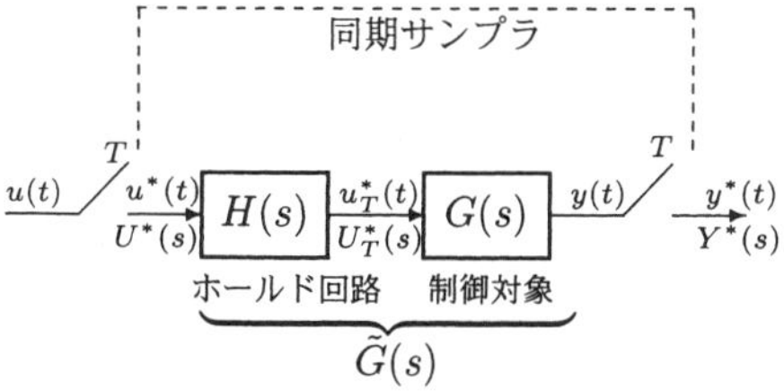

(a) 同期サンプラをもつ開ループ系

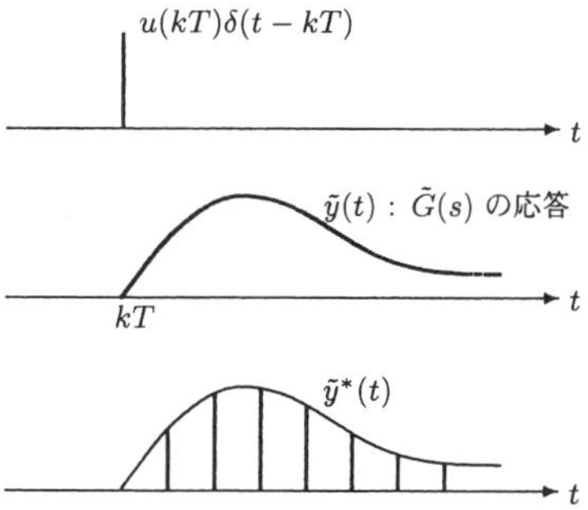

(b) $\widetilde{G}(s)$ の出力

図 4.12 パルス伝達関数

明する．

まず，図 4.12 (a) に示すように制御対象の出力端に，入力側と同期した仮想的なサンプラをもつ開ループ系を考える．サンプル値入力

$$u^*(t)=\sum_{k=0}^{\infty}u(kT)\delta(t-kT) \tag{4.59}$$

のうち，ある一つのインパルス $u(kT)\delta(t-kT)$ に対する $\widetilde{G}(s)$ の応答を $\tilde{y}(t)$ とおくと

$$\tilde{y}(t)=\begin{cases}0 & (t<kT)\\ g(t-kT)u(kT) & (t\geq kT)\end{cases} \tag{4.60}$$

である (図 4.12 (b))．ただし，

$$g(t)=\mathcal{L}^{-1}[\widetilde{G}(s)]=\mathcal{L}^{-1}[H(s)G(s)] \tag{4.61}$$

$\tilde{y}(t)$ を周期 T でサンプリングして得られる出力系列 $\tilde{y}^*(kT)$ は

$$\begin{aligned}\tilde{y}^*(t)&=\sum_{l=k}^{\infty}g(\overline{l-k}\,T)\delta(t-lT)u(kT)\\ &=\sum_{l=0}^{\infty}g(lT)\delta(t-\overline{k+l}\,T)u(kT)\end{aligned} \tag{4.62}$$

となるので，その z 変換は

$$\widetilde{Y}(z)=\sum_{l=0}^{\infty}g(lT)z^{-(k+l)}u(kT)=z^{-k}\sum_{l=0}^{\infty}g(lT)z^{-l}u(kT) \tag{4.63}$$

式 (4.59) のインパルス列 $u^*(t)$ に対する応答 $y^*(t)$ は式 (4.62) の $\tilde{y}^*(t)$ を $k=0\sim\infty$ について加え合わせた

$$y^*(t)=\sum_{k=0}^{\infty}\tilde{y}^*(t) \tag{4.64}$$

になる．したがって，$y^*(t)$ の z 変換 $Y(z)$ は (4.63) 式の $\tilde{Y}(z)$ を $k=0\sim\infty$ について加えることにより次式のものが得られる．

$$Y(z)=\sum_{k=0}^{\infty}\left(\sum_{l=0}^{\infty}g(lT)z^{-l}\right)z^{-k}u(kT)=G(z)U(z) \tag{4.65}$$

上式は，離散時間信号の z 変換の比 $G(z)=Y(z)/U(z)$ が連続時間部分の伝達関数 $\tilde{G}(s)$ の z 変換になることを意味している．この $G(z)$ のことをパルス伝達関数 (pulse transfer function) と呼び，次式で定義される．

$$G(z)=\mathcal{Z}[H(s)G(s)] \tag{4.66}$$

この式で，z 変換の中にホールド回路の伝達関数 $H(s)$ も含まれていることに注意されたい．

例えば，ホールド回路が 0 次ホールドで制御対象が $G(s)=K/(1+\alpha s)$ の場合のパルス伝達関数は次のようになる．

$$\begin{aligned}G(z)&=\mathcal{Z}\left[\frac{1-e^{-Ts}}{s}\frac{K}{1+\alpha s}\right]=(1-z^{-1})\mathcal{Z}\left[\frac{K}{s(1+\alpha s)}\right]\\&=(1-z^{-1})\frac{Kz(1-e^{-T/\alpha})}{(z-1)(z-e^{-T/\alpha})}=K\frac{1-e^{-T/\alpha}}{z-e^{-T/\alpha}}\end{aligned} \tag{4.67}$$

4.1.4 状態方程式の離散化

連続時間制御系の場合には，システム全体を微分方程式で記述し，その微分方程式の解の性質を調べることによってシステム全体の解析が行われるのに対し，ディジタル制御系では，システム全体を差分方程式によって記述し，その差分方程式に基づき，制御系の解析や補償器の設計が行われることになる．以下，本項では簡単のため，離散的信号 $x(kT)$ におけるサンプリング周期 T を省略して，単に $x(k)$ と記す．

連続時間系の状態方程式

$$\dot{x}(t)=Ax(t)+Bu(t) \tag{4.68}$$

に対する解 $x(t)$ は，よく知られているように

$$x(t)=\Phi(t-t_0)x(t_0)+\int_{t_0}^{t_1}\Phi(t-\tau)Bu(\tau)d\tau \tag{4.69}$$

ここに $\Phi(t)$ は遷移行列で，行列指数関数

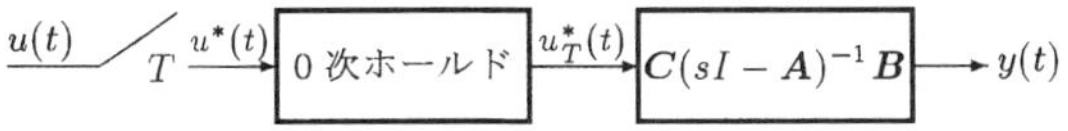

図 4.13 状態方程式の離散化

$$\Phi(t)=e^{At}=I+At+\frac{1}{2!}A^2t^2+\cdots+\frac{1}{k!}A^kt^k+\cdots \tag{4.70}$$

で与えられる．

いま，$t=kT$ から $t=(k+1)T$ までの状態の遷移だけを考えると

$$x(k+1)=\Phi(T)x(k)+\int_{kT}^{(k+1)T}\Phi(\overline{k+1}\,T-\tau)Bu(\tau)d\tau \tag{4.71}$$

となる．入力 $u(t)$ を図 4.13 に示すように，0 次ホールドの出力として考えると

$$u(t)=u(kT),\quad kT\leq t<(k+1)T$$

であるから，式 (4.71) は

$$x(k+1)=A_dx(k)+B_du(k) \tag{4.72}$$

$$A_d=\Phi(T) \tag{4.73}$$

$$\begin{aligned}B_d&=\int_0^T\Phi(\tau)d\tau B\\&=T\left[I+\frac{1}{2!}AT+\cdots+\frac{1}{(k+1)!}A^kT^k+\cdots\right]B\end{aligned} \tag{4.74}$$

と整理される．

式 (4.72) は状態 $x(kT)$ と $x(\overline{k+1}\,T)$ の間の関係を状態遷移行列 $\Phi(T)=A_d$ をもって表した式で，離散時間系の状態方程式と呼ばれる．先の推移定理より明らかなように，その z 変換表現は次式となる．

$$zX(z)-zx(0)=A_dX(z)+B_dU(z) \tag{4.75}$$

これより

$$X(z)=(zI-A_d)^{-1}zx(0)+(zI-A_d)^{-1}B_dU(z) \tag{4.76}$$

$$\begin{aligned}Y(z)&=CX(z)\\&=C(zI-A_d)^{-1}zx(0)+C(zI-A_d)^{-1}B_dU(z)\end{aligned} \tag{4.77}$$

を得る．

したがって，初期値 $x(0)=0$ とおくと，離散時間系における入力から出力へのパルス伝達関数は

$$G(z)=C(zI-A_d)^{-1}B_d \tag{4.78}$$

で与えられる．これは式(4.66)を状態空間で実現したものに対応する．

このような離散形の状態方程式は，4.1.6項でも述べるように，ディジタル計算機によるコントローラ(一般にはディジタルフィルタ)の内部状態を差分的に計算するプログラムに利用できることのほか，微分方程式の時間応答を計算機により求めるための1ツールとしても利用できる．

【例題4.3】 次の連続時間状態方程式をサンプリング時間 $T=0.2$, 1.0 [s] でそれぞれ離散化し，$u(t)=0$ とおいた場合の系の自由応答を求めよ．

$$\frac{d}{dt}\begin{bmatrix} x_1(t) \\ x_2(t) \end{bmatrix}=\begin{bmatrix} 0 & 1 \\ -2 & -0.4 \end{bmatrix}\begin{bmatrix} x_1(t) \\ x_2(t) \end{bmatrix}+\begin{bmatrix} 0 \\ 1 \end{bmatrix}u(t),\quad \begin{bmatrix} x_1(0) \\ x_2(0) \end{bmatrix}=\begin{bmatrix} 1 \\ 1 \end{bmatrix}$$

$$y(t)=[1 \quad 0]\begin{bmatrix} x_1(t) \\ x_2(t) \end{bmatrix}=x_1(t) \tag{4.79}$$

[解] 式(4.70)および式(4.74)において，有限な k，たとえば $k=10$ で打ち切ると，それぞれのサンプリング時間に対して

$$T=0.2\,[\mathrm{s}]\,;\; A_d\cong\begin{bmatrix} 0.2544 & 0.5763 \\ -1.1526 & 0.0239 \end{bmatrix},\quad B_d\cong\begin{bmatrix} 0.03870 \\ 0.3793 \end{bmatrix}$$

$$T=1.0\,[\mathrm{s}]\,;\; A_d\cong\begin{bmatrix} 0.9613 & 0.1897 \\ -0.3793 & 0.8854 \end{bmatrix},\quad B_d\cong\begin{bmatrix} 0.7456 \\ 1.1526 \end{bmatrix}$$

を得る．ディジタル計算機による適当なプログラム処理により，差分式

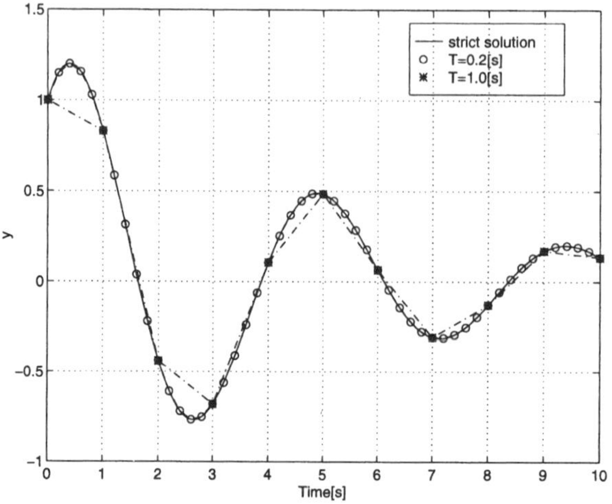

図4.14　離散時間系における自由応答

$$\begin{bmatrix} x_1(k+1) \\ x_2(k+1) \end{bmatrix} = A_d \begin{bmatrix} x_1(k) \\ x_2(k) \end{bmatrix}, \quad y(k) = [1 \quad 0] \begin{bmatrix} x_1(k) \\ x_2(k) \end{bmatrix} \tag{4.80}$$

を求めると，図 4.14 に示す離散的な応答を得る．この図における実線は微分方程式 (4.79) の厳密解 ($u(t)=0$)

$$y(t) = e^{-0.2t}(0.8571 \sin 1.4\,t + \cos 1.4\,t) \tag{4.81}$$

である． ■

4.1.5 閉ループ系の安定性

図 4.2 に示したディジタルコントローラを含むサンプル値制御系は，図 4.15 によって表される．同図において，$G(z)$ と $C(z)$ はそれぞれ制御対象とその補償器のパルス伝達関数を表す．$C(z)$ は図 4.1 の系でいえば，マイクロプロセッサによってディジタル演算される部分である．

さて，図 4.15 における閉ループパルス伝達関数はそれぞれ

$$\frac{Y^*(s)}{R^*(s)} = \frac{Y(z)}{R(z)} = \frac{C(z)G(z)}{1+C(z)G(z)} = \frac{N(z)}{D(z)} \tag{4.82}$$

となる．ここで閉ループ系の極，すなわち $D(z)=0$ の根をすべて相異なる $z_1, z_2, \cdots$, とすれば，インパルス入力 $r(t)=\delta(t)$ に対応する応答は

$$Y_T^*(s) = \left(\frac{1-e^{-Ts}}{s}\right) Y^*(s) \tag{4.83}$$

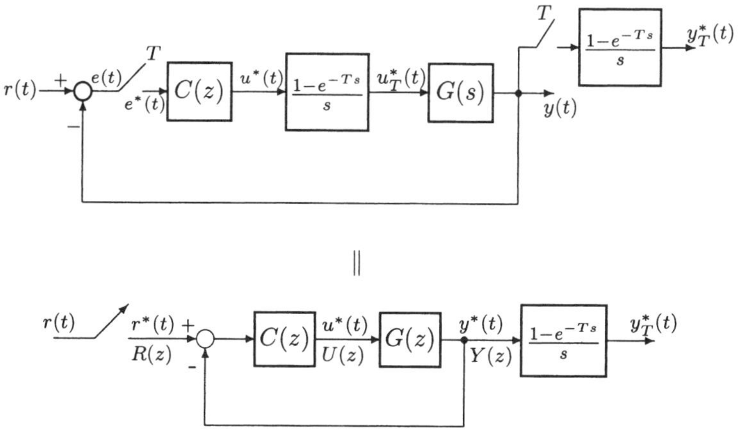

図 4.15 閉ループサンプル値制御系

$$
\begin{aligned}
Y^*(s)=Y(z)&=\frac{K_1}{z-z_1}+\frac{K_2}{z-z_2}+\cdots\\
&=\frac{K_1z^{-1}}{1-z_1z^{-1}}+\frac{K_2z^{-1}}{1-z_2z^{-1}}+\cdots\\
&=(K_1+K_2+\cdots)z^{-1}+(K_1z_1+K_2z_2+\cdots)z^{-2}\\
&\quad+(K_1z_1{}^2+K_2z_2{}^2+\cdots)z^{-3}+
\end{aligned}
\tag{4.84}
$$

となるから

$$
y(kT)=K_1z_1{}^{k-1}+K_2z_2{}^{k-2}+\cdots\quad(k=1,2,\cdots) \tag{4.85}
$$

と表すことができる．よって $i=1,2,\cdots$ について

$$
|z_i|<1 \tag{4.86}
$$

ならば，$k\to\infty$ に対し，式(4.85)の時系列 $y(kT)$ は0に漸近することがわかる．式(4.86)の条件は，複素平面上で考えれば，すべての極 $z_1, z_2, \cdots$ が単位円内に存在することと等価である．

このことは，$z=e^{Ts}$ が s 平面の左半面を z 平面の単位円の内側に対応させる写像であることからもわかる．したがって，閉ループ系の安定判別は，式(4.82)の特性方程式

$$
D(z)=1+C(z)G(z)=0 \tag{4.87}
$$

の根が単位円の内部に存在するかどうかを判定すればよい．

そのほかの閉ループ系の安定判別法として，z から s への写像変換を用いて連続時間系の場合と同様，特性多項式の係数に対してラウス・フルビッツの判別法を利用する方法もある．その z 平面から s 平面への写像変換として，次の双1次変換を考える．

双1次変換の変換式は，1サンプル区間の積分を台形近似することによって導かれる．すなわち，連続時間関数 $y(t)$ のある時刻 t における値は，それよりも1サンプル分だけ前の時刻 $(t-T)$ における値と，その後の T だけの時間経過による増分の和として次式のように表すことができる．

$$
y(t)=y(t-T)+\int_{(t-T)}^{t}\dot{y}(t)dt,\ \ \dot{y}(t)=\frac{dy(t)}{dt} \tag{4.88}
$$

この式中の積分を台形近似することにより，次式が導かれる．

$$
y(t)-y(t-T)=\frac{T}{2}\frac{d}{dt}[y(t)+y(t-T)] \tag{4.89}
$$

上式の両辺をラプラス変換すると

$$Y(s)(1-e^{-sT})=\frac{T}{2}sY(s)(1+e^{-Ts}) \tag{4.90}$$

となり，$z=e^{Ts}$ の関係式を代入すると

$$s=\frac{2}{T}\frac{1-z^{-1}}{1+z^{-1}}=\frac{2}{T}\frac{z-1}{z+1} \tag{4.91}$$

が導かれる．この式から逆に

$$z=\frac{1+\left(\frac{T}{2}\right)s}{1-\left(\frac{T}{2}\right)s} \tag{4.92}$$

を得る．上の2式による s 領域と z 領域との変換は，分母・分子ともに1次の有理関数をもつため，双1次変換 (bilinear transformation) と呼ばれる．双1次変換によれば，図4.16に示すように s 平面の左半面は z 平面の単位円の内側に写像されることになる．なお，(4.92) 式の s の係数 $T/2$ は s のスケールを変えるだけで安定性に影響を与えない (例題4.4)．

式 (4.92) の s の有理関数をもって特性方程式 (4.87) を変換し，その特性多項式

$$\hat{D}(s)=\hat{a}_n s^n+\hat{a}_{n-1}s^{n-1}+\cdots+\hat{a}_1 s+\hat{a}_0 \tag{4.93}$$

に対しラウス・フルビッツ条件を適用すれば，連続時間系と同様，閉ループ系の安定性が判別できる．

【例題4.4】　図4.15の閉ループ系おいて，

$$T=0.5\,[\mathrm{s}],\ C(z)=K,\ G(s)=\frac{1}{s(1+0.5\,s)}$$

とおくとき，閉ループ系が安定であるための K の範囲を双1次変換を適用して

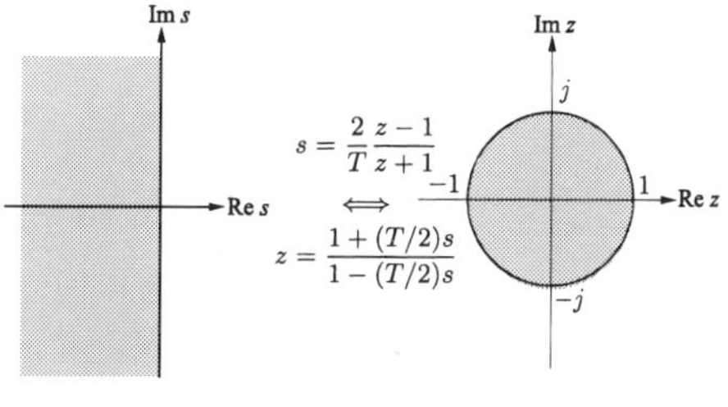

(a)　s 平面　　(b)　z 平面

図4.16　s 平面の左半面から z 平面の単位円への写像 (双1次変換)

定めよ．

［解］　開ループパルス伝達関数は

$$C(z)G(z)=\mathcal{Z}\left[\frac{1-e^{-Ts}}{s}\frac{K}{s(1+0.5\,s)}\right]=(1-z^{-1})\mathcal{Z}\left[\frac{K}{s^2}-\frac{K}{s(s+2)}\right]$$

$$=\frac{0.5\,K}{z-1}-\frac{0.5(1-e^{-1})K}{z-e^{-1}}$$

となる．上式を整理して，$1+C(z)G(z)=0$ を求めると

$$D(z)=z^2+(0.1840\,K-1.3679)z+0.1321\,K+0.3679=0$$

となる．これを双１次変換すると

$$\hat{D}(s)=\alpha^2(2.736-0.0519\,K)s^2$$
$$+2\alpha(0.6321-0.1321\,K)s+0.3161\,K=0$$

となる．ただし $\alpha=T/2$．これは２次の特性多項式であるから，ラウスの判別法より係数がすべて正であればよいので

$$0<K<4.785$$

を得る． ∎

4.1.6　ディジタル補償器の実現

近年のマイクロプロセッサの高速化により，制御装置のサンプリング周期は十分速く設定することができるようになった．このため連続時間形の補償器を設計してから，それを前述の双１次変換などで離散時間形に変換してディジタル補償器を得る方法が一般的となっている．

ディジタル補償器がプロパーな有理関数

$$C(z)=K\frac{z^n+b_1z^{n-1}+\cdots+b_{n-1}z+b_n}{z^n+a_1z^{n-1}+\cdots+a_{n-1}z+a_n} \tag{4.94}$$

で得られているものとする．これをディジタル計算機に実装する際のテクニックとして，4.1.4 項で述べた離散時間系の状態方程式で表す（実現（realization）する）方法がある．状態方程式には幾通りかの形があるが，その代表例として連続時間系の場合と同様な可制御・可観測正準形と対角（並列結合）正準形を示す．

式（4.94）を

$$C(z)=K\left[1+\frac{(b_1-a_1)z^{n-1}+\cdots+(b_{n-1}-a_{n-1})z+(b_n-a_n)}{z^n+a_1z^{n-1}+\cdots+a_{n-1}z+a_n}\right] \tag{4.95}$$

と整理すると，ディジタル補償器は以下の可制御・可観測正準形で実現される．

(a) 可制御正準形

$$\begin{bmatrix} x_1(k+1) \\ x_2(k+1) \\ \vdots \\ x_n(k+1) \end{bmatrix} = \begin{bmatrix} 0 & 1 & \cdots & 0 \\ \vdots & & \ddots & \\ 0 & 0 & \cdots & 1 \\ -a_n & -a_{n-1} & \cdots & -a_1 \end{bmatrix} \begin{bmatrix} x_1(k) \\ x_2(k) \\ \vdots \\ x_n(k) \end{bmatrix} + \begin{bmatrix} 0 \\ 0 \\ \vdots \\ 1 \end{bmatrix} Ke(k)$$

$$u(k) = [b_n - a_n \quad b_{n-1} - a_{n-1} \cdots b_1 - a_1] \begin{bmatrix} x_1(k) \\ x_2(k) \\ \vdots \\ x_n(k) \end{bmatrix} + Ke(k) \qquad (4.96)$$

(b) 可観測正準形

$$\begin{bmatrix} x_1(k+1) \\ x_2(k+1) \\ \vdots \\ x_{n-1}(k+1) \\ x_n(k+1) \end{bmatrix} = \begin{bmatrix} 0 & 0 & \cdots & 0 & -a_n \\ 1 & 0 & \cdots & 0 & -a_{n-1} \\ & \ddots & & \vdots & \vdots \\ 0 & \cdots & 1 & 0 & -a_2 \\ 0 & 0 & \cdots & 1 & -a_1 \end{bmatrix} \begin{bmatrix} x_1(k) \\ x_2(k) \\ \vdots \\ x_{n-1}(k) \\ x_n(k) \end{bmatrix} + \begin{bmatrix} b_n - a_n \\ b_{n-1} - a_{n-1} \\ \vdots \\ b_2 - a_2 \\ b_1 - a_1 \end{bmatrix} Ke(k)$$

$$u(k) = [0 \ 0 \cdots 1] \begin{bmatrix} x_1(k) \\ x_2(k) \\ \vdots \\ x_n(k) \end{bmatrix} + Ke(k) \qquad (4.97)$$

また，(4.94) 式が

$$C(z) = K\left(1 + \sum_{i=1}^{n} \frac{c_i}{z + \lambda_i}\right) \qquad (4.98)$$

と整理できるとき，ディジタル補償器は以下の対角正準形で実現される．

(c) 対角正準形

$$\begin{bmatrix} x_1(k+1) \\ x_2(k+1) \\ \vdots \\ x_n(k+1) \end{bmatrix} = \begin{bmatrix} -\lambda_1 & 0 & \cdots & 0 \\ 0 & -\lambda_2 & \cdots & 0 \\ & & \ddots & \\ 0 & 0 & \cdots & -\lambda_n \end{bmatrix} \begin{bmatrix} x_1(k) \\ x_2(k) \\ \vdots \\ x_n(k) \end{bmatrix} + \begin{bmatrix} 1 \\ 1 \\ \vdots \\ 1 \end{bmatrix} e(k)$$

$$u(k)=K[c_1\ \ c_2\cdots c_n]\begin{bmatrix}x_1(k)\\x_2(k)\\\vdots\\x_n(k)\end{bmatrix}+Ke(k) \tag{4.99}$$

実際に制御則をプログラミングするときには，プロセッサやA/D・D/A変換器のビット数，制御系の要求する精度などを考慮してそのディジタル補償器の構造を決定することが必要となる．

参考文献

1）B. C. Kuo 著，古田勝久，中野道雄監訳：ディジタル制御システム（上・下巻），CBS出版，1984.

2）美多　勉，原　辰次，近藤　良：基礎ディジタル制御，コロナ社，1988.

3）太田光雄編：自動制御，朝倉書店，1988.

4）荒木光彦：ディジタル制御理論入門，朝倉書店，1991.

演習問題

4.1　次の伝達関数のパルス伝達関数（z変換）を求めよ．

(1)　$\dfrac{1}{s^2+\omega^2}$　　　(2)　$\dfrac{1}{s(1+\tau s)}$

4.2　例題4.4において，比例ゲイン $K=1$ とおいた場合の閉ループ系の単位ステップ入力に対する出力応答を計算せよ．

4.3　次の $\boldsymbol{A}$ に対して e^{AT} を求めよ．

$$\boldsymbol{A}=\begin{bmatrix}0 & \omega\\-\omega & 0\end{bmatrix}$$

4.4　式(4.72)〜(4.74)より，次の連続時間系をサンプリング周期 T で離散化した状態方程式を求めよ．

$$\frac{d}{dt}\begin{bmatrix}x_1(t)\\x_2(t)\end{bmatrix}=\begin{bmatrix}0 & 1\\0 & -1\end{bmatrix}\begin{bmatrix}x_1(t)\\x_2(t)\end{bmatrix}+\begin{bmatrix}0\\1\end{bmatrix}u(t)$$

4.5　次のディジタル補償器の対角正準形を示せ．

$$C(z)=\frac{10z^2-3z+0.5}{z^2-0.1z-0.02}$$

4.6　演習問題4.2において，閉ループパルス伝達関数を状態方程式で表し，入力 $r(k)=1=$一定に対する出力応答 $y(0), y(1), y(2), \cdots$ を求めよ．ただし初期値 $x_1(0)=0$, $x_2(0)=0$ とする．

4.2　機械システム高機能化のための制御理論

“制御”は機械(メカニズム)を巧く動かす技術であり，さらに機械の機能を大幅に向上させる．産業用ロボットやCCV (control configured vehicle) などは，構造的に元々不安定な機械に「制御」を施すことによってより柔軟で複雑な動作を実現しようとするものである．また，自動車のアクティブサスペンションや4WS，さらに高層ビルや橋脚のアクティブ振動制御など，制御技術が活躍する場面は枚挙にいとまがない．

制御動作が有効に機能するためには適切な制御理論とそれを実行するためのハードウェアが必要であるが，近年のコンピュータの発達により理論が先行していた各種制御理論の実用化が進みつつある．以下では，機械制御の基礎について述べた後，機械システムを高機能化するために有効と思われるいくつかの制御理論の特徴を説明する．次に，ロボット制御理論について概説した後，制御理論の応用事例を紹介する．

4.2.1　機械制御の基礎

a.　運 動 機 構

図 4.17 は一般的な直線運動機構を示す．アクチュエータ(減速機を含む)の回転運動がボールねじにより直線運動に変換され，案内面上に設置された負荷質量を駆動する．負荷質量の送り速度や停止位置，作業対象部への押し付け力などが制御量(制御される量)となる．必要に応じて，アクチュエータの回転角度や質量の位置，押し付け力などが検出され，コントローラにフィードバックされる．コントローラは，それぞれの目標値とフィードバック量に基づいて，あらかじめ

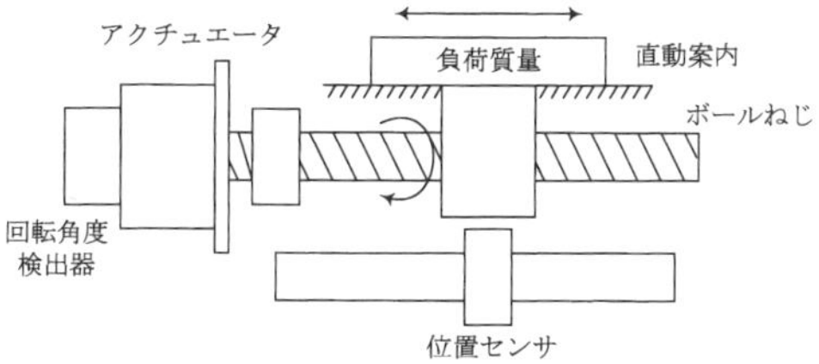

図 4.17　直線運動機構

設定されている制御則に従ってアクチュエータへの制御入力を計算する．運動機構が巧く動作するか否かは，運動機構を構成する個々の機器の性能にも依存するが，制御則の良し悪しに負うところも大きい．適切な制御則を決定することが制御理論の役割である．

b.　機械制御系

図 4.18 の運動機構を用いて機械制御の概念を説明する．運動方程式は次式で与えられる．

$$m\ddot{x}+b\dot{x}+kx=f \tag{4.100}$$

ここで，m は質量，b は粘性摩擦係数，k はばね定数，x は質量の位置，f は外力である．いま，f をアクチュエータにより任意に与えることができる制御入力とし，さらに，位置 x と速度 $\dot{x}$ はセンサにより検出できるものとして，次式のフィードバック制御を実行する．

$$f=k_P(x_d-x)-k_V\dot{x} \tag{4.101}$$

制御系の構成を図 4.19 に示す．式 (4.101) は，x を目標値 x_d に追従させる位置制御則であり，比例制御と速度フィードバックによって構成される．

式 (4.101) を式 (4.100) に代入すれば，閉ループ制御系の特性は次式で表される．

$$m\ddot{x}+(b+k_V)\dot{x}+(k+k_P)x=k_Px_d \tag{4.102}$$

制御系の減衰係数比 ζ と固有角周波数 ω_n は次式となる．

$$\zeta=(b+k_V)/2\sqrt{m(k+k_P)} \tag{4.103}$$

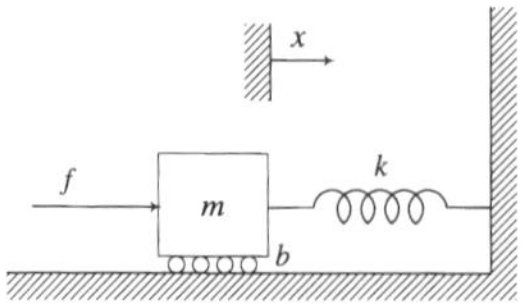

図 4.18　機械運動機構のモデル

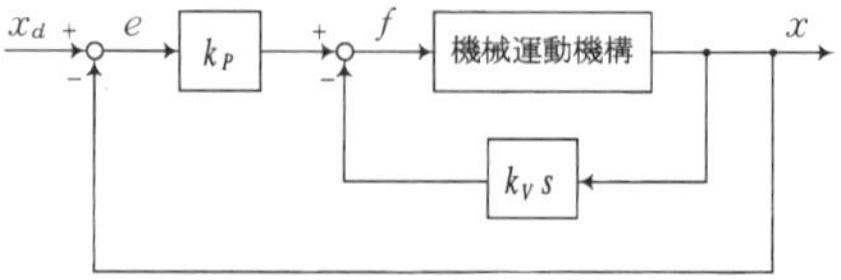

図 4.19　速度フィードバック補償を付加した比例制御系

$$\omega_n=\sqrt{(k+k_P)/m} \tag{4.104}$$

図 4.20 は静的ゲイン $1/(1+k/k_P)$ で無次元化した単位ステップ応答を示す．ζ と ω_n は制御系の動特性を決定する．制御ゲイン k_P と k_V を選ぶことにより制御系に任意の挙動をさせることができる．

また，定常状態において次式が成り立つ．

$$x=x_d/(1+k/k_P) \tag{4.105}$$

図 4.19 はいわゆる 0 型制御系であり，ステップ入力 x_d に対してオフセット(定常位置偏差)が生じる．オフセットを小さくして制御精度を向上させるためには，減衰性が許容できる範囲で，k_P をできるだけ大きく設定すればよい．

さらに，次式の PID 制御を実行した場合，

$$f=k_P(x_d-x)+k_I\int(x_d-x)dt+k_V(\dot{x}_d-\dot{x}) \tag{4.106}$$

閉ループ制御系の特性は次式で表される．

$$m\dddot{x}+(b+k_V)\ddot{x}+(k+k_P)\dot{x}+k_Ix=k_V\ddot{x}_d+k_P\dot{x}_d+k_Ix_d \tag{4.107}$$

制御系は図 4.21 に示すように 1 型の制御系となる．この場合，ステップ入力 x_d に対する定常位置偏差は 0 となり (定常状態において，$x=x_d$ となる)，高精度

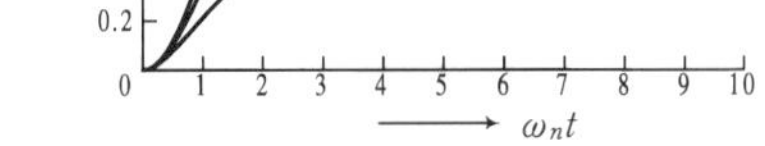

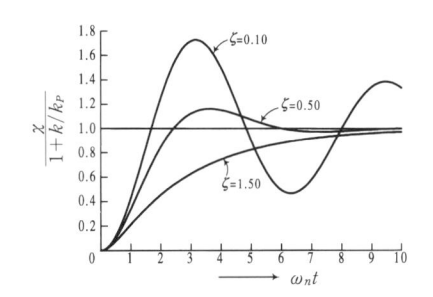

図 4.20 2 次機械運動系のステップ応答

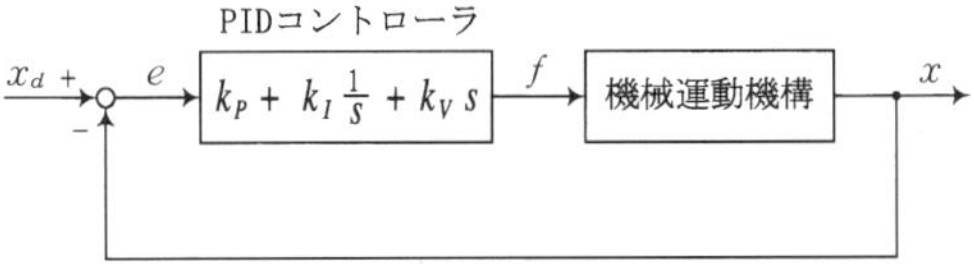

図 4.21 PID 制御系

な制御系が実現できる．また，制御系の特性方程式は次式となる．

$$ms^3+(b+k_V)s^2+(k+k_P)s+k_I=0 \tag{4.108}$$

制御系の速応性，減衰性(安定性)などの動特性は，特性方程式の根(特性根あるいは閉ループ系の極などと呼ばれる)によって決定される．これらの3根は，PIDコントローラのゲイン k_P, k_I および k_V によって自由に指定することができ，理論的には，3個のゲインを調整することにより任意の特性を有する制御系が実現できる．

c.　機械制御における問題

理論的には，制御系の次数(特性根の数)と同数の可調整ゲインを有する直列補償器あるいはフィードバック補償器を用いることにより，希望する制御系を設計できる．しかし，実際の機械システムにおいては，制御系設計時に考慮すべきいくつかの問題が存在する．

1)　外乱の影響　　運動機構に軸受けや案内面などの摺動部分がある場合，その潤滑状態によってクーロン摩擦(乾性摩擦)や静止摩擦などの非線形摩擦が作用する．また，ロボットマニピュレータなど多自由度の運動機構においては，各自由度間に干渉力(トルク)が作用する．運動方向が水平でなければ重力の影響も存在する．これらの外力を考慮してコントローラを設計できれば問題ないが，前もって同定できない場合や動作途中で変動する場合には，これらは外乱として制御系に悪影響を及ぼす．

図4.18において，外力 f_d が外乱として質量に作用する場合を考える．この場合，式(4.102)および式(4.107)はそれぞれ次のようになる．

$$m\ddot{x}+(b+k_V)\dot{x}+(k+k_P)x=k_Px_d+f_d \tag{4.109}$$

$$m\dddot{x}+(b+k_V)\ddot{x}+(k+k_P)\dot{x}+k_Ix$$
$$=k_V\ddot{x}_d+k_P\dot{x}_d+k_Ix_d+\dot{f}_d \tag{4.110}$$

比例制御を基本とした制御系においては，式(4.105)と同様に考えれば，外乱 f_d によって制御誤差が生じることがわかる．PID制御の場合には，ステップ状外乱に対しては定常偏差が生じないが，外乱 f_d が時間的に変動する場合にはその影響を受ける．

2)　パラメータ変動の影響　　式(4.107)において，運動機構のパラメータ m, b および k が既知であれば，これらの値に基づいて望ましい特性を実現する

ゲイン k_P, k_I および k_V を決定することができる．また，動作中にも m, b および k が変化しなければ一度決定したゲインが有効である．しかし，実際の機械システムにおいてこれらのパラメータを正確に同定できることはまれであり，制御途中で変化する場合も多い．たとえば，ロボットが手先にワークを把持するかしないかにより質量 m が変化する．摺動部の粘性摩擦係数 b は潤滑状態や負荷質量によって変化する．さらに，非線形特性を有する運動機構を制御する場合には，これらのパラメータが位置によって変化することもある．

3）**制御機器の制約**　本項 a. の議論は制御入力 f を発生するアクチュエータが理想的に機能する場合にのみ有効である．実際のアクチュエータが発生できる力には限界があり，その応答にも遅れが存在する．制御対象の動特性と比較してアクチュエータの動作遅れが無視できない場合には，アクチュエータの動特性も考慮した制御系設計が必要である．また，フィードバック用センサの検出分解能やコントローラにディジタル計算機を用いた場合には，そのサンプリング周期が問題になる．

以上述べた諸問題に対処するため，各種の制御理論が利用できる．

4.2.2　高機能化のための制御理論

機械システムの高速・高精度化の要求が高まるとともに，システムの動特性補償や振動低減を目的とした現代制御理論の実用化が進みつつある．また，ロボットなどの応用分野が広がるとともに，対象物との微妙な接触力の制御やロボット自身の柔軟性の制御，周囲環境物との協調機能などのニーズが高まりつつある．これらのニーズに対応するためには，コンピュータの演算能力を活用したより知能的な制御理論を積極的に導入する必要がある．機械システムの設計者やユーザは，これらの中から，対象とするシステムに適した制御理論を選択し採用する必要がある．

本項では，制御理論の概要について述べた後，いくつかの現代制御理論の特徴を説明する．

a.　制御理論の概要

フィードバック制御理論は，制御偏差をあまり大きくないと考えてシステムの挙動を動作点のまわりで線形化した線形理論を基調とし，1950 年代までの古典的な周波数応答法から 1960～1970 年代の状態空間法による極配置理論，オブザーバ理論，最適レギュレータ，カルマンフィルタ，内部モデル原理へと進み，1980年代に再び周波数応答法へ回帰し，H_∞制御理論へと発展した．このほか，制御対象の特性変動の影響を軽減するための制御方式として，適応制御理論やロバスト制御理論が展開されている．1960年代以降の制御理論は，1変数制御系だけでなく多変数制御系も取り扱うことができ，それまでの古典制御理論と区別され，まとめて現代制御理論と呼ばれている．

現場で一般的に使いこなされているのはPID制御を中心とする古典制御理論であり，現代制御理論に基づく制御方式はまだ特定分野に限定されている．現代制御理論を適用するためには制御対象の数学モデルが要求される．これに対して，ファジィ制御やニューラルネットワーク制御は正確な数学モデルを必要としない制御手法として注目されている．

b.　最 適 制 御

1960年代の初頭にポントリヤーギン(Pontryagin)の最大原理やベルマン(Bellman)の動的計画法が登場し，制御対象の特性表現に状態空間モデルを用いた最適制御理論が誕生した．最適制御理論については3.2.3項で詳細に記述されている．ここでは，その概要を述べる．

1)　最適レギュレータ　　図4.22に最適レギュレータ系の構成を示す．制御対象の特性は状態方程式と呼ばれる1階の線形連立微分方程式と出力方程式により記述される．すべての状態変数が既知であるとして，状態フィードバックと呼ばれる制御方式($\boldsymbol{u}=-\boldsymbol{K}\boldsymbol{x}$)によって状態変数$\boldsymbol{x}$から制御入力$\boldsymbol{u}$を決定し，外乱などによって定常値から変動した状態変数を元の値に戻す．状態フィードバック行列$\boldsymbol{K}$は，2次形式評価関数$\boldsymbol{J}=\int_0^\infty(\boldsymbol{x}^T\boldsymbol{Q}\boldsymbol{x}+\boldsymbol{u}^T\boldsymbol{R}\boldsymbol{u})dt$が最小となるように決定される．第1項は状態変数が変動しないで速やかに元の定常値に収束することを要求するものであり，第2項は制御エネルギーを抑制するための指

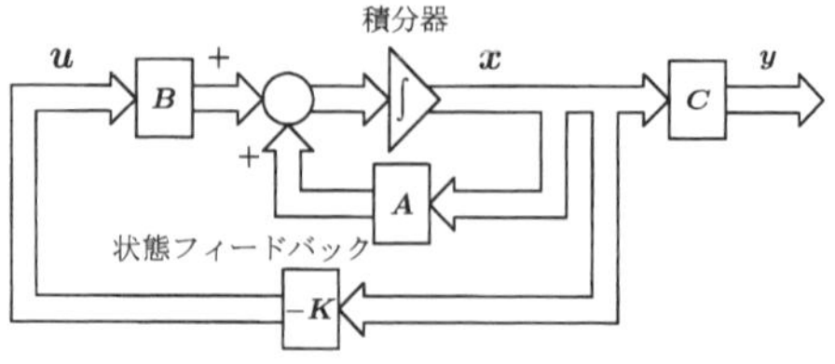

図4.22　最適レギュレータ系の構成

標である．一般に両者の要求は相反するため，重み行列 $\boldsymbol{Q}, \boldsymbol{R}$ は何らかの制御性能指標に基づいて決定する必要がある．現在，$\boldsymbol{Q}$ と $\boldsymbol{R}$ の大きさを陽に一義的に決める方法はなく，$\boldsymbol{Q}, \boldsymbol{R}$ の大きさを適当に変えて制御系をシミュレートすることにより，望ましい応答が得られるまで試行錯誤を繰り返す必要がある．この試行錯誤を避けるためには極配置法などが利用できるが，望ましい極配置を定める指針が必ずしも明確でなく，やはりシミュレーションによる評価が必要である．

2)　状態観測器(オブザーバ)　　最適レギュレータを動作させるためにはすべての状態変数の値を知る必要があるが，このようなことは実際の制御対象では容易でない．そこで，図 4.23 に示すように制御対象と並列に状態観測器(オブザーバ)を構成する．制御対象とその数学モデルに同じ制御入力を加え，両者の出力差が 0 になるようにフィードバック操作を行う．このときのモデル内の状態変数を実際の状態変数の推定値として利用する．図 4.23 に示すオブザーバは同一次元オブザーバと呼ばれ，すべての状態変数を推定するものである．これに対して，出力変数 $\boldsymbol{y}$ として測定される状態変数は推定しないで測定値をそのまま利用するものを最小次元オブザーバと呼ぶ．オブザーバの設計問題は誤差フィードバック行列 $\boldsymbol{H}$ を決定することであり，上で述べた最適レギュレータと同様の手法によって求められる．

3)　1型最適レギュレータ　　図 4.22 の最適レギュレータはいわゆる 0 型制御系であり，初期偏差は 0 に収束するが，持続外乱が存在したり目標値が変化した場合には定常誤差が生じる．この対策として，図 4.24 に示す 1 型最適レギュ

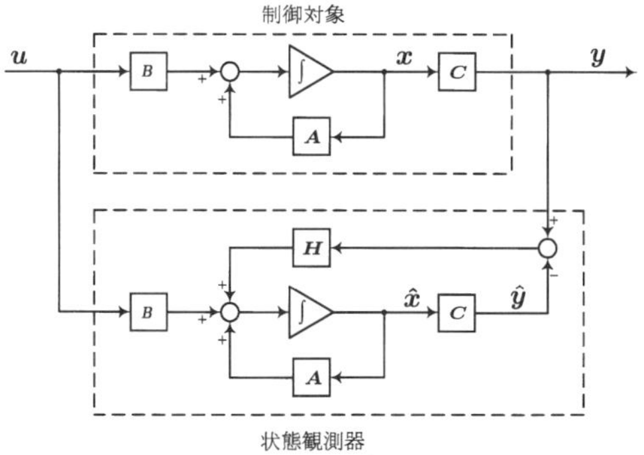

図 4.23　同一次元オブザーバ

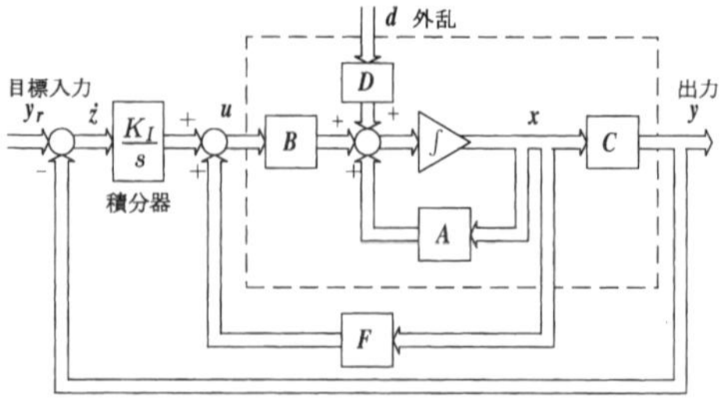

図 4.24　1 型最適レギュレータ系の構成

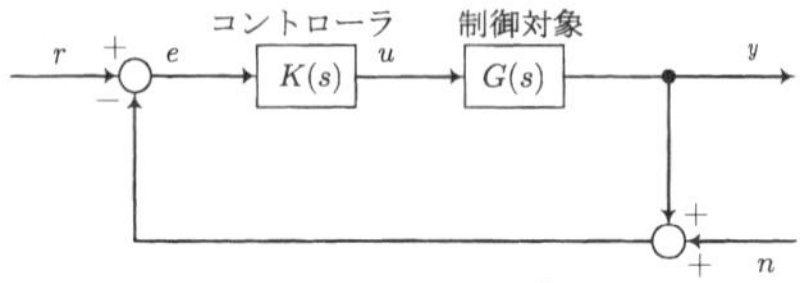

図 4.25　閉ループ制御系の構成

レータが利用される．これは，前向きループに積分器を挿入したものである．変数 $\boldsymbol{z}$ を状態変数に加えて拡張した状態方程式を用いることにより通常の最適レギュレータ理論が適用できる．2 次形式評価関数を最小化するように，状態フィードバック行列 $\boldsymbol{F}$ と積分ゲイン行列 $\boldsymbol{K}_I$ を決定する．

c. H_∞ 制　御

H_∞ 制御は，H_∞ ノルム（周波数応答のゲインの最大値）と呼ばれる評価基準を用いることにより，最適レギュレータと同様な行列計算によって制御系を設計するものである．H_∞ 制御の典型的な問題である混合感度問題について説明する．図 4.25 の制御系において，目標入力 r から制御偏差 e までの伝達関数 $S(s)$ は感度関数，観測ノイズ n から制御量 y までの伝達関数 $T(s)$ は相補感度関数と呼ばれる．目標値変化に対する追従特性や外乱抑圧特性を向上させるためには $|S(j\omega)|$ を小さく，観測ノイズの影響やロバスト安定性の改善のためには $|T(j\omega)|$ を小さくすればよい．しかし，$S(j\omega)+T(j\omega)=1$ の関係が成り立つため，同じ周波数域で上記の要求を両立させることは不可能である．このような問題に対処するため，ある周波数域では S を，別の周波数域では T を重視した制御系を設計する．

一般に，制御系の偏差は低周波数域におけるものが重視され，外乱は比較的低

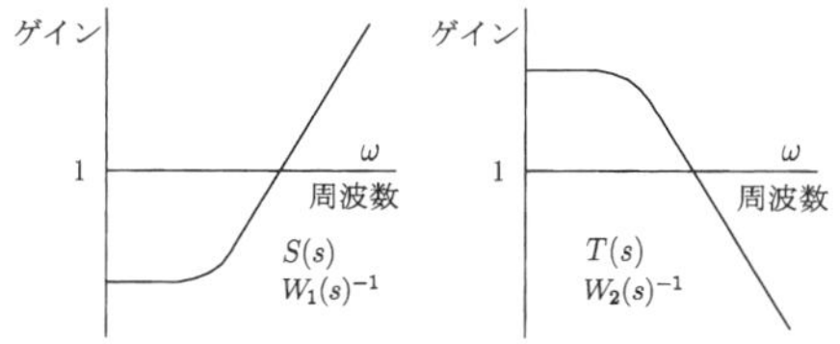

図 4.26 感度関数と周波数重み関数

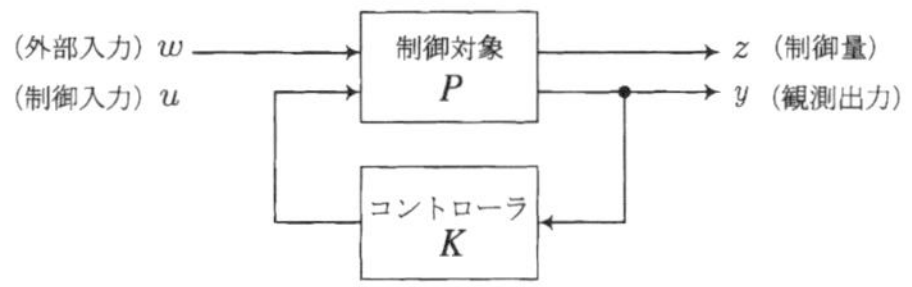

図 4.27 H_∞ 制御系の構成

周波数域に存在する．一方，観測ノイズは通常高周波数域に存在し，制御系の安定性を阻害する制御対象のパラメータ変動は高周波数域におけるほど顕著となる．したがって，図 4.26 に示すように，S は低周波数域において小さく，T は高周波数域において小さくなるように制御系を設計すればよい．H_∞ 制御では，図 4.26 に示すような周波数重み W_1 と W_2 を S と T に付加した加重和

$$J=\max_{\omega}[|W_1(j\omega)S(j\omega)|^2+|W_2(j\omega)T(j\omega)|^2] \tag{4.111}$$

の H_∞ ノルムを最小化するように制御系を設計する．

制御系を設計する際には，制御対象を図 4.27 のように記述し，$\boldsymbol{u}=\boldsymbol{K}\boldsymbol{y}$ で表されるコントローラのゲイン行列 $\boldsymbol{K}$ を決定する．H_∞ 制御問題の解法はいくつか提案されているが，制御系設計 CAD である MATLAB が便利に利用できる．H_∞ 制御は周波数領域の特性と時間領域の設計法を結びつけた点に特徴があり，古典制御理論と現代制御理論を融合させるものである．H_∞ 制御は多くの分野で応用されつつある．たとえば，設計仕様が周波数特性により与えられる振動制御などへの応用が有効であり，多くの実用事例が報告されている．

d. 適応制御

制御理論は制御対象の数学モデルに基づいて展開されるが，現実の制御対象には必ずなんらかの未知特性が存在する．このため数学モデルには必ずモデル化誤差が存在し，また，制御対象の特性は動作条件や経年変化の影響を受けると考え

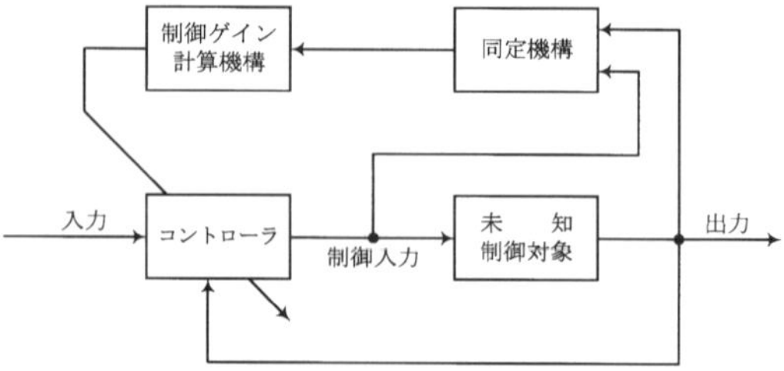

(a)　セルフチューニング制御系

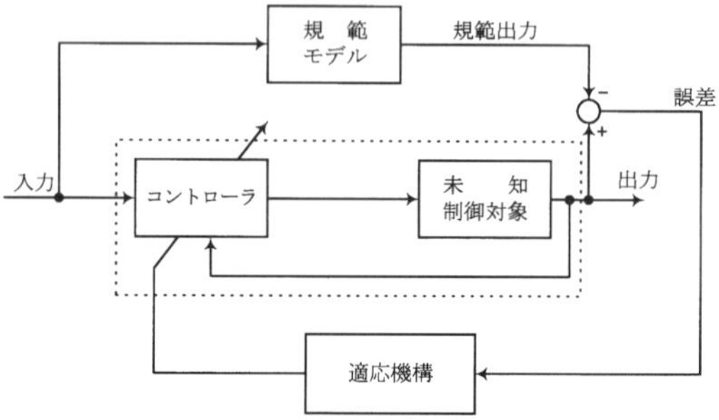

(b)　モデル規範形適応制御系

図 4.28　適応制御系の構成

ておく必要がある．適応制御はこのような問題に対処するものであり，未知特性の推定機能と推定された値に基づいてコントローラを調整する機能の両者を備えたものである．

適応制御法として，図 4.28 に示すようなセルフチューニング制御 (STC) とモデル規範形適応制御 (MRAC) が代表的である．STC は，制御対象の入出力信号から動特性モデルを推定し，それに基づいてコントローラのゲインを自動調整する方式である．MRAC は，目標値に対して望ましい応答特性を有する規範モデルの出力と制御量とが一致するようにコントローラを調整する方式である．両方式の出発点は大きく異なるが，現在は同様の枠組をもっている．

適応制御の研究は，パラメータ推定機構の収束問題など理論的研究が先行していたが，近年，計算機の普及とともにその応用例あるいは応用を意識した研究が増えている．また，モデル化誤差に対するロバスト性を考慮した研究やニューラルネットワークを併用した研究など広範囲な研究が進められている．

e.　ロバスト制御

ロバスト制御は，モデル化誤差や外乱の影響を最小限に抑制することを目的とした制御手法である．先に述べた H_∞ 制御もその一つである．ここでは，まず，基本的なロバスト制御法である2自由度制御の基本概念について説明する．

2自由度制御は，目標値追従特性と外乱（モデル化誤差の影響も含める）抑圧特性の両立を図るための制御手法として知られている．図4.29に通常の1自由度制御系と2自由度制御系を示す．R は目標入力，D は外乱，Y は制御量，P は制御対象の伝達関数である．前者において式(4.112)，後者において式(4.113)が成り立つ．

$$Y=\frac{PC}{1+PC}R+\frac{P}{1+PC}D \tag{4.112}$$

$$Y=\frac{PC_1}{1+PC_2}R+\frac{P}{1+PC_2}D \tag{4.113}$$

それぞれの右辺第1項が目標値追従特性，第2項が外乱抑圧特性を表す．1自由度制御系では，コントローラ C によって両特性を独立に設定することは不可能であるが，2自由度制御系は目標入力 R と制御量 Y に対して独立にコントローラを設けることにより，両特性の両立を可能にしたものである．

次に，外乱オブザーバについて説明する．図4.30は外乱オブザーバを用いた制御系の基本構成を示す．P は制御対象の伝達関数，P_n はそのノミナルモデル，Q は制御系の安定性を保証するためのフィルタである．観測ノイズ $\xi=0$ とすれば，制御系の出力 Y は次式で表される．

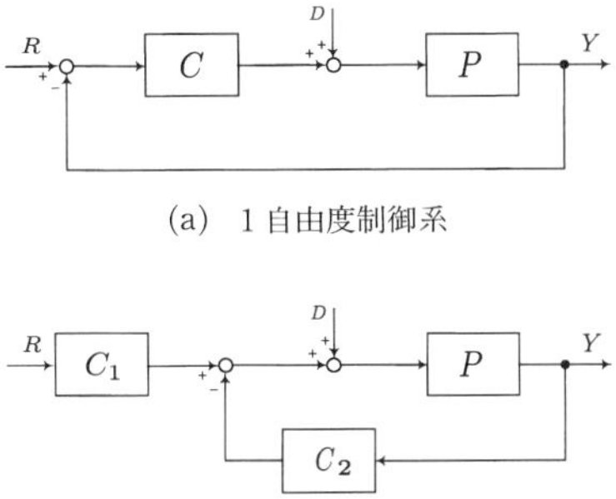

(a)　1自由度制御系

(b)　2自由度制御系

図4.29　ロバスト制御系の構成

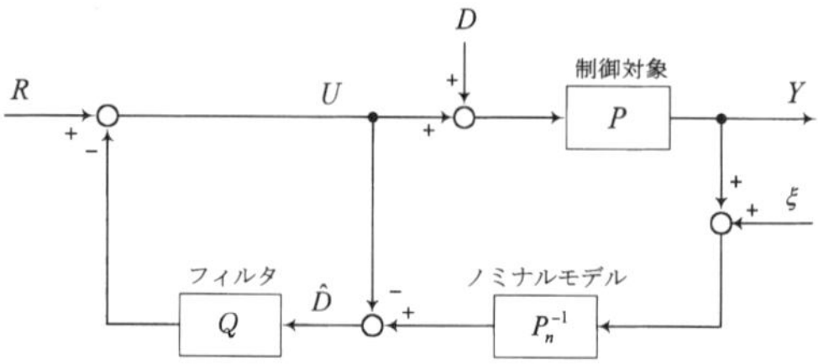

図 4.30　外乱オブザーバを用いた制御系

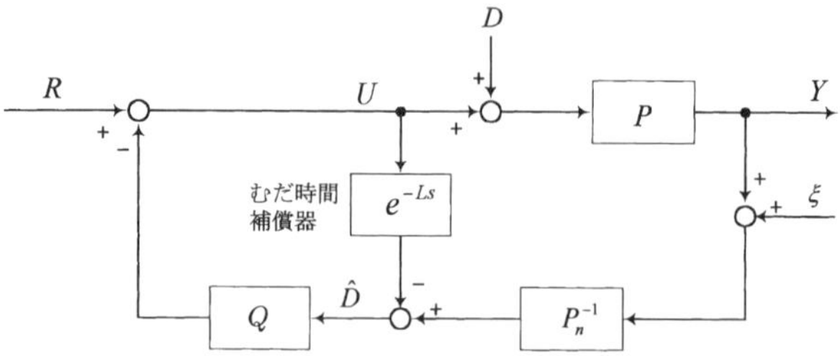

図 4.31　むだ時間補償つき外乱オブザーバ

$$Y = \frac{R + D(1-Q)}{P^{-1}(1-Q) + P_n{}^{-1}Q} \tag{4.114}$$

$P = P_n$ のとき $\hat{D} = D$ となり，外乱 D を $\hat{D}$ として推定できる．$Q=1$ のとき，制御量 Y に及ぼす外乱 D の影響は完全に除去でき，また，目標値追従特性 (Y/R) は P_n に固定され，制御系はモデルマッチングの機能を有する．しかし，Q が 1 に近づくと観測ノイズ ξ の影響が大きくなるため，Q はこれらの妥協の下に決定される．通常，Q は P_n と同次数の低域フィルタとして設定される．

図 4.31 は，制御対象のむだ時間を補償するために提案された制御系である．制御入力 U のフィードバックループにむだ時間要素を挿入するものであり，よく知られているスミス (Smith) のむだ時間補償法より導出できる．

外乱オブザーバは，制御対象のパラメータ変動も外乱として推定できるため，機械制御系において問題となる摩擦力などとともに，制御対象の非線形性に起因する特性変動，多自由度運動機構の干渉問題などにも対応できる．また，構造が比較的単純なため容易に利用できる．後節でパラレルマニピュレータ制御への応用例を紹介する．

f. ファジィ制御

ファジィ制御の基礎となるファジィ理論は1965年にカリフォルニア大学のザデ(Zadeh)教授によって発表された．ファジィ理論は言葉の意味のあいまいさをメンバーシップ関数(0～1の数値を用いて帰属の程度を表す)を用いて定量化するものである．また，ファジィルールと呼ばれる知識表現を用いた推論により，人間のあいまいな状況判断や意志決定を表現することができる．ファジィ理論は制御分野で最も多く応用されているが，そのきっかけを作ったのは，ロンドン大学のマムダミ(Mamdami)教授が1974年にスチームエンジンの制御に応用した研究である．最初の産業応用事例として，1980年にデンマークのセメント会社スミス(Smidth)社がセメントキルンの自動運転に応用した．日本でも，地下鉄の自動運転や浄水場の薬品注入水処理などに応用された．いずれも数学モデルではうまく表現できない制御対象やオペレータの経験知識が取り扱い対象である．その後，家電やカメラなど身近なものに応用され，その実用事例は増加している．

ファジィ制御の推論機構として最も代表的なmin-max重心合成法による推論方法について説明する．たとえば，ある位置決め系の制御則がつぎのような2つのファジィルールによって記述されていると仮定する．

ルール1：IF e is Long and v is Slow THEN f is Small.

「目標位置までの距離が大きく，速度が遅ければ，ブレーキ力を小さくせよ．」

ルール2：IF e is Short and v is Fast THEN f is Large.

「目標位置までの距離が小さく，速度が速ければ，ブレーキ力を大きくせよ．」

eは目標位置までの距離，vは速度であり推論機構への入力変数となる．fはブレーキ力を表す出力変数である．また，Long, Slow, Smallなどはメンバーシップ関数で表されるファジィ集合を表す．

いま，$e=a$, $v=b$の入力が与えられたとすると，最終的な出力f^*は図4.32において次のような過程によって求められる．

① 各入力変数の前件部のファジィ集合に対する適合度を求め，それらのmin(論理積)をとる．minの適合度により後件部のファジィ集合をカットする．

② 各ルールから求められたカット後のファジィ集合のmax(論理和)をとる

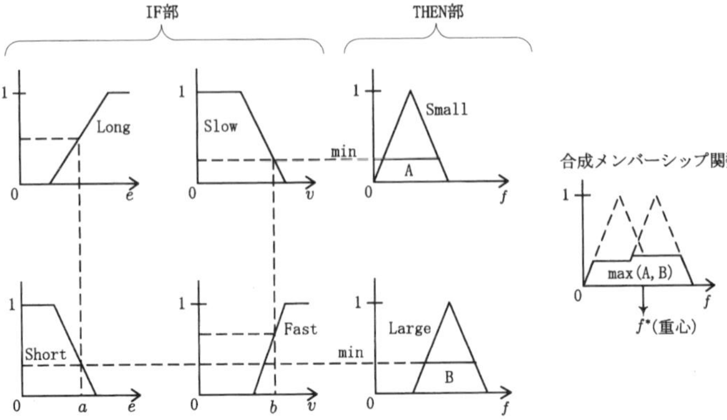

図 4.32　ファジィ推論過程 (min-max 重心合成法)

ことにより得られた合成メンバーシップ関数の重心をとり，これを推論結果 f^* とする．

合成メンバーシップ関数から最終出力を求める過程は非ファジィ化と呼ばれる．これには上記の重心法が多く利用されるが，このほか演算の高速化のために後件部に非ファジィ数を用いる方法などが利用される．

現在，ニューラルネットワークを併用してファジィコントローラに学習能力を与えるなど，他の制御法と組み合わせることにより高度の制御システムを実現しようとする試みが盛んである．今後，ロボットの関節制御などの比較的低い階層のサーボ制御は PID 制御や最適制御などに任せ，認識や判断などの意思決定が必要なより上位の制御にファジィ制御が利用されるものと考える．

g.　ニューラルネットワーク制御

ニューラルネットワーク (神経回路網) の研究は 1950 年代より盛んであるが，1980 代前半にニューラルネットワーク (以下，NN と略記する) の新しい学習法がいくつか提案され，これを実現するためのコンピュータ技術の進歩などにより脚光を浴び今日にいたっている．NN の導入により，パターン情報処理や学習などの機能を実現することが可能である．このうち，ニューラルネットワーク制御は主に学習機能を利用するものであり，ロボットアームの軌道制御や化学プラントのプロセス制御など広範な分野での応用が研究されている．

1)　ニューラルネットワークの基礎　　図 4.33 は NN の構成単位であるニューロンの数学モデルである．ニューロンは多入力 1 出力要素であり，n 個の

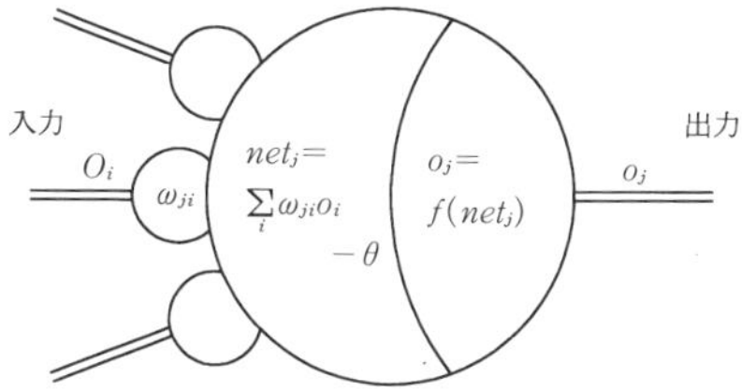

(a)　ニューロンのモデル

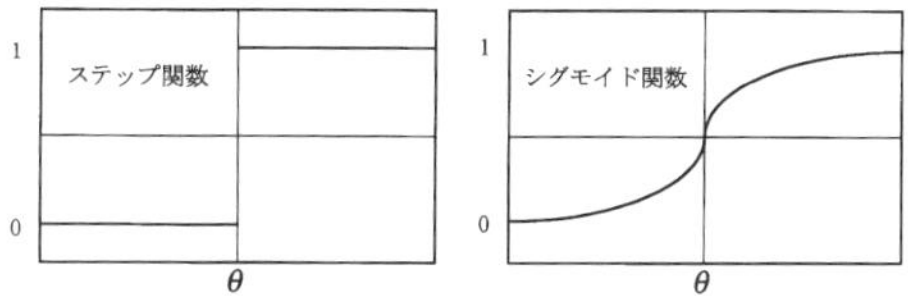

(b)　ニューロンの演算関数

図 4.33　ニューロンの数学モデル

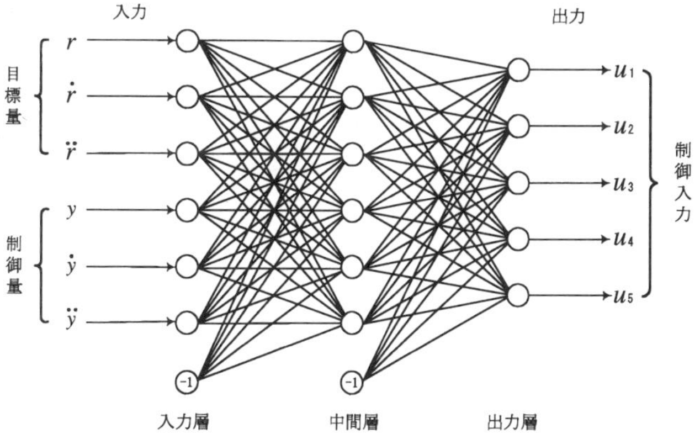

図 4.34　階層形ニューラルネットワークコントローラの例

入力 $O_i\,(i=1, 2, \cdots, n)$ はシナプス結合により重みづけされて net_j となる．θ はしきい値を示す．net_j の値が 0 以上になると $O_j=f(\mathrm{net}_j)$ の関係によりパルスを出力する．関数 f には単位ステップ関数やシグモイド関数が用いられる．これらのニューロンを多数結合して，結合係数 ω_{ji} を変化せることにより種々の要求を満足する情報処理を行わせることができる．

NN は，信号が入力層から出力層へ向かって一方向に流れる階層形と双方向に流れる相互結合形に大別される．図 4.34 に示す階層形ネットワークでは，入

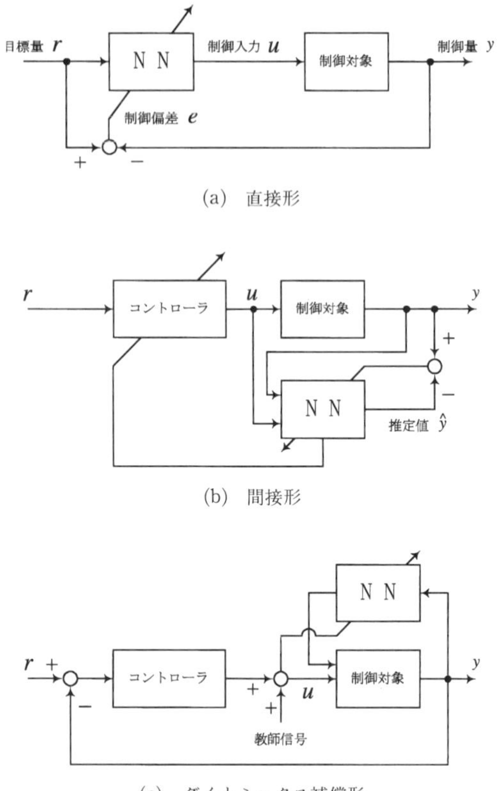

(c)　ダイナミックス補償形

図 4.35　ニューラルネットワーク制御系の構成

力層の信号に対して出力層で得られる信号が望ましいものとなるように結合係数を決定する誤差逆伝播法が用いられる．これは，勾配法と呼ばれる最適化手法の一つである．ニューラルネットワーク制御には階層形が応用され，相互結合形はパターン認識などに応用される．

2)　ニューラルネットワーク制御系の構成　図 4.35 に代表的な制御系の構成を示す．(a) は NN を直接コントローラとして用いる方法である．NN は制御対象の逆ダイナミックスを表現することになる．(b) は NN を同定器として用い，この結果を用いてコントローラをチューニングするものである．このタイプでは，コントローラの部分に従来の制御理論に関する知識を用いることができ，NN の構成と無関係に安定な制御系を構成できる．(a) では学習初期の応答が不安定になる恐れがあるが，(b)ではそのような心配はない．(c)はNNを制御対象の補償器として用いる方法であり，NNが制御対象のダイナミックスを補償することにより望ましい応答を実現する．

非線形系，未知外乱が混入する系，モデル化できない不確定要素を含む系など従来の制御手法のみでは十分に対処できない系に対してニューラルネットワーク制御は有効である．また，制御系設計に際して多くの専門的知識を必要としない利点がある．しかし，大規模で複雑なシステムに適用する場合，NNも大型化するため，学習の収束の保証や学習時間の短縮など検討すべき点が残されている．当面は，従来の制御方式と組み合わせた形での応用が実用的である．

以上いくつかの制御理論の概要について述べた．古典制御理論の範疇に入る制御方式もPID制御を中心として高機能化が進みつつあり，しだいに古典制御と現代制御が融合する時代を迎えている．今後，エレクトロニクス，アクチュエータ，センサなど関連技術の進歩とともに，多種多様な制御方式が実用化されていくと考えられるが，制御対象に最も適合した制御方式を採用する必要がある．また，機械設計の段階においても制御工学的な視点を加味する必要がある．

4.2.3 ロボット制御理論

実用されているほとんどの産業用ロボットでは図4.36のようなソフトウェアサーボ系が構成され，PID制御方式に重力補償を付加した程度のものが一般的である．しかし，ロボットに要求される機能が高度化するに従い，より高知能な制御理論が求められる．

一般に，ロボットマニピュレータの挙動を表す運動方程式は次式となる．

$$\boldsymbol{\tau}=\boldsymbol{M}(\boldsymbol{\theta})\ddot{\boldsymbol{\theta}}+\boldsymbol{V}(\boldsymbol{\theta}, \dot{\boldsymbol{\theta}})+\boldsymbol{G}(\boldsymbol{\theta})+\boldsymbol{F}(\boldsymbol{\theta}, \dot{\boldsymbol{\theta}}) \tag{4.115}$$

ここで，$\boldsymbol{\tau}$は関節トルク，$\boldsymbol{\theta}$は関節角度，$\boldsymbol{M}(\boldsymbol{\theta})$はマニピュレータの慣性行列，

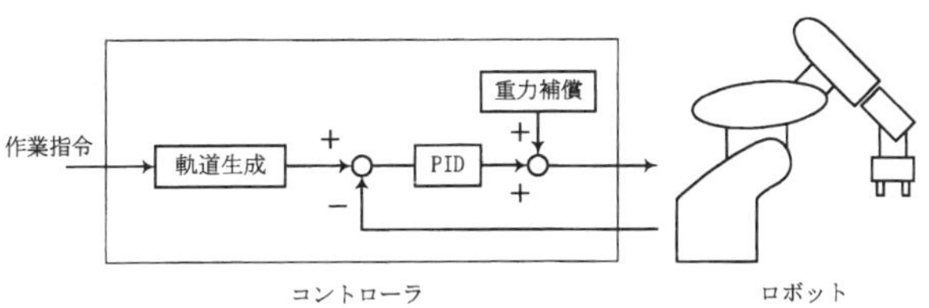

図4.36 ソフトウェアサーボ系によるロボット制御

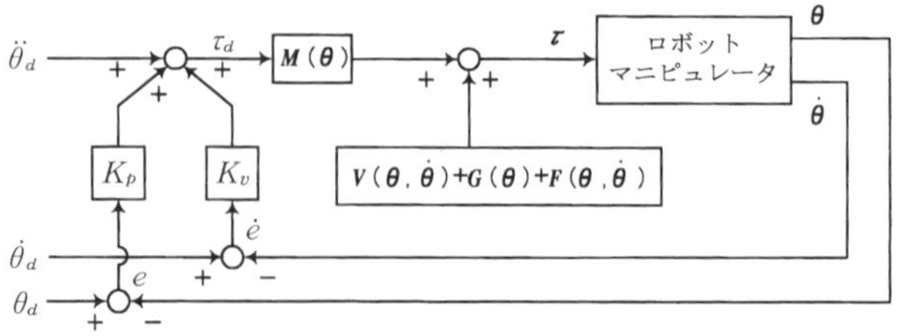

図 4.37 計算トルク制御系

$\boldsymbol{V}(\boldsymbol{\theta},\dot{\boldsymbol{\theta}})$ は遠心力とコリオリ力，$\boldsymbol{G}(\boldsymbol{\theta})$ は重力項，$\boldsymbol{F}(\boldsymbol{\theta},\dot{\boldsymbol{\theta}})$ は摩擦力である．

これに対して，図 4.37 に示すような計算トルク制御法と呼ばれる制御法が提案されている．これは，次式のような制御則を実行する．

$$\boldsymbol{\tau}=\boldsymbol{M}(\boldsymbol{\theta})\boldsymbol{\tau}_d+\boldsymbol{V}(\boldsymbol{\theta},\dot{\boldsymbol{\theta}})+\boldsymbol{G}(\boldsymbol{\theta})+\boldsymbol{F}(\boldsymbol{\theta},\dot{\boldsymbol{\theta}}) \tag{4.116}$$

$$\boldsymbol{\tau}_d=\ddot{\boldsymbol{\theta}}_d+\boldsymbol{K}_v\dot{\boldsymbol{e}}+\boldsymbol{K}_p\boldsymbol{e} \tag{4.117}$$

$$\boldsymbol{e}=\boldsymbol{\theta}_d-\boldsymbol{\theta} \tag{4.118}$$

このとき，ロボットマニピュレータ制御系の特性は次式で表される．

$$\ddot{\boldsymbol{e}}+\boldsymbol{K}_v\dot{\boldsymbol{e}}+\boldsymbol{K}_p\boldsymbol{e}=\boldsymbol{0} \tag{4.119}$$

ロボットの挙動は $\boldsymbol{M}(\boldsymbol{\theta})$，$\boldsymbol{V}(\boldsymbol{\theta},\dot{\boldsymbol{\theta}})$，$\boldsymbol{G}(\boldsymbol{\theta})$，$\boldsymbol{F}(\boldsymbol{\theta},\dot{\boldsymbol{\theta}})$ のパラメータと無関係に，$\boldsymbol{K}_v$ と $\boldsymbol{K}_p$ により指定でき，これらを対角行列とすれば多自由度マニピュレータのアーム間の干渉は除去される．さらに，遠心力やコリオリ力，摩擦力などの影響も除去できる．ただし，本制御法を実行するためには，式 (4.115) の動的モデルとそのパラメータをロボットの位置・姿勢の変化に応じて正確に知る必要がある．

4.2.4 制御理論の応用事例

a. 外乱オブザーバを用いたパラレルマニピュレータの制御

図 4.30 の外乱オブザーバを用いた制御系を，図 4.38 に示す空気式パラレルマニピュレータに応用した例を紹介する．このマニピュレータは，6 組のリンク機構を並列に設置し，それぞれの伸縮を空気圧シリンダをアクチュエータとするサーボ系により制御する．6 組のサーボ系を協調して制御することにより，下部固定ベース面に対して，上部プラットフォームに 6 自由度の運動 (x, y, z 軸方向の並進運動と各軸まわりの回転運動) を行わせる．このような多自由度運動機構の制御においては，各サーボ系の応答特性のばらつきやサーボ系間の干渉の問題

を処理することが重要である．前述のように外乱オブザーバは制御系の特性をノミナルモデルに近づける効果があり，これを利用して各サーボ系の応答特性をそろえ，また，サーボ系間の干渉力は外乱として推定・補償することができる．これにより，それぞれのリンクを駆動するサーボ系を独立に設計することが可能となり，コントローラのゲイン調整が容易になる．

空気圧シリンダは電空サーボ制御弁を用いて制御される．シリンダの圧力制御部および速度制御部の両者に外乱オブザーバを設置している．

図 4.39 は圧力制御部に設けた外乱オブザーバの効果を示す．各シリンダのピストンをストローク中央で固定し，p_r＝100 kPa の目標圧力に対してシリンダ室圧力 p のステップ応答を測定したものである．同時に，制御入力 u の変化を示す．制御入力はサーボ系間で異なる．これらの差は，推定外乱が差し引かれた結果生じたものであり，サーボ系間の特性のばらつきを補償する．これにより，す

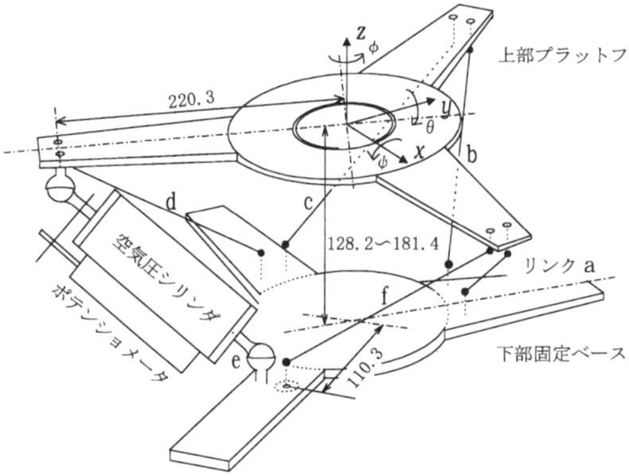

図 4.38　空気式パラレルマニピュレータ

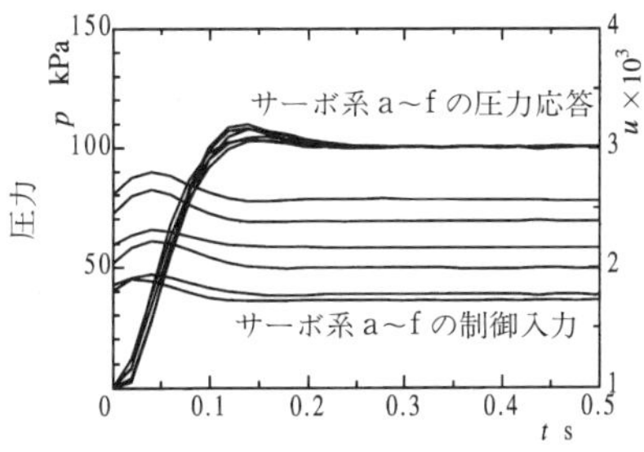

図 4.39　外乱オブザーバの効果

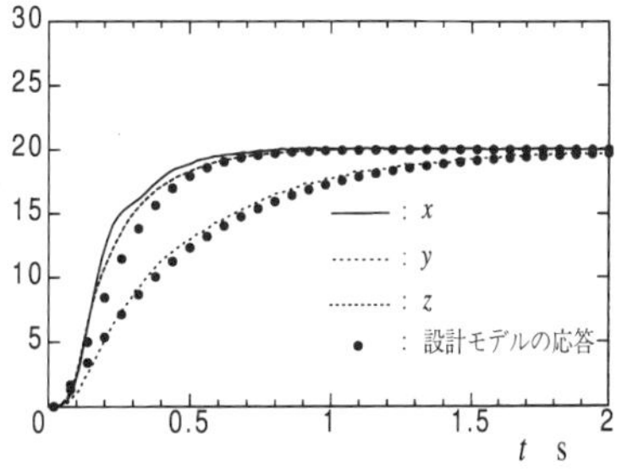

図 4.40　パラレルマニピュレータのステップ応答

べてのサーボ系においてほぼ同一の圧力応答が得られ，各サーボ系の圧力応答特性が均一化される．外乱オブザーバを用いることにより，それぞれのサーボ系の特性をノミナルモデルの特性に近づけることができる．

また，速度制御部に設置した外乱オブザーバにより，摩擦，各軸間の干渉およびパラメータ変化の影響などを補償できる．図 4.40 はそれぞれの軸方向におけるステップ応答を示す．いずれもコントローラ設計時に与えたモデルの応答とよく一致し，外乱オブザーバを用いた制御法の有効性が示されている．

従来，空気圧アクチュエータを用いて連続動作が可能なサーボ系を構成することは簡単ではないと考えられていたが，外乱オブザーバを用いた制御手法の導入によりこの種の複雑な運動機構の高機能化が容易に実現できる．

b.　ニューラルネットワークを用いた大型液晶基板搬送ロボットの制御

パソコンやテレビの大画面化により液晶基板の大型化が進んでいる．これらの製造工程において使用される液晶基板搬送ロボットには，高速・高精度な運動制御と液晶基板を保持する先端アーム部の振動抑制が求められる．一方，使用条件に応じてコントローラのゲインを常に最適に調整することは，現場のユーザにとっては必ずしも容易でない．このような問題に対応する方法としてニューラルネットワーク制御が有効である．

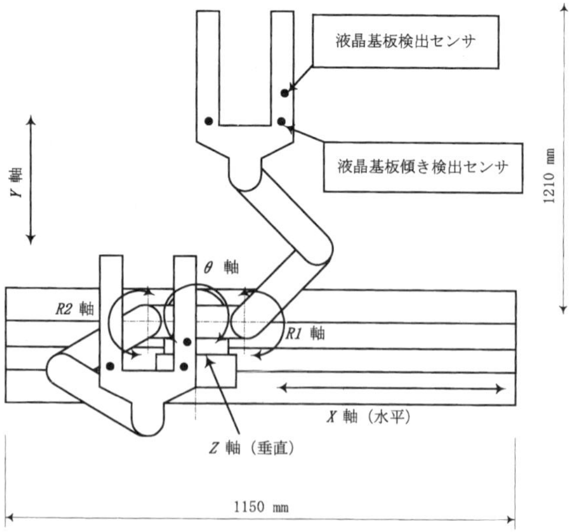

図 4.41　大型液晶基板搬送ロボットの構造

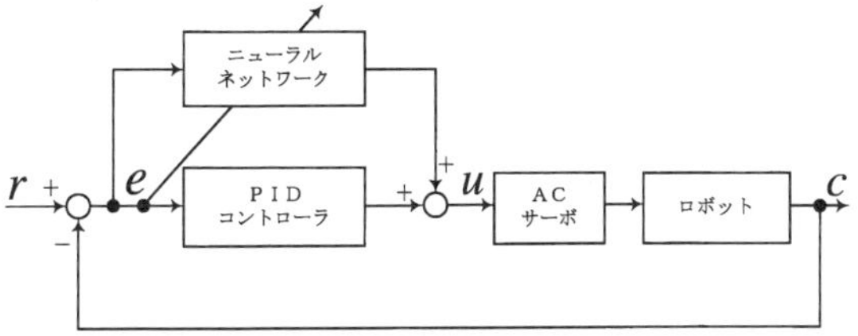

図 4.42　ニューラルネットワークを用いた学習制御系

図 4.41 はロボットの構造を示す．ロボットは 2 本のアームから構成され，液晶基板を載せる先端フォーク部は，X, Y, Z 軸方向の運動と Z 軸まわりの回転運動（θ 軸）を行う．ロボット制御系に負荷や動作条件に適応できるオートチューニング機能を与えるため，ニューラルネットワークを用いた学習型コントローラを用いる．図 4.42 は制御系の構成を示す．本制御系は基本的には図 4.35 (a) と同様であるが，ニューラルネットワークの学習初期における不安定な応答を抑えるため通常の PID コントローラを並列に設置している．この場合，PID コントローラには精密なゲイン調整は要求されず，定常誤差の低減やパラメータ変動への対応はニューラルネットワークが受け持つ．図 4.43 は Y 軸方向の繰り返し位置決めを行った結果である．位置決め目標位置 r に対して，PID 制御のみによる結果とニューラルネットワーク制御を併用した結果を比較して示す．制御誤差 e はパルス数で示し，1 パルスは 0.00364 mm に相当する．ニューラルネットワークを用いた制御系においては，位置決め後の定常誤差は 0 となっている．駆動中に若干の振動がみられるが，その大きさは実用上問題とならない．

ロボットをさらに高速で駆動した場合，停止時に先端フォーク部に 20 Hz 程度の弾性振動が現れる．このような弾性振動を低減するためには，先端フォーク部に動吸振器などのアクティブ振動制御装置を取りつけることも有効である．

機械システムを高機能化するためには，さまざまな運動指令に対してシステムが忠実に追従する必要がある．サーボ機構はこのような運動制御を実現するための中枢部であり，一般に，数式モデルに基づいた制御理論は主としてサーボ機構の運動制御に利用される．また，機械システムに人間のノウハウや学習機能を与えるためには，ファジィやニューラルネットワークなどの知識型制御手法が適している．機械システムのそれぞれの階層に応じて，適切な制御理論を導入する必要がある．

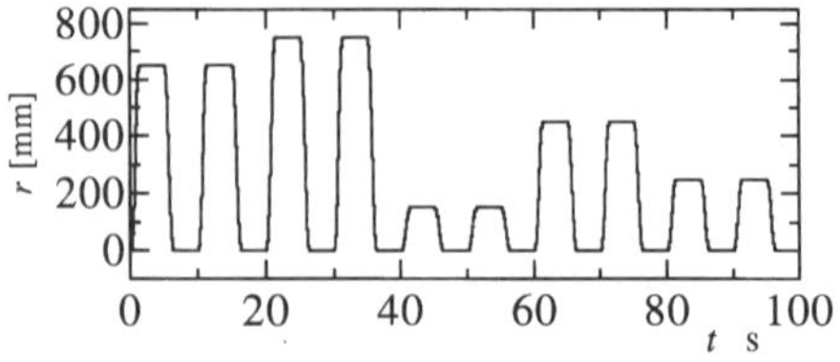

(a)　目標入力

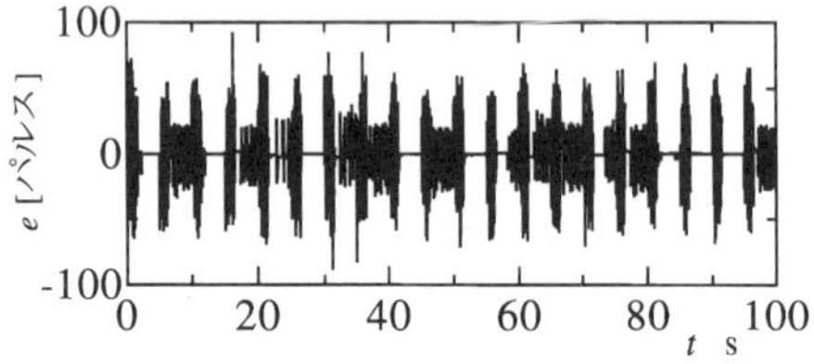

(b)　PID 制御系

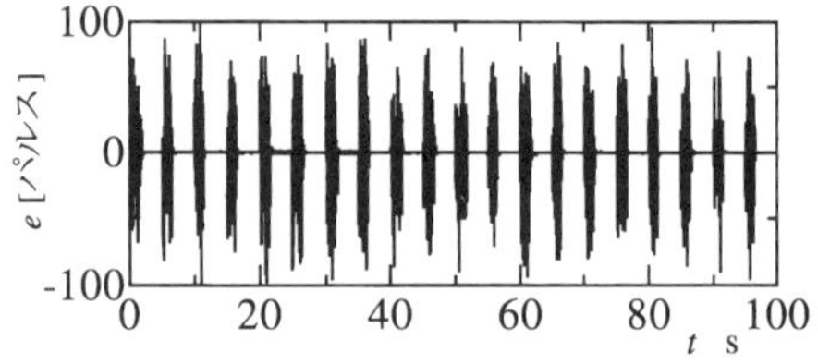

(c)　ニューラルネットワークと PID を併用した制御系

図 4.43　ニューラルネットワーク制御の有効性

機械に制御を付加することにより，その性能を最大限に引き出し，さらに，その弱点を補うことにより大幅な性能向上と高機能化が可能である．制御理論は実システムのための制御系設計の手段である．常にハードウェア（制御機器・装置）とソフトウェア（制御理論）が調和したシステム設計を心掛けねばならない．

参　考　文　献

1）　角　忠夫監修，広井和男編：制御システム技術の理論と応用，電気書院，1992.
2）　John J. Craig，三浦宏文，下山　勲 訳：ロボティクス，共立出版，1991.
3）　田中一男編著：インテリジェント制御システム — ファジィ・ニューロ・GA・カオスによる知的制御，共立出版，1996.
4）　土手康彦，原島文雄：モーションコントロール，コロナ社，1993.
5）　則次俊郎，高岩昌弘：外乱オブザーバを用いた空気式パラレルマニピュレータの位置決め制御，日本ロボット学会誌，**15** (7)，pp. 1089-1096, 1997.
6) T. Noritsugu, R. Yasuhara and S. Majima : Learning Control of Carriage Robot for Large Liquid Crystal Board, Proceedings of 2000 Japan-USA Symposium on Flexible Automation, 2000.

演習問題

4.7　式(4.107)の微分方程式で表される制御系の速応性，減衰性(安定性)などの動特性が，式(4.108)の特性根によって決定されることを示せ．

ヒント）式(4.107)の解を求めれば，特性根の実数部と虚数部が制御系の応答特性を支配することがわかる．

4.8　図4.25の制御系について，感度関数 $S(s)$ および相補関数 $T(s)$ を求めよ．

4.9　図4.30の外乱オブザーバを用いた制御系において，

$Q(s)=1/(1+sT)^n$ に設定した場合，制御系は1型系となることを示せ．ただし，$n\geqq 1$ である．

ヒント）制御入力 u のフィードバックループは，$1/(1-Q)$ にまとめられる．これより，前向きループに積分要素が現れることを示すことができる．

4.10　式(4.101)の制御則を，制御偏差 $e=x_d-x$ および速度 $\dot{x}$ を入力変数，力 f を出力とするファジィコントローラで実現する場合，どのような制御ルールが考えられるか．

ヒント）NE (Negative)，ZO (Zero)，PO (Positive) などのファジィ集合(メンバーシップ関数)を定義すると，簡単な例として，次のような制御ルールが考えられる．

たとえば，表4.2の3行1列は次のようなルールを表す．

IF e is Positive and $\dot{x}$ is Negative THEN f is Positive.

表 4.2

e \ $\dot{x}$	NE	ZO	PO
NE	ZO	NE	NE
ZO	PO	ZO	NE
PO	PO	PO	ZO

5 制御工学のための基礎数学と公式

5.1 ラプラス変換

5.1.1 ラプラス変換/フーリエ変換

制御工学を学ぶにあたって，対象が物理的に不確かな現象であればあるほど，周波数(振動数)領域における解析・設計は重要である．その基礎となるのがラプラス変換である．機械振動論などと同様，周期的な振動解析でよいのであるが，制御工学ではとくに過渡的特性を重要視するため，ラプラス変換は欠かせない道具となっている．

ラプラス変換の定義式は，時間領域(t 領域)から複素周波数領域(s 領域)への積分変換式として

$$F(s)=\int_0^\infty f(t)e^{-st}dt \tag{5.1}$$

で定義され，$\mathcal{L}[f(t)]$ などと記される．ここで，$s=\sigma+j\omega\,(j=\sqrt{-1})$ である複素数である．

この定義式において，複素変数 s などというのは「ややっこしい」という読者のために，もう少しくだけて論じてみよう．まず，この実部 σ は一定値 c と考えてよい．いま，$c=0$ の場合を考えると，

$$F(j\omega)=\int_0^\infty f(t)e^{-j\omega t}dt \tag{5.2}$$

これはフーリエ変換に相当する．フーリエ級数と同じ仲間の周期的な振動の解析法である．ラプラス変換は過渡現象を取り扱うため，ある時間原点($t=0$)を中心に考える．しかし，信号がたとえば周期的変化するような場合，時間原点 $t=0$ は無意味である．そこで，フーリエ変換では，通常，積分の下限は $t\to-\infty$ とし，

$$F(j\omega)=\int_{-\infty}^{\infty}f(t)e^{-j\omega t}dt \tag{5.3}$$

で定義する．そして，一般にこのような積分をフーリエ積分という．

さて，これらの積分変換式 (5.1)，(5.3) が求まるか (収束するか) ということが問題だが，それはあまり気にする必要はない．積分の値が有限に定まる，適当な $\sigma=c$ が存在すればよいのである．これらの問題をもう少し明らかにするため，オイラーの公式

$$e^{\pm j\omega t}=\cos\omega t\pm j\sin\omega t \tag{5.4}$$

を思い出そう．明らかに，$|e^{\pm j\omega t}|=1$ である．

そこで，三角形不等式の積分式への一般化を式 (5.1) に適用すると，

$$|F(s)|\leq\int_{0}^{\infty}|f(t)|e^{-\sigma t}dt<\infty \tag{5.5}$$

が得られる．ここで，$\sigma=c$ は実数値，正でも負でも 0 でもよい．ただし，$\sigma=c$ について積分が求まれば，$\sigma>c$ に対しても積分は有限な値となるはずである．

【例題 5.1】 簡単な例題として，

$$f(t)=e^{\alpha t},\quad t\geq 0 \tag{5.6}$$

のラプラス変換を求めよう．

［解］ ここで，α は一般的に複素数でもよいのだが，わかりやすいように，とりあえず実数で考える．すると，

$$F(s)=\int_{0}^{\infty}e^{(\alpha-s)t}dt=\frac{1}{\alpha-s}e^{(\alpha-s)t}\Big|_{0}^{\infty}.$$

上の式の積分上限

$$\lim_{t\to\infty}e^{(\alpha-s)t}=\lim_{t\to\infty}e^{(\alpha-\sigma)t}e^{-j\omega t}=0$$

に関しては少し注意する必要がある．明らかに，$\sigma>\alpha$ の場合においてのみこれは成立する．しかし，そのような $\sigma=c$ は α が有限ならば必ず存在するのであるから，いずれにせよ，結果は

$$F(s)=\mathcal{L}[e^{\alpha t}]=\frac{1}{s-\alpha} \tag{5.7}$$

である．

もし，$\alpha=0$ のときは，特別な場合として $f(t)=1\,(t\geq 0)$ に対するラプラス変換 $1/s$ を得る．ラプラス変換は $t\geq 0$ においてのみ定義される積分変換であるから，$t<0$ の領域はとくに意味がないのだが，制御工学ではその応答を検討する

ときの指標として，$f(t)=0\ (t<0)$ である単位ステップ関数 $\mathbb{1}(t)$ を考えることが多い．よって，これも

$$F(s)=\mathcal{L}[\mathbb{1}(t)]=\frac{1}{s} \tag{5.8}$$

である．■

【例題 5.2】 例題 5.1 において，$\alpha=j\omega$ の場合を考え，sin 関数のラプラス変換

$$F(s)=\int_0^\infty \sin\omega_0 t e^{-st}dt \tag{5.9}$$

を求めよう．

［解］ 先のオイラーの公式より，

$$\sin\omega_0 t=\frac{e^{j\omega_0 t}-e^{-j\omega_0 t}}{2j}$$

であることが知られているから，

$$F(s)=\mathcal{L}[\sin\omega_0 t]=\frac{\omega_0}{s^2+\omega_0{}^2} \tag{5.10}$$

である．この結果は，部分積分法を二度適用することによっても求められる．■

部分積分法は，掛け算の微分

$$\frac{d}{dt}\{u(t)v(t)\}=\frac{du}{dt}v+u\frac{dv}{dt}$$

から定まる積分公式

$$\int_a^b udv=uv\Big|_a^b-\int_a^b vdu \tag{5.11}$$

である．この部分積分法を用いることによって，たとえば，$f(t)=t\ (t\geq 0)$ などもそのラプラス変換を容易に求めることができる．なお，$f(t)=0\ (t<0)$ である関数 $t\mathbb{1}(t)$ を単位ランプ関数などと呼び，制御系の基準入力として用いることがある．これらのラプラス変換の計算は読者の演習としよう．

5.1.2　推 移 定 理

前項に記したような $f(t)\to F(s)$ の変換をラプラス変換というならば，逆に $F(s)\to f(t)$ をラプラス逆変換と呼び，$\mathcal{L}$ に対し，$\mathcal{L}^{-1}$ の記号を用いる．逆変換の定義式と逆変換法については後に記すとして，それぞれ t 領域，s 領域における並行移動（推移）に関する性質を与える．

1) s 領域における推移定理　いま，$f_1(t)=f(t)e^{s_0 t}$, ($s_0=\sigma_0+j\omega_0$) と書き表される時間関数のラプラス変換を計算してみよう．すると，

$$F_1(s)=\mathscr{L}[f_1(t)]=\int_0^\infty f(t)e^{-(s-s_0)t}dt \tag{5.12}$$

となり，s 領域での推移定理

$$F_1(s)=F(s-s_0) \tag{5.13}$$

を得る．この結果を利用すると，微分方程式の解としてよく出てくる $e^{\sigma_0 t}\sin\omega_0 t$ のラプラス変換も，式(5.10)より簡単に

$$F_1(s)=\frac{\omega_0}{(s-\sigma_0)^2+\omega_0{}^2} \tag{5.14}$$

と与えることができる．

2) t 領域における推移定理　逆に，時間領域で並行移動した $f_2(t)=f(t-\tau)$ 関数のラプラス変換

$$F_2(s)=\mathscr{L}[f(t-\tau)]=\int_0^\infty f(t-\tau)e^{-st}dt \tag{5.15}$$

を求めてみよう(ただし，τ は一定値であり，$\tau\leq t<0$ で $f(t)=0$ とする)．いま，$t-\tau=\rho$ とおけば，$dt=d\rho$ であるから，

$$F_2(s)=\int_{-\tau}^\infty f(\rho)e^{-s(\rho+\tau)}d\rho=\left(\int_0^\infty f(\rho)e^{-s\rho}d\rho\right)e^{-s\tau}=F(s)e^{-\tau s} \tag{5.16}$$

を得る．

この結果を利用して，図5.1のようなパルス $\varDelta(t)$ のラプラス変換を計算してみる．明らかに，それは時間領域では

$$\varDelta(t)=a(\mathbb{1}(t)-\mathbb{1}(t-\tau)) \tag{5.17}$$

である．したがって，t 領域の推移定理より，

$$F(s)=\frac{a}{s}(1-e^{-s\tau}) \tag{5.18}$$

が得られる．もっとも，上の結果は推移定理を用いずとも，ラプラス変換の定義式より

$$F(s)=\int_0^\tau a\cdot e^{-st}dt$$

から明らかである．

いま式(5.18)において，$a=1/\tau$，すなわち $\varDelta(t)$ の面積が1となるように選んだとする．すると，

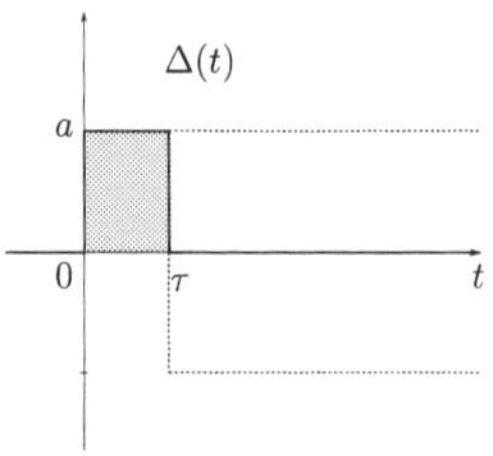

図 5.1　方形パルス

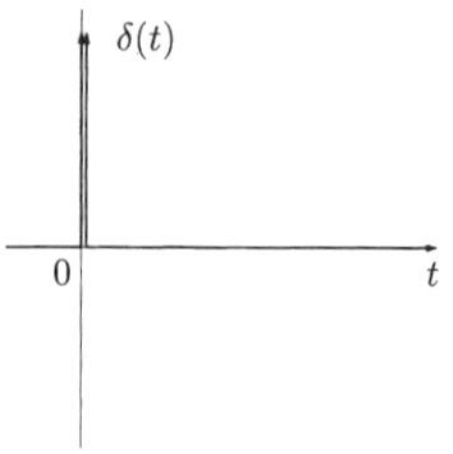

図 5.2　デルタ関数

$$F(s)=\frac{1-e^{-\tau s}}{\tau s} \tag{5.19}$$

となり，$\tau\to0$ に関しては

$$\lim_{\tau\to0}F(s)=\lim_{\tau\to0}\frac{1-e^{-\tau s}}{\tau s}=1. \tag{5.20}$$

s 領域で 1 となる時間関数を定めることができたことになる．ただし，それは図 5.2 に示すような幅が 0，高さ無限大の特殊な関数でデルタ関数 $\delta(t)$ と呼ばれる．なお，制御工学ではそれを一つの基準入力として用いることがあり，単位インパルスなどともいう．

5.1.3　微分・積分のラプラス変換

ラプラス変換の都合のよいところは，微分，積分が代数表現で表しうることである．機械振動論，交流回路理論などと同様，周期振動 $\sin\omega t$（複素数表現で $e^{j\omega t}$）について，$j\omega$ に関する代数となることと同じである．ここで，それらの関係を記しておく．

1)　微分のラプラス変換　　先に記した部分積分法を用いることにより，

$$\mathscr{L}\left[\frac{df(t)}{dt}\right]=\int_0^\infty\frac{df(t)}{dt}e^{-st}dt=f(t)e^{-st}\Big|_0^\infty+s\int_0^\infty f(t)e^{-st}dt$$

となる．したがって，$\lim_{t\to\infty}f(t)e^{-\sigma t}=0$ となる $\sigma=c$ に関して，

$$\mathscr{L}\left[\frac{df(t)}{dt}\right]=sF(s)-f(0) \tag{5.21}$$

を得る．

2)　積分のラプラス変換　　同じく部分積分法を適用することにより，

$$\int_0^\infty\left(\int f(t)dt\right)e^{-st}dt=-f^{(-1)}(t)\frac{e^{-st}}{s}\Big|_0^\infty+\frac{1}{s}\int_0^\infty f(t)e^{-st}dt$$

となる．ここで，$f^{(-1)}(t)=\int f(t)dt$．したがって，$\lim_{t\to\infty} f^{(-1)}(t)e^{-\sigma t}=0$ となる $\sigma=c$ に関して，

$$\mathcal{L}\left[\int f(t)dt\right]=\frac{F(s)}{s}+\frac{f^{(-1)}(0)}{s} \tag{5.22}$$

を得る．

5.1.4 逆変換と展開定理

ラプラス逆変換は，同じく積分変換の形で

$$f(t)=\mathcal{L}^{-1}[F(s)]=\frac{1}{2\pi j}\int_{c-j\infty}^{c+j\infty}F(s)e^{ts}ds=\frac{1}{2\pi}\int_{-\infty}^{\infty}F(c+j\omega)e^{t(c+j\omega)}d\omega \tag{5.23}$$

と書き表される．したがって，$c=0$ については，

$$f(t)=\frac{1}{2\pi}\int_{-\infty}^{\infty}F(j\omega)e^{j\omega t}d\omega \tag{5.24}$$

となる．これは式(5.3)と対となるフーリエ積分である．

もっとも，任意の c についての式(5.23)の計算はコーシーの積分定理(一巡積分)の考え方を用いると都合がよい．図5.3に示すような，s 平面上において，大きく左半面を回る積分路を考えよう．BCA に関する積分の絶対値は

$$\left|\int_{\mathrm{BCA}}F(s)e^{ts}ds\right|\leq\int_{\mathrm{BB'}}|F(c+j\omega)|e^{ct}d\omega+\int_{\mathrm{B'CA'}}|F(s)|ds+\int_{\mathrm{A'A}}|F(c+j\omega)|e^{ct}d\omega$$

である．なお，ここでは $0<c_0\leq c$ の場合を考えている．いずれにせよ，例題5.1あるいは式(5.18)のような $F(s)$ については，$\omega\to\infty$ そして $R=\sqrt{\sigma^2+\omega^2}\to\infty$ について，上記の積分はその不等式関係より0になる．したがって，式(5.23)は

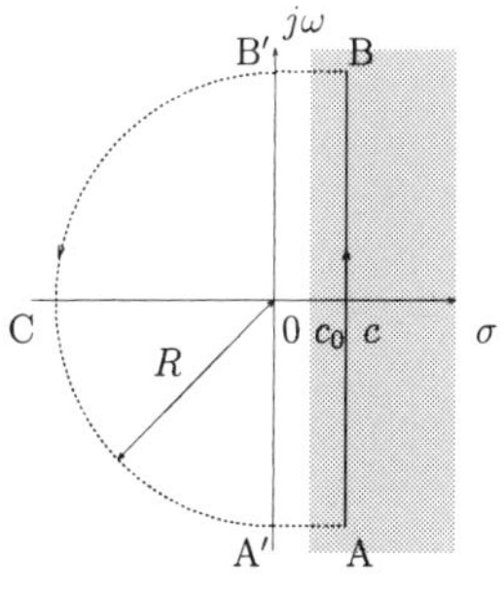

図 5.3 s 平面上の積分路

$$f(t)=\frac{1}{2\pi j}\int_{AB}F(s)e^{ts}ds=\frac{1}{2\pi j}\oint_{\mathrm{ABCA}}F(s)e^{ts}ds \tag{5.25}$$

と書ける．よって，留数定理を適用することにより，

$$f(t)=\sum_{i=1}^{n}\mathcal{R}_i \tag{5.26}$$

が得られる．ここで，$\mathcal{R}_i$ は $F(s)e^{ts}$ の積分路 ABCA によって囲まれる特異点すなわち極 (pole) $s=p_i$ に対する留数である．

いま，$F(s)$ が分子多項式 N，分母多項式 D で

$$F(s)=\frac{N(s)}{D(s)}=\frac{N(s)}{(s-p_1)(s-p_2)\cdots(s-p_n)} \tag{5.27}$$

と書き表されるものとする．ただし，$p_1, p_2, \cdots, p_n$ はそれぞれ相異なり，一般的に複素数とする．このような $F(s)$ については，式 (5.26) を用いることにより，その逆変換が容易に

$$f(t)=\mathcal{L}^{-1}\left[\frac{N(s)}{D(s)}\right]=\sum_{i=1}^{n}\frac{N(p_i)}{D'(p_i)}e^{p_it}, \qquad D'(p_i)=\left(\frac{dD(s)}{ds}\right)_{s=p_i} \tag{5.28}$$

と得られる．そして，この式 (5.28) の公式をヘビサイド (Heaviside) の展開定理などという．

ここまでは，定義される複素積分式に基づき，ラプラス逆変換の誘導を試みた．しかし，考え方を変えれば，それは式 (5.27) の部分分数展開

$$F(s)=\frac{N(s)}{(s-p_1)(s-p_2)\cdots(s-p_n)}=\frac{K_1}{s-p_1}+\frac{K_2}{s-p_2}+\cdots+\frac{K_n}{s-p_n}$$

ここで

$$K_i=(s-p_i)F(s)|_{s=p_i}=(s-p_i)\frac{N(s)}{(s-p_1)(s-p_2)\cdots(s-p_n)}\bigg|_{s=p_i}=\frac{N(p_i)}{D'(p_i)}$$

からも求めることができる．すなわち，もし式 (5.7) より 1 対 1 の変換として，$\mathcal{L}^{-1}\left[\frac{1}{s-p_i}\right]=e^{p_it}$ がいえるならば，式 (5.28) と同じ結果

$$f(t)=\mathcal{L}^{-1}\left[\frac{N(s)}{D(s)}\right]=\sum_{i=1}^{n}K_ie^{p_it} \tag{5.29}$$

を得る．

式 (5.28)，(5.29) は $p_1, p_2, \cdots, p_n$ が互いに異なる場合の結論である．それらの中に重根を含む場合，たとえば

$$D(s)=(s-p_1)^r(s-p_{r+1})\cdots(s-p_n) \tag{5.30}$$

と書ける場合は，その部分分数展開が

$$F(s)=\frac{K_{11}}{(s-p_1)^r}+\frac{K_{12}}{(s-p_1)^{r-1}}+\cdots+\frac{K_{1r}}{s-p_1}+\frac{K_{r+1}}{s-p_{r+1}}+\cdots+\frac{K_n}{s-p_n}$$

となるので，結果として

$$f(t)=\mathscr{L}^{-1}[F(s)]=\sum_{k=1}^{r}\frac{K_{1i}}{(r-i)!}t^{r-i}e^{p_1t}+\sum_{i=r+1}^{n}K_ie^{p_it} \tag{5.31}$$

が得られる．ここで，

$$K_{1i}=\frac{1}{(i-1)!}\left[\frac{d^{i-1}}{ds^{i-1}}(s-p_1)^rF(s)\right]_{s=p_1}$$

である．なお，式(5.31)の結果は，先の時間領域($t\geq0$)での微分・積分のラプラス変換より

$$\mathscr{L}^{-1}\left[\frac{1}{s}\right]=1,\ \mathscr{L}^{-1}\left[\frac{1}{s^2}\right]=t,\ \mathscr{L}^{-1}\left[\frac{1}{s^3}\right]=\frac{1}{2!}t^2,\ \cdots,\ \mathscr{L}^{-1}\left[\frac{1}{s^n}\right]=\frac{1}{(n-1)!}t^{n-1}$$

さらに，s 領域での推移定理より求まる．

5.1.5 初期値・最終値の定理

前項までに記した手法を用いることにより，t 領域と s 領域の間の相互の関数の変換が可能となる．しかし，ラプラス変換による複素関数 $F(s)$ の考え方は，単に時間応答を計算する道具として便利ということだけでなく，s 領域のままで制御系の特性設計をすることができる利点がある．とくに，$t=0$ および $t\to\infty$ については，時間領域での値 $f(t)$ が $F(s)$ より，以下のように簡単に求めることができる．最終値の定理は制御系の定常特性を判定するときに便利である．

微分のラプラス変換は式(5.21)で表されることを先に記した．その結果を用いることにより，

1) 初期値の定理

$$\lim_{s\to\infty}\int_0^\infty\left(\frac{df(t)}{dt}\right)e^{-st}dt=\lim_{s\to\infty}sF(s)-f(0)=0$$

より

$$\lim_{t\to0}f(t)=\lim_{s\to\infty}sF(s) \tag{5.32}$$

2) 最終値の定理

$$\lim_{s\to0}\int_0^\infty\left(\frac{df(t)}{dt}\right)e^{-st}dt=\lim_{s\to0}sF(s)-f(0)$$

$$=\int_0^\infty\left(\frac{df(t)}{dt}\right)dt=\lim_{t\to\infty}f(t)-f(0)$$

表 5.1　ラプラス変換表

$f(t)(t \geq 0)$	$F(s)(\sigma > c_0)$
$\delta(t)$	1
1	$1/s$
t^n	$n!/s^{n+1}$
e^{-at}	$1/(s+a)$
$t^n e^{-at}$	$n!/(s+a)^{n+1}$
$1-e^{-at}$	$a/[s(s+a)]$
$\sin \omega_0 t$	$\omega_0/(s^2+\omega_0^2)$
$\cos \omega_0 t$	$s/(s^2+\omega_0^2)$
$e^{-at}\sin \omega_0 t$	$\omega_0/[(s+a)^2+\omega_0^2]$
$e^{-at}\cos \omega_0 t$	$s+a/[(s+a)^2+\omega_0^2]$

より

$$\lim_{t \to \infty} f(t) = \lim_{s \to 0} sF(s) \tag{5.33}$$

を得る．これらにおいて，極限 $s \to \infty$，$s \to 0$ はとりあえず実数と考えておいてよい．ただし，結果的に $F(j\omega)$ の角周波数の極限 $\omega \to \infty$，そして $\omega = 0$ に関してもそれらは成立していることに注意しよう．

5.2　線　形　代　数

5.2.1　連立 1 次方程式と行列

5.1 節は 1 つの変数に関する微積分と複素数演算に関するものである．実際の制御系では 2 つ以上の変数を，式の上で同時に処理すると都合がよいことが多い．それは線形系では連立 1 次方程式の問題にほかならないが，ベクトル・行列による一括表現そして処理は，対人間にとってはわかりやすいため現代制御理論において多く用いられる．たとえば，高階の微分 (差分) 方程式を 1 階の連立で表した微分方程式系 (状態方程式) は，ベクトル・行列表現で式 (3.5) (離散時間では式 (4.72)) のように表される．

ベクトル・行列表現の基本は，連立 1 次方程式

$$
\begin{cases}
a_{11}x_1+a_{12}x_2+\cdots+a_{1n}x_n=y_1 \\
a_{21}x_1+a_{22}x_2+\cdots+a_{2n}x_n=y_2 \\
\quad \cdots \\
a_{n1}x_1+a_{n2}x_2+\cdots+a_{mn}x_n=y_m
\end{cases}
\tag{5.34}
$$

を

$$
\boldsymbol{A}\boldsymbol{x}=\boldsymbol{y} \tag{5.35}
$$

とまとめて表すことである．ここに，$\boldsymbol{A}$ は $m\times n$ の行列 (matrix), $\boldsymbol{x}$ は n 次元のベクトル，$\boldsymbol{y}$ は m 次元のベクトルであり，

$$
\boldsymbol{A}=\begin{bmatrix} a_{11} & a_{12} & \cdots & a_{1n} \\ a_{21} & a_{22} & \cdots & a_{2n} \\ \vdots & \vdots & \ddots & \vdots \\ a_{m1} & a_{m2} & \cdots & a_{mn} \end{bmatrix}, \quad \boldsymbol{x}=\begin{bmatrix} x_1 \\ x_2 \\ \vdots \\ x_n \end{bmatrix}, \quad \boldsymbol{y}=\begin{bmatrix} y_1 \\ y_2 \\ \vdots \\ y_m \end{bmatrix} \tag{5.36}
$$

である．このような連立1次方程式という基本から記しているのには，一つの理由がある．それは，元になる連立1次方程式 (5.34) を思い浮かべることにより，次のような操作を行っても問題は変わらないことが容易にわかるからである．

(1) 二つの方程式の入れ替え

(2) 0 でない定数を両辺に掛ける

(3) 0 でない定数を両辺に掛け，別の方程式に加える

とくにこの (3) は重要で，変数を消去しながら式 (5.34) を解くプロセスでもある．

行列 $\boldsymbol{A}$ に関しては，上の操作は基本行変換 (列について行えば基本列変換) と呼ばれ，次のように記される．

(a) i_1 行と i_2 行のすべての要素を入れ替える

(b) i 行のすべての要素に $k\,(k\neq 0)$ を掛ける

(c) i_1 行のすべての要素に $k\,(k\neq 0)$ を掛け，i_2 行に加える

いま，$m=n$，正方行列の場合を考える．式 (4.36) の左辺の行列 $\boldsymbol{A}$ がそのような操作の繰り返しで

$$
\to \boldsymbol{A}_1=\begin{bmatrix} a_{11} & a_{12} & \cdots & a_{1n} \\ 0 & a_{22} & \cdots & a_{2n} \\ \vdots & \vdots & \ddots & \vdots \\ 0 & 0 & \cdots & a_{nn} \end{bmatrix} \to \boldsymbol{A}_2=\begin{bmatrix} a_{11} & 0 & \cdots & 0 \\ 0 & a_{22} & \cdots & 0 \\ \vdots & \vdots & \ddots & \vdots \\ 0 & 0 & \cdots & a_{nn} \end{bmatrix} \tag{5.37}
$$

と変換されていくとしよう．このとき，$\boldsymbol{A}_1$ を上三角行列（下側のみの場合下三角行列），$\boldsymbol{A}_2$ を対角行列という．とくに，要素1のみからなる対角行列

$$\rightarrow \boldsymbol{I}=\begin{bmatrix} 1 & 0 & \cdots & 0 \\ 0 & 1 & \cdots & 0 \\ \vdots & \vdots & \ddots & \vdots \\ 0 & 0 & \cdots & 1 \end{bmatrix} \tag{5.38}$$

を単位行列（$\boldsymbol{I}_n, \boldsymbol{E}$ とも書く）という．ただし，式(5.38)のように表されるのは連立1次方程式(5.34)の n 個の解がただ一つ求まる場合である．このようなプロセスで解が

$$\boldsymbol{x}=\boldsymbol{B}\boldsymbol{y}=\boldsymbol{A}^{-1}\boldsymbol{y}$$

と定まるとき，$n\times n$ 行列 $\boldsymbol{B}=\boldsymbol{A}^{-1}$ を $\boldsymbol{A}$ の逆行列という．

5.2.2　行列の演算

行列を $\boldsymbol{A}=[a_{ij}]$, $\boldsymbol{B}=[b_{ij}]$ $(i=1,2,\cdots,m,\ j=1,2,\cdots,n)$ と表すならば，行列の加算/減算 $\boldsymbol{C}=\boldsymbol{A}\pm\boldsymbol{B}$，そして乗算 $\boldsymbol{D}=\boldsymbol{A}\boldsymbol{B}$ によって得られる各要素は

$$c_{ij}=a_{ij}\pm b_{ij},\quad d_{ij}=\sum_{k=1}^{p} a_{ik}b_{kj} \tag{5.39}$$

である．これは式(5.35)より $\boldsymbol{A}\boldsymbol{x}=\boldsymbol{y}$, $\boldsymbol{x}=\boldsymbol{B}\boldsymbol{z}\rightarrow \boldsymbol{D}\boldsymbol{z}=\boldsymbol{A}\boldsymbol{B}\boldsymbol{z}=\boldsymbol{y}$ などとベクトルに戻って考えると，上の式(5.39)の関係は当然であることがわかる．明らかに一般的には $\boldsymbol{A}\boldsymbol{B}\neq\boldsymbol{B}\boldsymbol{A}$ である．したがって，行列の乗算については‘左から掛ける’，‘右から掛ける’などという言い方をする．

なお，乗算は下のように考えると理解しやすい．

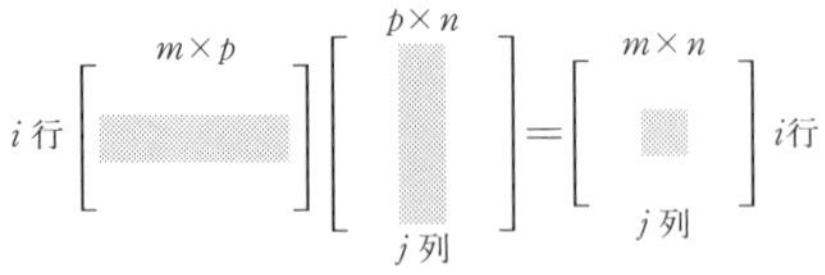

5.2.3　行　列　式

2次元平面におけるベクトル $\boldsymbol{A}\boldsymbol{x}$ より定まる並行四辺形の面積 $a_{11}a_{22}-a_{12}a_{21}$ の拡張として，一般に正方行列 $\boldsymbol{A}$ に関して，行列式(determinant)

$$\det \boldsymbol{A}=|\boldsymbol{A}|=\begin{vmatrix} a_{11} & a_{12} & \cdots & a_{1n} \\ a_{21} & a_{22} & \cdots & a_{2n} \\ \vdots & \vdots & \ddots & \vdots \\ a_{n1} & a_{n2} & \cdots & a_{nn} \end{vmatrix} \tag{5.40}$$

が定義される．

行列式の値は $\boldsymbol{A}$ の i 行と j 列を除いた行列 $\boldsymbol{A}_{ij}$ に関して，たとえば i 行の展開式として，一般的に

$$\det \boldsymbol{A}=\sum_{j=1}^{n} a_{ij}(-1)^{i+j}\det \boldsymbol{A}_{ij} \tag{5.41}$$

と与えられる．そして，$\det \boldsymbol{A}_{ij}$ を小行列式，$(-1)^{i+j}\det \boldsymbol{A}_{ij}$ を余因子などという．式(5.41)を計算するのは‘置換’の問題といって，一般的に求めるのは大変であり，またコンピュータ向きではない．そこで，2×2, 3×3 については

$$\begin{vmatrix} a_{11} & a_{12} \\ a_{21} & a_{22} \end{vmatrix}=a_{11}a_{22}-a_{12}a_{21}$$

$$\begin{vmatrix} a_{11} & a_{12} & a_{13} \\ a_{21} & a_{22} & a_{23} \\ a_{31} & a_{32} & a_{33} \end{vmatrix}=a_{11}a_{22}a_{33}+a_{12}a_{23}a_{31}+a_{13}a_{32}a_{21}-a_{13}a_{22}a_{31}-a_{12}a_{21}a_{33}-a_{11}a_{23}a_{32}$$

と覚えてしまう．4×4 以上については，式(5.41)の展開式により 3×3 にもっていく．もっとも，先の(c)の基本行変換を行列 $\boldsymbol{A}$ に適用し，なるべく 0 要素の多い行列，というよりも三角行列にもっていくとわかりやすく，コンピュータ向きとなる．このことによって，行列式の値は変わらないから(証明してみられたい)，得られる行列式の値は，対角要素の積

$$\det \boldsymbol{A}=a_{11}a_{22}\cdots a_{nn} \tag{5.42}$$

という単純な形式となる．

ここで，余因子による行列(余因子行列)($i \leftrightarrow j$ となることに注意)

$$\mathrm{adj}\ \boldsymbol{A}=[(-1)^{i+j}\det \boldsymbol{A}_{ji}] \tag{5.43}$$

を定義する．すると，一般に

$$\boldsymbol{A}\cdot\mathrm{adj}\ \boldsymbol{A}=\det \boldsymbol{A}\cdot\boldsymbol{I}_n=\mathrm{adj}\ \boldsymbol{A}\cdot\boldsymbol{A} \tag{5.44}$$

がいえる．そこで，$\det \boldsymbol{A}\neq 0$ ならば，

$$\boldsymbol{A}^{-1}=\frac{\mathrm{adj}\ \boldsymbol{A}}{\det \boldsymbol{A}} \tag{5.45}$$

5.2.1 項に記した逆行列を行列式をもって表現することができる．そして，この

ような $\boldsymbol{A}^{-1}$ が定まる $n\times n$ 行列を正則行列という．

5.2.4　固有ベクトル/固有値

ベクトル $\boldsymbol{Ax}$ の方向が $\boldsymbol{x}$ と同じとなる

$$\boldsymbol{Ax}=\lambda\boldsymbol{x} \tag{5.46}$$

を満足するベクトル $\boldsymbol{x}$ を固有ベクトル (eigen vector) といい，このときのスカラー値 λ を固有値 (eigen value) という．ここでは，とりあえずそれらは実数値であると考えたが，一般に複素数でもいえる．式 (5.46) を

$$(\lambda\boldsymbol{I}-\boldsymbol{A})\boldsymbol{x}=\boldsymbol{0} \tag{5.47}$$

と書く．これは右辺がゼロベクトルとなる連立 1 次方程式である．

この同次方程式は $\det \boldsymbol{A}\neq 0$ のとき，$\boldsymbol{x}=\boldsymbol{0}$ という，つまらない？ (trivial，自明な) 解をもつ．逆にいえば，$\boldsymbol{x}\neq\boldsymbol{0}$ である自明でない (nontrivial) 解をもつためには，

$$\det(\lambda\boldsymbol{I}-\boldsymbol{A})=0 \tag{5.48}$$

でなければならない．この式 (5.48) は特性方程式とよばれ，線形系の動特性を記述する重要な式である．それは $\lambda\leftrightarrow s$ と対応させることにより，ラプラス変換で表される特性方程式と同じものとなる．

5.2.5　1 次独立と階数

5.2.1 項における逆行列の誘導においては，正則行列の場合について記した．しかし，一般には正方でない場合，すなわち，方程式の数が m，変数の数が n，そして $m\neq n$ の場合，さらに，ある方程式ともう 1 つの方程式が，結局，同じことをいい，無駄となっているような場合がある．独立な方程式，そして求めるべき変数は，結局，いくつなのだ？という問いかけが生ずるのである．

それに対する答えは，5.2.1 項に示した基本行変換 (c) がやはり近道である．もし，行列 $\boldsymbol{A}$ に基本行変換をほどこしたとき

$$\rightarrow\left[\begin{array}{c|c} I_r & O \\ \hline O & O \end{array}\right]=\left[\begin{array}{cccc|c} 1 & 0 & \cdots & 0 & \\ 0 & 1 & \cdots & 0 & O \\ & \cdots & \cdots & & \\ 0 & 0 & \cdots & 1 & \\ \hline & & O & & O \end{array}\right] \tag{5.49}$$

となったとすれば(これを標準形とよぶ)，単位行列の部分の次元 r が1次独立な方程式の数を表すことになる．そして，この r を階数(rank)といい，rank $\boldsymbol{A}$ などと書く．

階数とは

(1) 値が0とならない小行列式の最大次数

(2) 1次独立な行ベクトル(列ベクトル)の最大数

などということができる．ここで，1次独立とは，行列 $\boldsymbol{A}$ のある行ベクトル $\boldsymbol{a}_j$ (列ベクトル $\boldsymbol{a}_i$)に関して，$k_1\boldsymbol{a}_1+k_2\boldsymbol{a}_2+\cdots+k_n\boldsymbol{a}_n=\boldsymbol{0}$ $(k_j\neq 0)$ とならないことである．これは，5.2.1項の基本行(列)変換(c)によって，すべて要素が0となる行(列)が生じないことと等価である．

5.2.6 2 次 形 式

2次元平面の楕円や双曲線の式の一般化に相当する

$$\boldsymbol{x}^T\boldsymbol{A}\boldsymbol{x}=[x_1x_2\cdots x_n]\begin{bmatrix} a_{11} & \cdots & a_{1n} \\ \vdots & & \vdots \\ a_{n1} & \cdots & a_{nn} \end{bmatrix}\begin{bmatrix} x_1 \\ \vdots \\ x_n \end{bmatrix}=\sum_{i=1}^{n}\sum_{j=1}^{n}a_{ij}x_ix_j \tag{5.50}$$

の表現を2次形式という．この値はスカラーであり，ベクトル $\boldsymbol{A}\boldsymbol{x}$ と $\boldsymbol{x}$ の内積(スカラー積)とも考えられる．いま x_ix_j の項を取り上げると，その係数は a_{ij} と a_{ji} である．言い換えるならば，$a_{ij}'=a_{ji}'=(a_{ij}+a_{ji})/2$，等しい要素でそれを置き換えることができる．したがって，2次形式表現，式(5.50)における行列 $\boldsymbol{A}$ の要素は $a_{ij}=a_{ji}$ であり対称行列，というよりもそのような行列で書くことができることになる．

2次形式 $\boldsymbol{x}^T\boldsymbol{A}\boldsymbol{x}=\mathrm{const}>0$ である場合，2次元平面では適当な回転を伴った楕円になる．一般的に，このような $\boldsymbol{x}=\boldsymbol{0}$ 以外においてそれが正となる2次形式の行列 $\boldsymbol{A}$ を単に $\boldsymbol{A}>\boldsymbol{0}$ と書き，正定値行列などという．

参 考 文 献

1） 杉山昌平：ラプラス変換入門，実教出版，1977.
2） D. J. Wright : Introduction to Linear Algebra, McGraw-Hill, 1999.
3） 神谷紀生，北　栄輔：計算による線形代数，共立出版，1999.

演習問題解答

2.1　運動方程式は

$$\left.\begin{aligned} m_1\ddot{x}_1+c_1(\dot{x}_1-\dot{x}_2)+k_1x_1+k_2(x_1-x_2)=0 \\ m_2\ddot{x}_2+c_1(\dot{x}_2-\dot{x}_1)+k_2(x_2-x_1)=f \end{aligned}\right\}$$

これらをラプラス変換して，すべての初期値＝0 とするとき

$$\left.\begin{aligned} (m_1s^2+c_1s+k_1+k_2)X_1(s)=(c_1s+k_2)X_2(s) \\ (m_2s^2+c_1s+k_2)X_2(s)=(c_1s+k_2)X_1(s)+F(s) \end{aligned}\right\}$$

したがって伝達関数は

$$\frac{X_1(s)}{F(s)}=\frac{c_1s+k_2}{m_1m_2s^4+(m_1c_1+m_2c_1)s^3+(m_1k_2+m_2k_2+m_2k_1)s^2+k_1c_1s+k_2}$$

2.2　各タンク系について平衡点近傍では

$$\left.\begin{aligned} q_1(t)-q_2(t)=A_1\frac{dh_1}{dt},\quad q_2(t)\cong\frac{h_1(t)}{R_1} \\ q_2(t)-q_3(t)=A_2\frac{dh_2}{dt},\quad q_3(t)\cong\frac{h_2(t)}{R_2} \end{aligned}\right\}$$

が成り立つ．それぞれをラプラス変換してすべての初期値＝0 とすれば

$$\left.\begin{aligned} H_1(s)=\frac{1}{A_1s}[Q_1(s)-Q_2(s)],\quad Q_2(s)\cong\frac{H_1(s)}{R_1} \\ H_2(s)=\frac{1}{A_2s}[Q_2(s)-Q_3(s)],\quad Q_3(s)\cong\frac{H_2(s)}{R_2} \end{aligned}\right\}$$

したがって伝達関数は

$$\frac{H_2(s)}{Q_1(s)}=\frac{R_2}{(1+A_1R_1s)(1+A_2R_2s)}$$

2.3　抵抗およびコンデンサーの分流を $i_1(t)$, $i_2(t)$ として電圧平衡式は

$$\left.\begin{aligned} &v_i(t)=L\frac{di(t)}{dt}+v_0(t),\quad v_o(t)=\frac{1}{C}\int i_2(t)dt=i_1(t)R \\ &i(t)=i_1(t)+i_2(t) \end{aligned}\right\}$$

すべての初期値＝0 として

$$V_i(s)=LsI(s)+V_o(s),\quad V_o(s)=\frac{I_2(s)}{Cs}=I_1(s)R,\quad I(s)=I_1(s)+I_2(s)$$

したがって伝達関数は

$$\frac{V_o(s)}{V_i(s)}=\frac{R}{Ls(CRs+1)R}$$

2.4　トルク（回転モーメント）のつりあい方程式は

$$J\ddot{\theta}(t)+mgl\sin\theta(t)=u(t)\ [\mathrm{Nm}]$$

線形近似すると

$$J\ddot{\theta}(t)+mgl\theta(t)=u(t)$$

したがって

$$\frac{\Theta(s)}{U(s)}=\frac{1}{Js^2+mgl}$$

2.5 倒立振子の支点に加わる水平方向の反力を f_H，垂直方向の反力を f_V とするとき，次の関係式が成り立つ．

支点のつりあいについて

$$\left.\begin{aligned} f_H&=m\frac{d^2}{dt^2}(x+l\sin\theta)\\ f_V&=mg+m\frac{d^2}{dt^2}l\cos\theta \end{aligned}\right\}$$

台車の水平方向のつりあいについて

$$M\ddot{x}=f-f_H$$

振り子の重心まわり（慣性モーメント $J=ml^2/3$）のモーメントのつりあいについて

$$J\ddot{\theta}=f_Vl\sin\theta-f_Hl\cos\theta$$

したがって $\theta\approx 0$ 近傍では，$\sin\theta\approx\theta, \cos\theta\approx 1$ であるので

$$\left.\begin{aligned} &f_H=m\ddot{x}+ml\ddot{\theta},\quad f_V-mg,\quad M\ddot{x}=f-f_H\\ &(ml^2/3)\ddot{\theta}=f_Vl\theta-f_Hl \end{aligned}\right\}$$

これらの関係より

$$\frac{\Theta(s)}{F(s)}=G(s)=\frac{-3/(4M+m)l}{s^2-3(M+m)g/(4M+m)l}$$

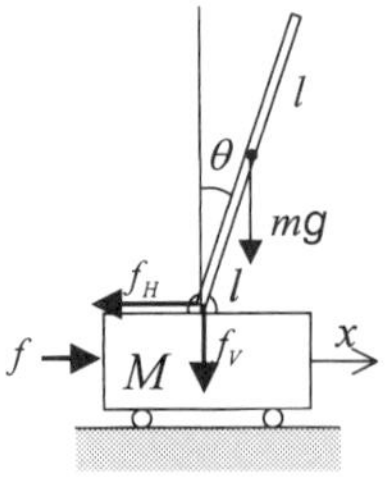

図 A.1

2.6 加え合わせ点 ① を要素 G_2 の前に移すか，または引き出し点 ② を要素 G_4 の後に移して等価変換する．

$$X(s) \to \boxed{\dfrac{G_1 G_2 G_3 G_4}{1 + G_2 G_3 + G_3 G_4}} \to Y(s)$$

図 A.2

2.7

$$X(s) \to \boxed{\dfrac{G_1(G_2 + G_3)}{1 + G_1 + G_1(G_2 + G_3)(G_4 - G_5)}} \to Y(s)$$

図 A.3

2.8 引き出し点を要素 G_3 の後にシフトする場合

$$X(s) \to \boxed{\dfrac{G_1(G_2 G_3 - G_4)}{1 + G_1 G_2}} \to Y(s)$$

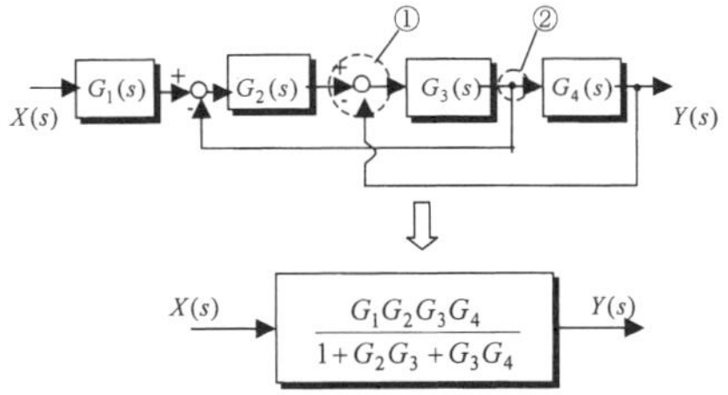

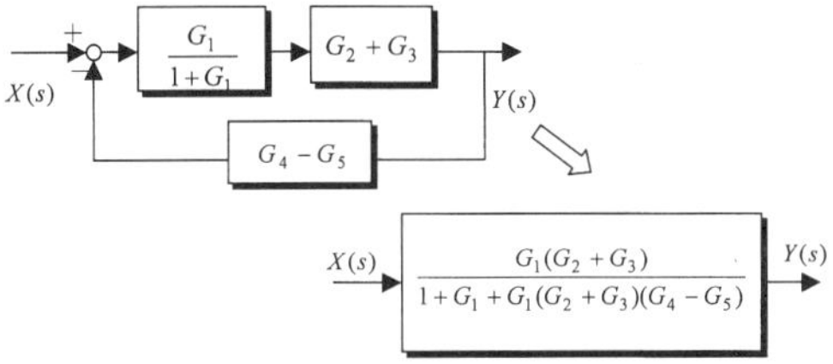

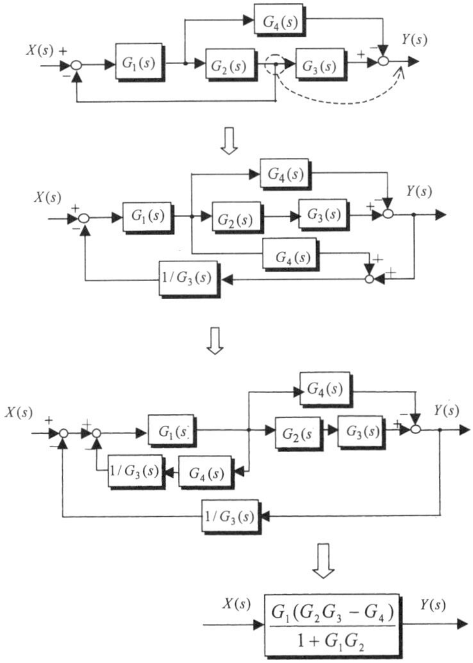

図 A.4

2.9　等価変換結果は同じであるので，各自検討してみよう．

2.10

(1)　$y(t)=\mathcal{L}^{-1}\left[\frac{2s}{1+4s}\times 1\right]=L^{-1}\left[\frac{1}{2}-\frac{1}{8}\frac{1}{s+1/4}\right]=\frac{1}{2}\delta(t)-\frac{1}{8}e^{-\frac{1}{4}t}$

(2)　$y(t)=\mathcal{L}^{-1}\left[\frac{1+2s}{s(1+s)}\times 1\right]=L^{-1}\left[\frac{1}{s}+\frac{1}{s+1}\right]=1(t)+e^{-t}$

2.11

(1)　重根があるので式(2.64)の展開定理を参考にして部分分数に展開する．

$$Y(s)=\frac{1}{(s+1)^3(s+2)}\times\frac{1}{s}=\frac{A_2}{s}+\frac{A_1}{s+2}+\frac{B_3}{(s+1)^3}+\frac{B_2}{(s+1)^2}+\frac{B_1}{(s+1)}$$

において各展関係数は

$$\left.\begin{array}{l} A_2=\lim_{s\to 0}sY(s)=\frac{1}{2},\quad A_1=\lim_{s\to -2}(s+2)\,Y(s)=\frac{1}{2} \\ B_3=\lim_{s\to -1}[(s+1)^3Y(s)]=-1,\quad B_2=\frac{1}{1!}\lim_{s\to -1}\left\{\frac{d}{ds}[(s+1)^3Y(s)]\right\}=0 \\ B_1=\frac{1}{2!}\lim_{s\to -1}\left\{\frac{d^2}{ds^2}[(s+1)^3Y(s)]\right\}=-1 \end{array}\right\}$$

となる．したがって

$$y(t)=L^{-1}\left[\frac{1/2}{s}+\frac{1/2}{s+2}+\frac{-1}{(s+1)^3}+\frac{-1}{(s+1)}\right]=\frac{1}{2}1(t)+\frac{1}{2}e^{-2t}-\frac{t^2}{2!}e^{-t}-e^{-t}$$

(2)　$Y(s)=\frac{s}{(1+2s)(1+4s)}\times\frac{1}{s}=\frac{1}{2}\left(\frac{-1}{s+1/2}+\frac{1}{s+1/4}\right)$

より

$$y(t)=\frac{1}{2}(-e^{-\frac{1}{2}t}+e^{-\frac{1}{4}t})$$

2.12

(1)　$\frac{Y(s)}{X(s)}=\frac{G(s)}{1+G(s)}=\frac{1}{s+2}$

より

$$y(t)=L^{-1}\left[\frac{1}{s+2}\times\frac{1}{s}\right]=\frac{1}{2}1(t)-\frac{1}{2}e^{-2t}$$

(2)　$\frac{Y(s)}{X(s)}=\frac{G(s)}{1+G(s)}=\frac{1}{s^2+s+1}$

より

$$Y(s)=\frac{1}{s^2+s+1}\times\frac{1}{s}=\frac{1}{s}-\frac{(s+1/2)+1/2}{(s+1/2)^2+3/4}$$

したがって，ラプラス変換表 2.1 より

$$y(t)=1(t)-e^{-\frac{1}{2}t}\cos\sqrt{3/4t}-\frac{1}{2}\sqrt{4/3}e^{-\frac{1}{2}t}\sin\sqrt{3/4t}$$

2.13　フィードバック制御系の全伝達関数は

$$\frac{Y(s)}{X(s)}=\frac{k_2s+k_1}{s^2+k_2s+k_1+1}$$

(1)　$k_2=0, k_1=0.5$ の時のステップ応答は

$$Y(s)=\frac{0.5}{s^2+0.5+1}\times\frac{1}{s}=\frac{1}{3}\left(\frac{1}{s}-\frac{s}{s^2+1.5}\right)$$

したがって，ラプラス変換表 2.1 より

$$y(t)=\frac{1}{3}[1(t)-\cos\sqrt{1.5}t]$$

また特性根（極）は $s^2+1.5=0$ より

$$s_{1.2}=\pm j\sqrt{1.5}$$

ステップ応答および特性根配置状況を図 A. 5，A. 6 に示す．

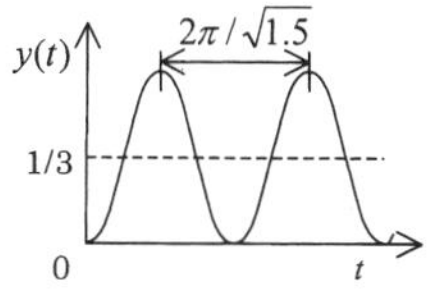

図 A. 5

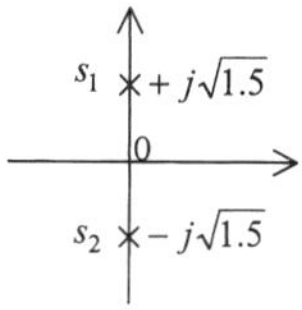

図 A. 6

(2)　$k_2=1{,}2$，$k_1=0.5$ の時のステップ応答は

$$Y(s)=\frac{1.2s+0.5}{s^2+1.2s+1.5}\times\frac{1}{s}=\frac{1}{3}\left[\frac{1}{s}-\frac{s+0.6}{(s+0.6)^2+1.14}+\frac{3}{(s+0.6)^2+1.14}\right]$$

したがってラプラス変換表 2.1 より

$$y(t)=\frac{1}{3}\left[1(t)-e^{-0.6t}\cos\sqrt{1.14t}+\frac{3}{\sqrt{1.14}}e^{-0.6t}\sin\sqrt{1.14t}\right]$$

また特性根は $s^2+1.2s+1.5=0$ より

$$s_{1,2}=-0.6\pm j\sqrt{1.14}$$

ステップ応答および特性根配置状況を図 A. 7，A. 8 に示す．

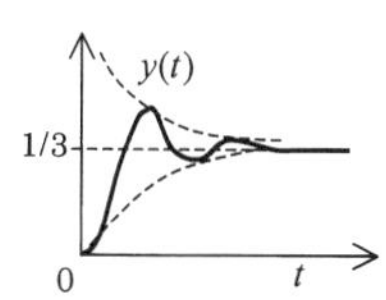

図 A. 7

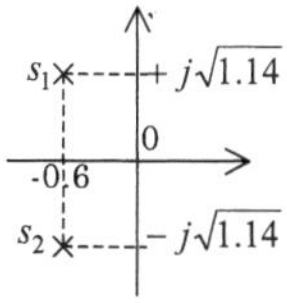

図 A. 8

2. 14

(1)　$G(j\omega)=j\omega T$ より

$$g[\mathrm{dB}]=20\log_{10}\omega T$$
$$\angle G(j\omega)=\pi/2$$

図 A. 9 の実線の特性となる．

(2)　$G(j\omega)=1/j\omega T$ より

$$g[\mathrm{dB}]=-20\log_{10}\omega T, \qquad \angle G(j\omega)=-\pi/2$$

図 A. 9 の破線の特性となる．

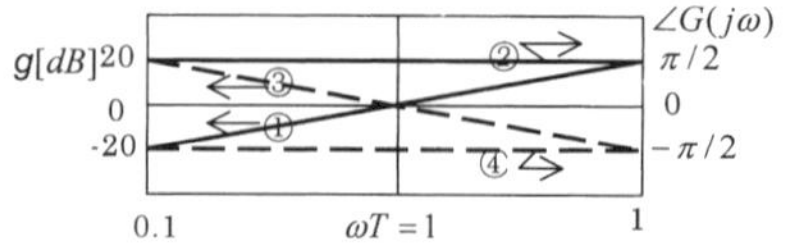

図 A. 9

2. 15　$G(j\omega)=1/j\omega T(1+j\omega T)$ より

$$|G(j\omega)|=1/\omega T\sqrt{1+(\omega T)^2}$$

$$\angle G(j\omega)=-\pi/2-\tan^{-1}\omega T$$

計算表は表 A. 1 に，ベクトル軌跡は図 A. 10 に示す．

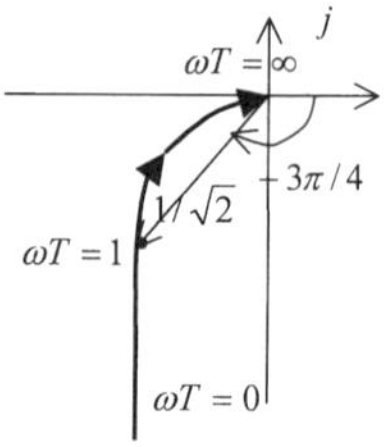

図 A. 10　$G(j\omega)$ 軌跡

表 A. 1

ωT	0	1	∞
$\lvert G(j\omega)\rvert$	∞	$1/\sqrt{2}$	0
$\angle G(j\omega)$	$-\pi/2$	$-3\pi/4$	$-\pi$

2. 16　$g[dB]=20\log_{10}|G(j\omega)|=-20\log_{10}\omega T-10\log_{10}[1+(\omega T)^2]$

計算表は表 A. 2 に，ボード線図を図 A. 11 に示す．

表 A. 2

ωT	$\ll 1$	1	$\gg 1$
$g[\mathrm{dB}]$	$-20\log_{10}\omega T$	$-10\log_{10}2$	$-40\log_{10}\omega T$
$\angle G(j\omega)$	$-\pi/2$	$-3\pi/4$	$-\pi$

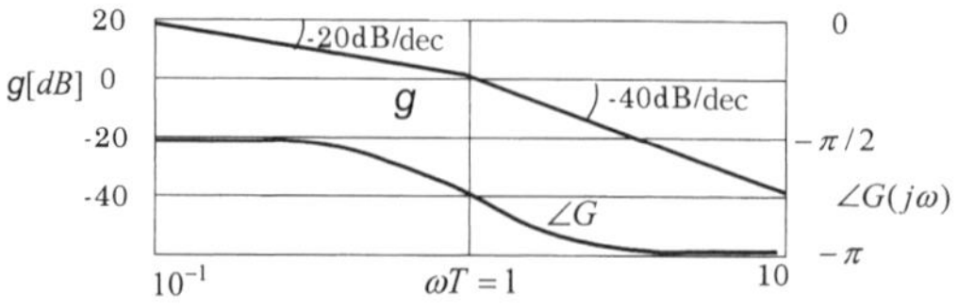

図 A. 11

2. 17　$G(j\omega)=\dfrac{2j\omega}{(1+8j\omega)(1+2j\omega)}$ より

$$|G(j\omega)|=2\omega/\sqrt{(1+64\omega^2)(1+4\omega^2)},$$

$$\angle G(j\omega)=①\pi/2-②\tan^{-1}8\omega-③\tan^{-1}2\omega$$

ベクトル軌跡を図 A. 12 に示す.

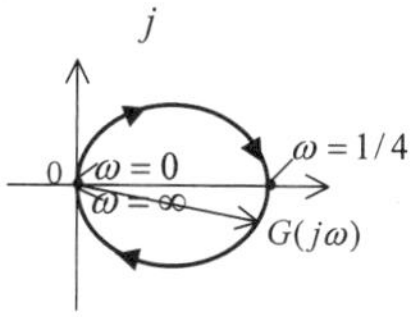

図 A. 12

2. 18　$g[dB]=$①$20\log_{10}2\omega-$②$10\log_{10}(1+(8\omega)^2)-$③$10\log_{10}(1+(2\omega)^2)$

ボード線図を図 A. 13 に示す.

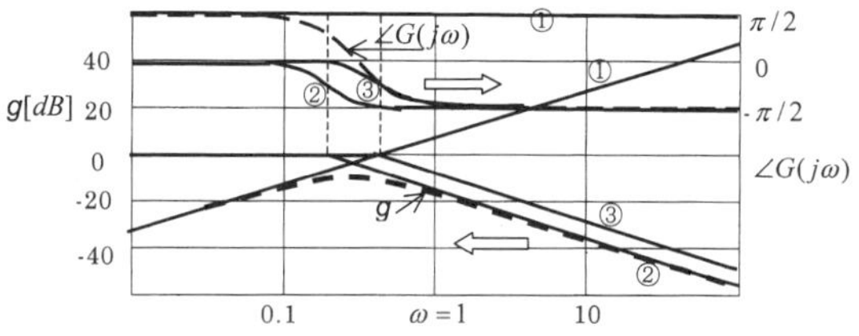

図 A. 13

2. 19　(1)　不安定,(2)　不安定,(3)　安定,(4)　安定

2. 20　$s=s'-1$ の変換を行うと

$$(s'-1)^3+8(s'-1)^2+15(s'-1)+K=s'^3+5s'^2+2s'+K-8$$

よって,ラウス・フルビッツの安定判別法より $8<K<18$ を得る.

2. 21　(1)　安定,(2)　不安定(ベクトル軌跡は省略)

2. 22

(1)　$\mathrm{Re}\,G_0(j\omega)=2(1-1.4\omega^2)/d$,$\mathrm{Im}\,G_0(j\omega)=-2(1.4\omega-\omega^3)/d$,$d=(1-1.4\omega^2)^2+(1.4\omega-\omega^3)^2$.これから図 A. 14 を得る.よって,制御系は不安定である.

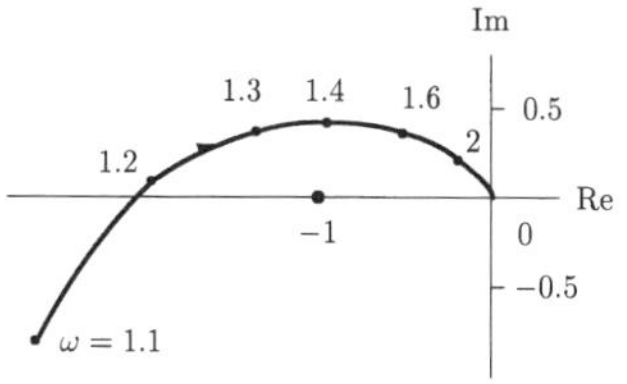

図 A. 14

(2)　$\mathrm{Re}\,G_0(j\omega)=-0.5\omega^2/d$,$\mathrm{Im}\,G_0(j\omega)=-0.5(\omega-\omega^3)/d$,$d=\omega^4+(\omega-\omega^3)^2$.これから図 A. 15 を得る.よって,制御系は安定である.また,同図から $\phi_M\simeq50°$,$G_M=2$,$\omega_P\simeq0.57$ rad/s.

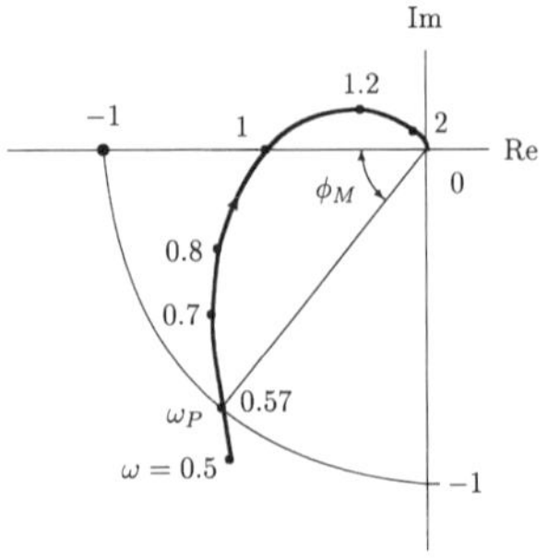

図 A. 15

2. 23 $|G(j\Omega)|=\dfrac{1}{\sqrt{(1-\Omega^2)^2+4\zeta^2\Omega^2}}$ (A2. 1)

ただし，$\Omega=\omega/\omega_n$. $|G(j\omega)|$ の分母の 2 乗 $(1-\Omega^2)^2+4\zeta^2\Omega^2$ を Ω で微分して 0 とおくと

$$2(1-\Omega^2)(-2\Omega)+8\zeta^2\Omega=4\Omega(2\zeta^2-1+\Omega^2)=0$$

これから，ゲインの極大点を与える Ω が

$$\Omega_P=\sqrt{1-2\zeta^2} \qquad \text{(A2. 2)}$$

と得られる．これを式 (A 2.1) に代入すればゲインの極大値が $M_P=1/(2\zeta\sqrt{1-\zeta^2})$ と求まる．また，式 (A 2.2) から，ゲイン曲線に極大点が現れるのは $\zeta<1/\sqrt{2}$ のときに限られることがわかる．

2. 24

(1) $n-m=1$. 実軸における分離（または合流）点は

$$\frac{d}{ds}\frac{1}{G_0(s)}=\frac{s^2+6s+7}{(s+3)^2}=0$$

を解いて，−4.414，−1.586 となる (図 A. 16).

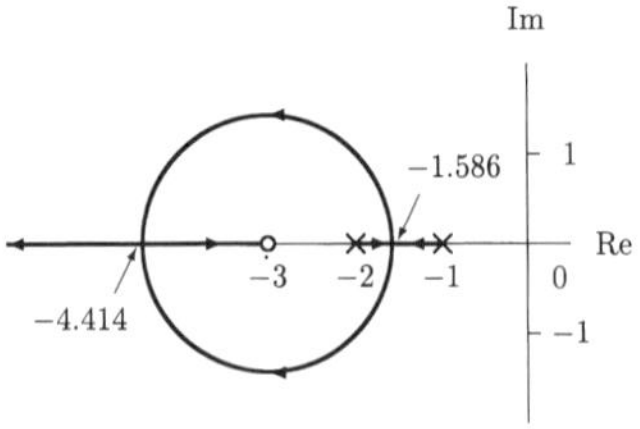

図 A. 16

(2) $n-m=3$. 漸近線と実軸との交点は $-2/3+j0$ である (図 A. 17).

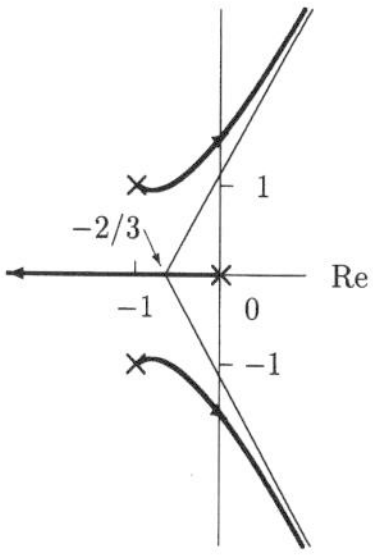

図 A. 17

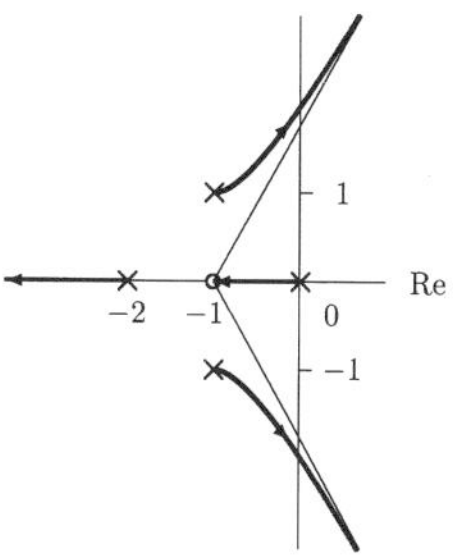

図 A. 18

(3)　$n-m=3$. 漸近線と実軸との交点は $-1+j0$ である (図 A. 18).

(4)　$n-m=4$. 漸近線と実軸との交点は $-2.5+j0$ である．実軸における分離(または合流)点は

$$\frac{d}{ds}\frac{1}{G_0(s)}=4s^3+30s^2+70s+50=0$$

から，-3.618，-1.382 と得られる (-2.5 も解であるが根軌跡上にないので除外する) (図 A. 19).

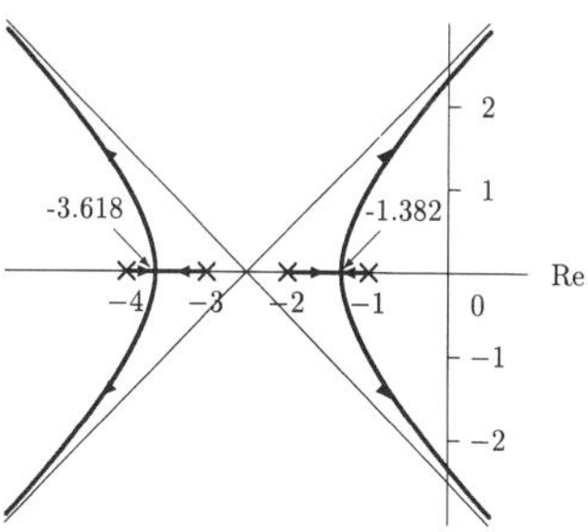

図 A. 19

2. 25　閉ループ伝達関数を $G(s)$ とすると $G(s)=G_0(s)/(1+G_0(s))$ したがって $|G(j\omega_P)|=|G_0(j\omega_P)|/|1+G_0(j\omega_P)|$. ここで，$|G_0(j\omega_P)|=1$, $|1+G_0(j\omega_P)|=2\sin(\phi_M/2)$ なので (図 A. 20 参照)，$|G(j\omega_P)|=1/\{2\sin(\phi_M/2)\}$ よって，$\phi_M\leq 90^\circ$ ならば $\sin(\phi_M/2)\leq 1/\sqrt{2}$ となり $|G(j\omega_P)|\geq 1/\sqrt{2}$ が成り立つ．すなわち，$\omega_b\geq\omega_P$ がいえた．

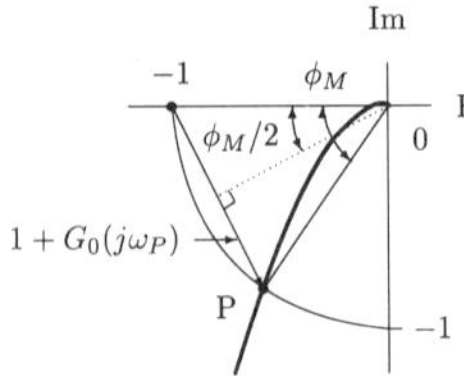

図 A. 20

2. 26　式 (2.166) から位相進み補償器の位相は次式となる．

$$\phi=\tan^{-1}(T_1\omega)-\tan^{-1}(\alpha_1 T_1\omega) \tag{A2.3}$$

ω_m は，極値の条件

$$\frac{d\phi}{d\omega}=\frac{T_1}{1+T_1{}^2\omega^2}-\frac{\alpha_1 T_1}{1+\alpha_1\omega^2 T_1{}^2}=0$$

を解いて $\omega_m=1/(\sqrt{\alpha_1}\,T_1)$ と求まる．ϕ_m は ω_m を式 (A2. 3) に代入して

$$\phi_m=\tan^{-1}\frac{1}{\sqrt{\alpha_1}}-\tan^{-1}\sqrt{\alpha_1}=\tan^{-1}\frac{1-\alpha_1}{2\sqrt{\alpha_1}}$$

と得られる．また，これから $\tan\phi_m=(1-\alpha_1)/(2\sqrt{\alpha_1})$ となり，図 A. 21 に注意すると $\sin\phi_m=(1-\alpha_1)/(1+\alpha_1)$ がわかる．

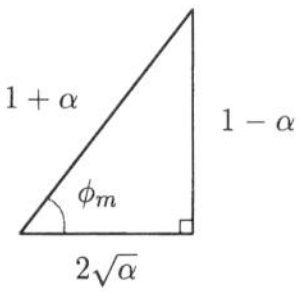

図 A. 21

2. 27　PID 補償器は

$$C(s)=\frac{\beta_2 s^2+\beta_1 s+\beta_0}{s},\quad \beta_0=\frac{K_P}{T_I},\quad \beta_1=K_P,\quad \beta_2=K_P T_P$$

とかける．制御系の特性方程式を計算すると

$$0=1+G_p(s)C(s)=1+\frac{b_0(\beta_2 s^2+\beta_1 s+\beta_0)}{s(s^2+a_1 s+a_0)}$$

すなわち

$$s^3+(a_1+b_0\beta_2)s^2+(a_0+b_0\beta_1)s+b_0\beta_0=0$$

となる．$\beta_0, \beta_1, \beta_2$ によって特性方程式の係数を実数の範囲で任意に設定できるので，実軸対称な任意極配置が可能となる．

2. 28　$k_0=\omega_n{}^2/K$，$k_1=2\zeta/\omega_n$

2. 29　$k_0=(\gamma_0-a_0)/b_0$，$k_1=(\gamma_1-a_1)/b_0$，$\gamma_1=-(q_1+q_2)$，$\gamma_2=q_1 q_2$

3.1

(1) $G(s)=\boldsymbol{C}(s\boldsymbol{I}-\boldsymbol{A})^{-1}\boldsymbol{B}$

$$=(3\quad 0)\frac{1}{s^2+4s+3}\begin{bmatrix} s+4 & 1 \\ -3 & s \end{bmatrix}\begin{bmatrix} 0 \\ 1 \end{bmatrix}=\frac{3}{s^2+4s+3}$$

(2) $y(t)=L^{-1}\left\{G(s)\frac{1}{s}\right\}=L^{-1}\left\{\frac{3}{s(s+1)(s+3)}\right\}=1-\frac{3}{2}e^{-t}+\frac{1}{2}e^{-3t}$

(3) $\boldsymbol{\Phi}(t)=L^{-1}\{(s\boldsymbol{I}-\boldsymbol{A})^{-1}\}$

$$=L^{-1}\left\{\frac{1}{s^2+4s+3}\begin{bmatrix} s+4 & 1 \\ -3 & s \end{bmatrix}\right\}=\frac{1}{2}\begin{bmatrix} 3e^{-t}-e^{-3t} & e^{-t}-e^{-3t} \\ -3e^{-t}+3e^{-3t} & -e^{-t}+3e^{-3t} \end{bmatrix}$$

(4) $y(t)=\boldsymbol{C\Phi}(t)\int_0^t \boldsymbol{\Phi}(-\tau)\boldsymbol{B}u(\tau)d\tau$

$$=\frac{3}{4}\left\{(3e^{-t}-e^{-3t})\int_0^t (e^{\tau}-e^{3\tau})d\tau+(e^{-t}-e^{-3t})\int_0^t(-e^{\tau}+3e^{3\tau})d\tau\right\}$$

$$=1-\frac{3}{2}e^{-t}+\frac{1}{2}e^{-3t}$$

3.2

(1) $\boldsymbol{M}_c=(\boldsymbol{B}\quad \boldsymbol{AB})=\begin{bmatrix} 2 & -4 \\ 0 & 2 \end{bmatrix}$, $|\boldsymbol{M}_c|=4\neq 0$ ゆえに可制御.

$\boldsymbol{M}_o=\begin{bmatrix} \boldsymbol{C} \\ \boldsymbol{CA} \end{bmatrix}=\begin{bmatrix} 1 & 0 \\ -2 & 0 \end{bmatrix}$, $|\boldsymbol{M}_o|=0$ ゆえに不可観測.

$$G(s)=\boldsymbol{C}(s\boldsymbol{I}-\boldsymbol{A})^{-1}\boldsymbol{B}=(1\quad 0)\begin{bmatrix} s+2 & 0 \\ -1 & s+1 \end{bmatrix}^{-1}\begin{bmatrix} 2 \\ 0 \end{bmatrix}$$

$$=(1\quad 0)\frac{1}{(s+2)(s+1)}\begin{bmatrix} s+1 & 0 \\ 1 & s+2 \end{bmatrix}\begin{bmatrix} 2 \\ 0 \end{bmatrix}=\frac{2}{s+2}$$

(2) $\boldsymbol{B}$ は (1) と同一，ゆえに可制御.

$\boldsymbol{M}_o=\begin{bmatrix} 1 & 1 \\ -1 & -1 \end{bmatrix}$, $|\boldsymbol{M}_o|=0$ ゆえに不可観測.

$$G(s)=(1\quad 1)\frac{1}{(s+2)(s+1)}\begin{bmatrix} s+1 & 0 \\ 1 & s+2 \end{bmatrix}\begin{bmatrix} 2 \\ 0 \end{bmatrix}=\frac{2}{s+1}$$

(3) $\boldsymbol{M}_c=\begin{bmatrix} -2 & 4 \\ 2 & -4 \end{bmatrix}$, $|\boldsymbol{M}_c|=0$ ゆえに不可制御. $\boldsymbol{C}$ は (1) と同一，ゆえに不可観測.

$$G(s)=(1\quad 0)\frac{1}{(s+2)(s+1)}\begin{bmatrix} s+1 & 0 \\ 1 & s+2 \end{bmatrix}\begin{bmatrix} -2 \\ 2 \end{bmatrix}=\frac{-2}{s+2}$$

(4) $\boldsymbol{B}$ は (3) と同一，ゆえに不可制御.

$\boldsymbol{M}_o=\begin{bmatrix} 0 & 1 \\ 1 & -1 \end{bmatrix}$, $|\boldsymbol{M}_o|=-1\neq 0$ ゆえに可観測.

$$G(s)=(0\quad 1)\frac{1}{(s+2)(s+1)}\begin{bmatrix} s+1 & 0 \\ 1 & s+2 \end{bmatrix}\begin{bmatrix} -2 \\ 2 \end{bmatrix}=\frac{2}{s+2}$$

3. 3

(1) $G(s)=\dfrac{s+6}{(s+2)(s+3)}=\dfrac{4}{s+2}-\dfrac{3}{s+3}$, したがって

$$\boldsymbol{A}=\begin{bmatrix}-2 & 0\\ 0 & -3\end{bmatrix},\quad \boldsymbol{B}=\begin{bmatrix}1\\ -1\end{bmatrix},\quad \boldsymbol{C}=(4\quad 3)$$

(2), (3) 一般に式 (3.72) の $G(s)$ を

$$G(s)=\frac{\sum_{i=1}^{n}h_i s^{i-1}}{\sum_{i=1}^{n}a_i s^{i-1}+s^n}\ \text{とし,}\quad \boldsymbol{a}=\begin{bmatrix}a_1\\ a_2\\ \vdots\\ a_n\end{bmatrix},\ \boldsymbol{h}=\begin{bmatrix}h_1\\ h_2\\ \vdots\\ h_n\end{bmatrix}\ \text{と表すとき,}$$

可制御正準形式 (3.73) は

$$\boldsymbol{A}_c=\begin{bmatrix}\boldsymbol{0}\ \vdots\ \boldsymbol{I}_{n-1}\\ \cdots\\ -\boldsymbol{a}^T\end{bmatrix},\ \boldsymbol{B}_c=\begin{bmatrix}0\\ \vdots\\ 0\\ 1\end{bmatrix},\ \boldsymbol{C}_c=\boldsymbol{h}^T$$

可観測正準形式 (3.78) は

$$\boldsymbol{A}_o=\begin{bmatrix}\boldsymbol{0}^T & & \\ \cdots & \vdots & -\boldsymbol{a}\\ \boldsymbol{I}_{n-1} & & \end{bmatrix},\quad \boldsymbol{B}_o=\boldsymbol{h},\quad \boldsymbol{C}_o=(0\cdots 0\ 1)$$

となる．問題の $G(s)$ については

$\boldsymbol{a}=\begin{bmatrix}6\\ 5\end{bmatrix}$, $\boldsymbol{h}=\begin{bmatrix}6\\ 1\end{bmatrix}$ であるから

$$\boldsymbol{A}_c=\begin{bmatrix}0 & 1\\ -6 & -5\end{bmatrix},\quad \boldsymbol{B}_c=\begin{bmatrix}0\\ 1\end{bmatrix},\quad \boldsymbol{C}_c=(6\quad 1)$$

$$\boldsymbol{A}_o=\begin{bmatrix}0 & -6\\ 1 & -5\end{bmatrix},\quad \boldsymbol{B}_o=\begin{bmatrix}6\\ 1\end{bmatrix},\quad \boldsymbol{C}_o=(0\quad 1)$$

3. 4

(1) $\boldsymbol{A}$ の固有ベクトル $\boldsymbol{v}_1, \boldsymbol{v}_2$ は，例題 3.5 で求めたように

$\boldsymbol{v}_1=\begin{bmatrix}0\\ 1\end{bmatrix}$, $\boldsymbol{v}_2=\begin{bmatrix}1\\ -1\end{bmatrix}$ より，$\boldsymbol{T}=(\boldsymbol{v}_1\quad \boldsymbol{v}_2)=\begin{bmatrix}0 & 1\\ 1 & -1\end{bmatrix}$ したがって

$$\widetilde{\boldsymbol{A}}=\boldsymbol{T}^{-1}\boldsymbol{A}\boldsymbol{T}=\begin{bmatrix}-1 & 0\\ 0 & -2\end{bmatrix},\quad \widetilde{\boldsymbol{B}}=\boldsymbol{T}^{-1}\boldsymbol{B}=\begin{bmatrix}2\\ 2\end{bmatrix},\quad \widetilde{\boldsymbol{C}}=\boldsymbol{C}\boldsymbol{T}=(2\ \ -1)$$

(2) $\boldsymbol{A}$ の特性多項式は，$s^2+3s+2=0$ これより，式 (3.75) の行列 $\boldsymbol{W}$ は

$\boldsymbol{W}=\begin{bmatrix}3 & 1\\ 1 & 0\end{bmatrix}$, 可制御行列は $\boldsymbol{M}_c=\begin{bmatrix}2 & -4\\ 0 & 2\end{bmatrix}$ で可制御である．したがって変換行列 $\boldsymbol{T}_c$ は式 (3.74) より

$$T_c=M_cW=\begin{bmatrix}2 & 2\\ 2 & 0\end{bmatrix}$$

$$\tilde{A}=T_c^{-1}AT_c=\begin{bmatrix}0 & 1\\ -2 & -3\end{bmatrix},\ \tilde{B}=T_c^{-1}B=\begin{bmatrix}0\\ 1\end{bmatrix},\ \tilde{C}=CT_c=(6\quad 2)$$

(3) 可観測行列は $M_o=\begin{bmatrix}1 & 2\\ 0 & -2\end{bmatrix}$ で可観測である．したがって変換行列 T_o は式(3.79)より

$$T_0=(WM_o)^{-1}=\frac{1}{2}\begin{bmatrix}2 & -4\\ -1 & 3\end{bmatrix}$$

$$\tilde{A}=T_o^{-1}AT_o=\begin{bmatrix}0 & -2\\ 1 & -3\end{bmatrix},\ \tilde{B}=T_o^{-1}B=\begin{bmatrix}6\\ 2\end{bmatrix},\ \tilde{C}=CT_o=(0\quad 1)$$

3.5 $T^{-1}AT=\Lambda$ の左から T を掛けて，$AT=T\Lambda$ を示す．

$$AT=\begin{bmatrix}0 & 1 & 0 & \cdots & 0\\ \vdots & \ddots & 1 & \ddots & \vdots\\ & & & \ddots & 0\\ 0 & \cdots & & 0 & 1\\ -a_1 & -a_2 & \cdots & & -a_n\end{bmatrix}\cdot\begin{bmatrix}1 & 1 & \cdots & 1\\ \lambda_1 & \lambda_2 & & \lambda_n\\ \lambda_1{}^2 & \kappa_2{}^2 & & \lambda_n{}^2\\ \vdots & \vdots & & \vdots\\ \lambda_1{}^{n-1} & \lambda_2{}^{n-1} & \cdots & \lambda_n{}^{n-1}\end{bmatrix}$$

$$=\begin{bmatrix}\lambda_1 & \lambda_2 & \cdots & \lambda_n\\ \lambda_1{}^2 & \lambda_2{}^2 & & \lambda_n{}^2\\ \lambda_1{}^3 & \lambda_2{}^3 & & \lambda_n{}^3\\ \vdots & \vdots & & \vdots\\ -\alpha_1 & -\alpha_2 & \cdots & -\alpha_n\end{bmatrix},\ \text{ただし，}\ \alpha_i=\sum_{k=1}^{n}a_k\lambda_i{}^{k-1}$$

$$T\Lambda=\begin{bmatrix}\lambda_1 & \lambda_2 & \cdots & \lambda_n\\ \lambda_1{}^2 & \lambda_2{}^2 & & \lambda_n{}^2\\ \lambda_1{}^3 & \lambda_2{}^3 & & \lambda_n{}^3\\ \vdots & \vdots & & \vdots\\ \lambda_1{}^n & \lambda_2{}^n & \cdots & \lambda_n{}^n\end{bmatrix}$$

ゆえに AT と $T\Lambda$ の $(n-1)$ 行までは等しい．また，特性方程式より

$$\lambda_i{}^n+\sum_{k=1}^{n}a_k\lambda_i{}^{k-1}=\lambda_i{}^n+\alpha_i=0\ \text{ゆえに}\ \lambda_i{}^n=-\alpha_i$$

となり，n 行目も等しい．　$\therefore\quad AT=T\Lambda$

3.6

(1) 例題 3.8 の図 3.9 参照．

(2) $G(s)=(2\quad 0)\begin{bmatrix}s+0.5 & -1\\ 0.75 & s+2.5\end{bmatrix}^{-1}\begin{bmatrix}0\\ 1\end{bmatrix}=\dfrac{2}{s^2+3s+2}$

$D^*(s)=(s+2)(s+3)=s^2+5s+6$

式(3.98)より $\boldsymbol{f}_c=\boldsymbol{a}^*-\boldsymbol{a}=\begin{bmatrix}6\\5\end{bmatrix}-\begin{bmatrix}2\\3\end{bmatrix}=\begin{bmatrix}4\\2\end{bmatrix}$

式(3.102)より $f_0=\dfrac{6}{2}=3$

式(3.74)より $\boldsymbol{T}_c=\begin{bmatrix}0 & 1\\1 & -2.5\end{bmatrix}\begin{bmatrix}3 & 1\\1 & 0\end{bmatrix}=\begin{bmatrix}1 & 0\\0.5 & 1\end{bmatrix}$

式(3.99)より $\boldsymbol{f}^T=\boldsymbol{f}_c{}^T\boldsymbol{T}_c{}^{-1}=(4\quad 2)\begin{bmatrix}1 & 0\\-0.5 & 1\end{bmatrix}=(3\quad 2)$

3.7

(1) $y(t)=L^{-1}\{\boldsymbol{c}^T(s\boldsymbol{I}-\boldsymbol{A})^{-1}\boldsymbol{b}R(s)\}$

$$=L^{-1}\left\{\frac{2}{s(s+2)(s+1)}\right\}=1-2e^{-t}+e^{-2t}$$

(2) $y(t)=L^{-1}[\boldsymbol{c}^T\{s\boldsymbol{I}-(\boldsymbol{A}-\boldsymbol{b}\boldsymbol{f}^T)\}^{-1}\boldsymbol{b}f_0R(s)]$

$$=L^{-1}\left\{\frac{12}{s(s+3)(s+4)}\right\}=1-4e^{-3t}+3e^{-4t}$$

3.8

(1) 式(3.149)より $-4p+1-10\,p^2=0$

これを解いて $p=\dfrac{1}{10}(\sqrt{14}-2)$，式(3.147)より $u^*(t)=-(\sqrt{14}-2)x(t)$

(2) 式(3.164)，(3.165)より

$\begin{bmatrix}\dot{x}\\\dot{\lambda}\end{bmatrix}=\begin{bmatrix}-2 & 10\\1 & 2\end{bmatrix}\begin{bmatrix}x\\\lambda\end{bmatrix}$，これより

$$\lambda(t)=L^{-1}\left\{\frac{x(0)+(s+2)\lambda(0)}{s^2-14}\right\}$$

$$=\frac{1}{2\sqrt{14}}[\{x(0)+(\sqrt{14}+2)\lambda(0)\}e^{\sqrt{14}\,t}-\{x(0)-(\sqrt{14}-2)\lambda(0)\}e^{-\sqrt{14}\,t}]$$

式(3.166)より $\lambda(\infty)=0$，よって $\lambda(0)=-\dfrac{x(0)}{\sqrt{14}+2}$，これを上式に代入して

$$\lambda(t)=-\frac{\sqrt{14}-2}{10}x(0)e^{-\sqrt{14}\,t},\quad u^*(t)=10\lambda(t)=-(\sqrt{14}-2)e^{-\sqrt{14}\,t}$$

4.1

(1) $Z\left[\dfrac{1-e^{-Ts}}{s}\dfrac{1}{s^2+\omega^2}\right]=(1-z^{-1})\mathcal{Z}\left[\dfrac{1}{s(s^2+\omega^2)}\right]=(1-z^{-1})\mathcal{Z}\left[\dfrac{1/\omega^2}{s}-\dfrac{1/\omega^2 s}{s^2+\omega^2}\right]$

$$\therefore\quad F(z)=\frac{(1/\omega^2)(1-\cos\omega T)(z+1)}{z^2-2(\cos\omega T)z+1}$$

(2) $Z\left[\dfrac{1-e^{-Ts}}{s}\dfrac{1}{s(1+\tau s)}\right]=(1-z^{-1})\mathcal{Z}\left[\dfrac{1}{s^2(1+\tau s)}\right]=(1-z^{-1})\mathcal{Z}\left[\dfrac{1}{s^2}-\dfrac{1}{s(s+1/\tau)}\right]$

$$\therefore\quad F(z)=\frac{T}{z-1}-\frac{\tau(1-e^{-T/\tau})}{z-e^{-T/\tau}}$$

4.2 閉ループパルス伝達関数 $T(z)=\dfrac{G(z)C(z)}{1+G(z)C(z)}=\dfrac{0.1839\,z+0.1321}{z^2-1.1839\,z+0.5}$ より

$Y(z)=T(z)\dfrac{z}{z-1}=\dfrac{0.1839\,z^2+0.1321\,z}{z^3-2.1839\,z^2+1.6839\,z-0.5}$. よって

$$y(z)=0.1839\,z^{-1}+0.5337\,z^{-2}+0.8559^{-3}+1.0625\,z^{-4}+1.1459^{-5}+\cdots$$

4.3 $$e^{AT}=\begin{bmatrix}1&0\\0&1\end{bmatrix}+\begin{bmatrix}0&\omega T\\-\omega T&0\end{bmatrix}+\frac{1}{2!}\begin{bmatrix}-(\omega T)^2&0\\0&-(\omega T)^2\end{bmatrix}+\frac{1}{3!}\begin{bmatrix}0&-(\omega T)^3\\(\omega T)^3&0\end{bmatrix}+\cdots$$

$$=\begin{bmatrix}1-\frac{1}{2!}(\omega T)^2+\frac{1}{4!}(\omega T)^4-\cdots & \omega-\frac{1}{3!}(\omega T)^3+\frac{1}{5!}(\omega T)^5-\cdots\\ -\omega T+\frac{1}{3!}(\omega T)^3-\frac{1}{5!}(\omega T)^5+\cdots & 1-\frac{1}{2!}(\omega T)^2+\frac{1}{4!}(\omega T)^4-\cdots\end{bmatrix}$$

$$=\begin{bmatrix}\cos\omega T&\sin\omega T\\-\sin\omega T&\cos\omega T\end{bmatrix}$$

4.4 $\boldsymbol{A}_d=\begin{bmatrix}1&1-e^{-T}\\0&e^{-T}\end{bmatrix}$, $\boldsymbol{B}_d=\displaystyle\int_0^T e^{A\tau}d\tau\boldsymbol{B}=\begin{bmatrix}\displaystyle\int_0^T(1-e^{-\tau})d\tau\\ \displaystyle\int_0^T e^{-\tau}d\tau\end{bmatrix}=\begin{bmatrix}T-1+e^{-T}\\1-e^{-T}\end{bmatrix}$ より

$x(k+1)=\boldsymbol{A}_dx(k)+\boldsymbol{B}_du(k)$, ただし $x(k)=[x_1(k)\ \ x_2(k)]^T$.

4.5 $C(z)=10[1-0.3/(z+0.1)+0.1/(z-0.2)]$ より

$$\begin{bmatrix}x_1(k+1)\\x_2(k+2)\end{bmatrix}=\begin{bmatrix}-0.1&0\\0&0.2\end{bmatrix}\begin{bmatrix}x_1(k)\\x_2(k)\end{bmatrix}+\begin{bmatrix}1\\1\end{bmatrix}u(k)$$

$$y(k)=[-3\quad 1]\begin{bmatrix}x_1(k)\\x_2(k)\end{bmatrix}+10e(k)$$

4.6 演習問題 4.2 の解答より, $T(z)=\dfrac{G(z)C(z)}{1+G(z)C(z)}=\dfrac{0.1839\,z+0.1321}{z^2-1.1839\,z+0.5}$ をたとえば可観測正準形で表すと

$$\begin{bmatrix}x_1(k+1)\\x_2(k+1)\end{bmatrix}=\begin{bmatrix}0&-0.5\\1&1.1839\end{bmatrix}\begin{bmatrix}x_1(k)\\x_2(k)\end{bmatrix}+\begin{bmatrix}0.1321\\0.1839\end{bmatrix}r(k)$$

$$y(k)=[0\quad 1]\begin{bmatrix}x_1(k)\\x_2(k)\end{bmatrix}$$

$k=0, 1, 2, \cdots$ に対して, 上式を逐次展開すると $y(0)=0$, $y(1)=0.1839$, $y(2)=0.5337$, $y(3)=0.8559$, $y(4)=1.0625, \cdots$ を得る. これは演習問題 4.2 の $y(z)$ と一致する.

4.7 (省略)

4.8 $$S(s)=\frac{1}{1+K(s)G(s)},\quad T(s)=\frac{K(s)G(s)}{1+K(s)G(s)}$$

4.9 (省略)

4.10 (省略)

索　　引

タ 行

ナ 行

ハ 行

マ 行

ヤ 行

ラ 行

ワ　行

著者略歴

奥山佳史（おくやまよしふみ）

1936年　東京都に生まれる
1961年　早稲田大学大学院理工学研究科修士課程修了
現　在　鳥取大学名誉教授
　　　　徳島文理大学人間生活学部教授
　　　　工学博士

川辺尚志（かわべひさし）

1942年　広島県に生まれる
1972年　広島大学大学院工学研究科修士課程修了
現　在　広島工業大学工学部教授
　　　　工学博士

吉田和信（よしだかずのぶ）

1958年　広島県に生まれる
1982年　広島大学大学院工学研究科博士課程前期修了
現　在　島根大学総合理工学部教授
　　　　工学博士

西村行雄（にしむらゆきお）

1940年　高知県に生まれる
1965年　大阪市立大学大学院工学研究科修士課程修了
現　在　島根大学名誉教授
　　　　博士（工学）

竹森史暁（たけもりふみあき）

1967年　鳥取県に生まれる
1992年　鳥取大学大学院工学研究科修士課程修了
現　在　鳥取大学工学部助教授
　　　　博士（工学）

則次俊郎（のりつぐとしろう）

1949年　岡山県に生まれる
1974年　岡山大学大学院工学研究科修士課程修了
現　在　岡山大学工学部教授
　　　　工学博士

学生のための機械工学シリーズ2

制　御　工　学　　　　定価はカバーに表示

2001年4月1日　初版第1刷
2006年12月15日　　第6刷

著　者　奥山佳史
　　　　川辺尚志
　　　　吉田和信
　　　　西村行雄
　　　　竹森史暁
　　　　則次俊郎
発行者　朝倉邦造
発行所　株式会社　朝倉書店
東京都新宿区新小川町6-29
郵便番号　162-8707
電　話　03(3260)0141
FAX　03(3260)0180
http://www.asakura.co.jp

〈検印省略〉

平河工業社・渡辺製本

ISBN 4-254-23732-4 C3353　　Printed in Japan